"十二五"普通高等教育本科国家级规划教材
21 世纪高等院校电气信息类系列教材

江苏"十四五"普通高等教育本科规划教材

集散控制与现场总线

第 3 版

刘国海　主　编
梅从立　丁煜函　副主编

机 械 工 业 出 版 社

集散控制系统是利用计算机技术对生产过程进行集中监控、操作、管理和分散控制的一种新型的控制技术。它是由计算机技术、信号处理技术、测量控制技术、网络通信技术和人机接口技术等发展而产生的。以现场总线为代表的工业控制网络已成为新一代工业控制系统中的重要技术，它使得集散控制系统组成更灵活、控制更方便、应用更广泛。现代工业生产离不开集散控制和现场总线技术。

本书将目前控制领域中的两大技术热点——集散控制和现场总线有机结合，从集散控制系统的硬件结构、软件体系、人机接口、控制算法，以及典型现场总线等方面进行介绍。重点介绍了集散控制系统的通信网络、控制算法工程设计规范等相关技术，全面分析了 CAN、LonWorks、FF、PROFIBUS、ControlNet、EtherCAT 等现场总线的技术特点、协议规范及通信接口的设计方法，并给出典型应用实例。

本书可作为高等院校电气信息类专业教材，还可供从事工业控制网络系统设计和产品研究的工程技术人员参考。

图书在版编目（CIP）数据

集散控制与现场总线/刘国海主编. —3 版 . —北京：机械工业出版社，2023.1
（2025.1 重印）
21 世纪高等院校电气信息类系列教材
ISBN 978-7-111-71678-5

Ⅰ . ①集… Ⅱ . ①刘… Ⅲ . ①集散控制系统 – 高等学校 – 教材②总线 – 高等学校 – 教材 Ⅳ . ①TP273②TP336

中国版本图书馆 CIP 数据核字（2022）第 179109 号

机械工业出版社（北京市百万庄大街22 号 邮政编码 100037）
策划编辑：李馨馨 责任编辑：李馨馨
责任印制：郜 敏 责任校对：李 伟
中煤（北京）印务有限公司印刷
2025 年 1 月第 3 版第 3 次印刷
184mm×260mm・17 印张・421 千字
标准书号：ISBN 978-7-111-71678-5
定价：69.00 元

电话服务　　　　　　　　网络服务
客服电话：010-88361066　机　工　官　网：www.cmpbook.com
　　　　　010-88379833　机　工　官　博：weibo.com/cmp1952
　　　　　010-68326294　金　书　网：www.golden-book.com
封底无防伪标均为盗版　机工教育服务网：www.cmpedu.com

出版说明

随着科学技术的不断进步，整个国家自动化水平和信息化水平的长足发展，社会对电气信息类人才的需求日益迫切、要求也更加严格。在教育部颁布的"普通高等学校本科专业目录"中，电气信息类（Electrical and Information Science and Technology）包括电气工程及其自动化、自动化、电子信息工程、通信工程、计算机科学与技术、电子科学与技术、生物医学工程等子专业。这些子专业的人才培养对社会需求、经济发展都有着非常重要的意义。

在电气信息类专业及学科迅速发展的同时，也给高等教育工作带来了许多新课题和新任务。在此情况下，只有将新知识、新技术、新领域逐渐融合到教学、实践环节中去，才能培养出优秀的科技人才。为了配合高等院校教学的需要，机械工业出版社组织了这套"21世纪高等院校电气信息类系列教材"。

本套教材是在对电气信息类专业教育情况和教材情况调研与分析的基础上组织编写的，期间，与高等院校相关课程的主讲教师进行了广泛的交流和探讨，旨在构建体系完善、内容全面新颖、适合教学的专业教材。

本套教材涵盖多层面专业课程，定位准确，注重理论与实践、教学与教辅的结合，在语言描述上力求准确、清晰，适合各高等院校电气信息类专业学生使用。

机械工业出版社

自 1975 年美国霍尼韦尔（HoneyWell）公司在工业控制领域推出第一套 TDC2000 型集散控制系统（DCS）以来，集散控制系统已经发展成为工业生产控制过程自动控制装置的主流。集散控制系统的实质是利用计算机技术对生产过程进行集中监控、操作、管理和分散控制的一种新型的控制技术。它是由于计算机技术、信号处理技术、测量控制技术、网络通信技术和人机接口技术的发展和渗透而产生的。随着计算机技术、通信技术、控制技术和微电子技术的迅速发展，集散控制系统也得到了飞速的发展。集散控制系统不同于分散型的常规仪表控制技术，也不同于集中式的计算机控制系统，而是吸收两者的优点，在其基础上发展起来的一种先进的系统工程技术。DCS 的出现是过程控制技术发展中的又一次飞跃。

"现场总线"自 20 世纪 90 年代初出现以来，引起了国内外业界人士的广泛注意和高度重视，并已成为世界范围内自动化技术发展的热点之一，它给自动控制领域的变革带来了深远的影响。现场总线是指现场设备与自动控制装置之间的数字式、串行、双向、多点通信的数据总线。由于现场总线遵循国际统一的协议标准，因而具有开放、互联、兼容和互操作的特性，使得集散控制系统的功能更加强大，可以简化系统，可实现远方诊断、调试和维护现场设备，从而提高系统的安全可靠性，同时还可减少设计、安装的工程量，因而受到各企业的关注。

本书在第 2 版的基础上，对全书内容进行了补充和调整，新增了一些章节，增加了课程思政的内容，修改和调整了部分课后习题，并修订了一些错误，还增加了微视频、习题答案等辅助学习和教学资源。新增第 0 章绪论，介绍集散控制与现场总线的基本概念，阐述了两者的关系，为全书内容做了铺垫；第 2 章增加了神经网络控制方法的内容；第 5 章增加了工业以太网现场总线 EtherCAT 的内容。第 7 章更新了应用案例，以反映集散控制系统和现场总线技术的最新发展。本次修订使得全书内容更加合理，可读性更强。

本书共分 8 章。第 0 章为绪论。第 1 章讨论了集散控制系统的特点、构成、硬件、软件以及显示和操作。第 2 章分析和讨论了集散控制系统的控制算法。第 3 章介绍了集散控制系统中通信网络与系统特征。第 4 章介绍了控制系统用现场总线，讨论了现场总线的定义、分类、核心和通信协议模型。第 5 章全面分析了 CAN、LonWorks、FF、PROFIBUS、ControlNet、DeviceNet、EtherCAT 等现场总线的技术特点、协议规范和通信接口的设计方法。第 6 章介绍了集散控制系统的工程设计规范、性能指标、评估和选型。第 7 章介绍了集散控制系统与现场总线技术三个典型应用案例。

本书由江苏大学刘国海统稿，其中第 0 章由刘国海、丁煜函编写，第 1、4 章由刘国海编写，第 2 章由丁煜函、张浩编写，第 3 章由张浩编写，第 5 章由沈跃、丁煜函编写，第 6 章由梅从立（浙江水利水电学院）编写，第 7 章由丁煜函、梅从立等编写，书中的插图由李康吉等制作。在编写第 7 章应用案例时，得到了黄福彦（浙江正泰中自控制工程有限公司）、周墨涛（杭州和利时自动化有限公司）和刘伟平（浙江中控技术股份有限公司）的大力支持。在本书编写过程中还得到了江兴科、赵璐、张静、鄢煜力等研究生，以及江苏大学电气信息工程学院老师的支持和帮助，在此向他们表示诚挚的感谢！在本书的编写过程中参考了大量的相关书籍和文献资料，本书编者向这些文献资料的作者致以诚挚的谢意！

由于编者的水平所限，书中难免会存在错误和不当之处，请读者批评指正。

编　者

目 录

　　计算机控制系统是在常规仪表控制系统的基础上发展起来的利用计算机实现工业生产过程自动控制的系统。将常规自动控制系统中的模拟调节器的功能由计算机来实现，就组成了一个典型的计算机控制系统。根据计算机控制系统的功能及结构特点，可以将其大致分为操作指导控制系统、直接数字控制系统、监督控制系统、集散控制系统、现场总线控制系统和计算机集成制造系统等。其中集散控制与现场总线是计算机控制技术中非常重要的两个方面，在工业制造，特别是新兴制造业控制中有着非常广泛的应用。

0.1　集散控制系统概述

　　集散控制系统即集散计算机控制系统，管理的集中性和控制的分散性是推动计算机集散控制系统发展的根本动力。集散控制系统的实质是利用计算机技术、信号处理技术、测量控制技术、通信网络技术和人机接口技术等对生产过程进行分散控制，集中监视、操作和管理。

0.1.1　集散控制系统的概念

　　随着现代化工业技术的飞速发展，工业生产过程的控制规模不断扩大，复杂程度不断增加，因而对过程控制和生产管理系统提出了越来越高的要求。信息技术的飞速发展，也导致了自动化领域的深刻变革，并逐渐形成了自动化领域的开放系统互连通信网络，形成了全分布式网络集成化自控系统。以微处理器为基础的分散型控制系统，正是在这种背景下产生的，它是继电动单元组合仪表和组件组装式仪表之后的新一代控制系统。今天的集散控制系统已经不是过去的那种模拟控制系统，而是采用了计算机技术的数字控制系统。

　　集散控制系统又称为计算机分布式控制系统——分散控制系统，它是生产过程监视、控制技术发展和计算机与网络技术应用的产物。集散控制系统指的是一种多机系统，即多台计算机分别控制不同的对象或设备，各自构成子系统，各子系统间有通信或网络互连关系，从整个系统来说，在功能上、逻辑上、物理上以及地理位置上都是分散的。总之，以计算机网络为核心组成的控制系统都是集散控制系统，它是控制技术、计算机技术、通信技术和显示技术的结晶。

　　集散控制系统由集中管理部分、分散控制监测部分和通信部分组成。集中管理部分可分为运行员操作站、工程师工作站和管理计算机；分散控制监测部分按功能可分为现场控制站、监测站；通信部分用于完成控制指令及各种信息的传递和数据资源的共享。图 0 - 1 所示为一个集散控制系统的典型结构。

　　集散控制系统最基本的特征就是实现了系统的分散控制和集中管理。由于开放式计算机模式的提出，以及集成技术和现场总线技术的影响，促使目前的集散控制系统技术向集成化、综合化和智能化的方向发展。

　　集散控制系统在体系上是功能分层的，按照自下而上的功能一般可以分为四层：现场控制级、过程装置控制级、车间操作管理级、全厂优化和调度管理级。信息自下向上集中，自上向下分散，构成系统的基本结构。

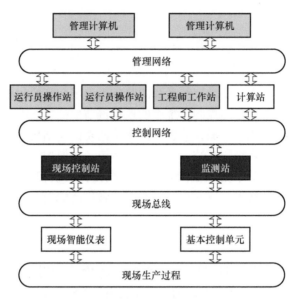

图 0-1　集散控制系统的典型结构

0.1.2　集散控制系统的发展

　　集散控制系统大体可分三个发展阶段。

　　第一阶段：1975 ~1980 年。在这个时期里集散控制系统的技术重点表现在以下几方面。

　　1) 采用以微处理器为基础的过程控制单元 (Process Control Unit)，实现分散控制，有各种控制功能要求的算法，通过组态 (Configuration) 独立完成回路控制，具有自诊断功能，在硬件制造和软件设计中应用可靠性技术；在信号处理时，采取抗干扰措施。它的成功使集散控制系统在过程控制中确立了地位。

　　2) 采用带 CRT 显示器的操作站，操作站与过程控制单元分离，实现集中监视、集中操作、系统信息综合管理与现场控制相分离，这就是人们俗称"集中分散综合控制系统"——集散控制系统的由来，也是集散控制系统的重要标志。

　　3) 采用较先进的冗余通信系统，用同轴电缆作为传输介质，将过程控制单元的信息送到操作站和上位计算机，从而实现了分散控制和集中管理。

　　这一时期的典型产品有霍尼韦尔 (Honeywell) 公司的 TDC2000，TAYLOR 公司的 MOD3，FOXBORO 公司的 SPECTROM，横河公司的 CENTUM，西门子公司的 TELEPERMM，肯特公司的 P-4000 等。

　　第二阶段：1980~1985 年。在这个时期里集散控制系统的技术特点表现在以下几方面。

　　1) 随着产品竞争愈来愈激烈，迫使生产厂商必须提高产品质量，降低成本，增强效益以提高自身竞争力。在操作站及过程控制单元采用 16 位微处理器，使得系统性能增强。工厂级数据向过程级分散，采用高分辨率的 CRT 显示器，从而使系统具有更强的图像显示、报表生成和管理能力等，这就出现了增强功能的操作站。

2）随着生产过程要求控制系统的规模多样化，要求强化系统的功能，通过软件扩展和组织，形成规模不同的系统。例如，TDC3000 在其局部控制网络（LCN）上挂接了历史模块（HM）、应用模块（AM）和计算机模块（CM）等，使系统功能强大。

3）随着计算机局域网络（Local Area Network，LAN）技术的发展，市场需要集散控制系统强化全系统信息管理，加强通信系统，实现系统无主站的 N∶N 通信。由于通信系统的完善与进步，更有利于控制站、操作站、可编程逻辑控制器和计算机互连，便于多机资源共享和分散控制。

这一时期的典型产品有霍尼韦尔（Honeywell）公司的 TDC3000，TAYLOR 公司的 MOD300，BAILEY 公司的 NETWORK-90，西屋公司的 WDPF，ABB 公司的 MASTER 等。

显而易见，如果说第一阶段集散控制系统以实现分散控制为主的话，第二阶段则是以实现全系统信息的管理为主。

第三阶段，1985 年以后。这个时期集散控制系统进入了第三代，其技术重点表现在以下几方面。

1）第三代的集散控制系统的主要改变是采用开放系统网络。符合国际标准化组织（ISO）的开放系统互联（OSI）参考模型。例如，FOXBORO 公司采用 10Mbit/s 的宽带网与 5Mbit/s 的载带网的 I/AS 系统。

2）操作站采用了 32 位微处理器，信息处理量迅速扩大，处理加工信息的质量提高；采用触摸式屏幕；运用窗口技术及智能显示技术；操作完全图形化，还设有各种越级窗口，便于操作和指导，完全实现 CRT 化操作。

3）操作系统软件通常采用实时多用户多任务的操作系统，符合国际通用标准，操作系统可以支持 BASIC、Fortran、C 语言、梯形逻辑语言和一些专用控制语言。组态采用方便的菜单或填空方式，控制算法软件近百种（如 PID 参数自整定和自适应控制等），实现连续控制、顺序控制和梯形逻辑控制。操作站配有作图、数据库管理、报表生成、质量管理曲线生成、文件传递、文件变换、数字变换等软件。

开放系统（Open System）是第三代集散控制系统的主要特征。开放系统的定义还未统一，开放系统是以规范化与实际存在的接口标准为依据而建立的计算机系统、网络系统及相关的通信系统，这些标准可为各种应用系统的标准平台提供软件的可移植性、系统的互操作性、信息资源管理的灵活性和更大的可选择性。

开放系统的基本特征如下：

1）可移植性（Portability）：第三方的应用软件能很方便地在系统所提供的平台上运行，各个制造厂集散控制系统的软件有了可相互移植的可能。但是，软件的可移植性也带来了安全性的问题，为此，应有相应的安全措施。可移植性能保护用户的已有资源，减少应用开发、维护和人员培训的费用。可移植性包括程序可移植性、数据可移植性和人员可移植性。

2）可适宜性（Scalability）：系统对计算机的运行要求变得更为宽松，某些在较低级别的系统中运行的应用软件也能在高级别的系统中运行。

3）可得到性（Availability）：系统的用户可对产品进行选择，而不必考虑所购买的产品能不能用在已购的系统上。由于各制造厂的产品具有统一的通信标准，因此，对用户来说，选择产品的灵活性得到增强。

4）互操作性（Interconvertibility）：开放系统的互操作性是指不同的计算机系统与通信网能互相连接起来。通过互连，能正确有效地进行数据的互通，并在数据互通的基础上协同工作，共享资源，完成应用的功能。集散控制系统在现场总线标准化后，将使符合标准的各种检测、变送和执行机构的产品可以互换或替换，而不必考虑该产品是否是原制造厂的产品。

为了实现系统的开放，对系统的通信系统也有了更进一步的要求，即通信系统应符合统一的通信协议。国际标准化组织对开放系统互连已提出了参考模型，即 OSI 参考模型。在此基础上，各个组织已提供了几个符合标准模型的国际通信标准，例如，MAP（制造自动化协议）、IEEE 802 通信协议等，在集散控制系统中已得到了应用。

0.2　现场总线控制系统概述

现场总线控制系统是一种新型的控制系统，在 20 世纪 90 年代走向实用化，并以迅猛的势头快速发展，正越来越受到国内外自动化设备制造商与用户的关注。现场总线控制系统的出现，给自动化领域在过程控制系统上带来了一次革命，其深度和广度将超过历史上的任何一次，开创了自动化领域的新纪元。

0.2.1　现场总线控制系统的概念

现场总线是指安装在制造或过程区域的现场装置与控制室内的自动控制装置之间的数字、串行、多点通信的数据总线。现场总线是一种工业数据总线，是自动化领域中底层数据通信网络。简单来讲，现场总线就是以数字通信替代了传统 4~20mA 模拟信号及普通开关量信号的传输。它是连接智能现场设备和自动化系统的全数字、双向、多站的通信系统，主要解决工业现场的智能仪器仪表、控制器、执行机构等现场设备间的数字通信以及这些现场控制设备和高级控制系统之间的信息传递问题。基于现场总线的控制系统被称为现场总线控制系统，其典型结构如图 0-2 所示。

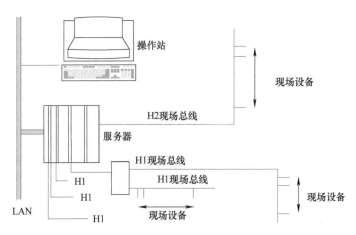

图 0-2　现场总线控制系统的典型结构

不同的机构和不同的人对现场总线有着不同的定义，但通常情况下，现场总线控制系统具有以下 7 个方面的技术特点。

（1）现场通信网络

现场通信网络用于过程自动化和制造自动化现场智能设备互连的数字通信网格，通过总线网络将控制功能延伸到现场，从而构成工厂底层控制网络，实现开放型的互连网络。

（2）互操作性

设备间具有互操作性。互操作性与互用性是指用户可以根据自身的需求选择不同厂家或不同型号的产品构成所需的控制回路，从而可以自由地集成现场总线控制系统。由于功能块与结构的规范化，使相同功能的设备间具有互换性。

（3）分散功能块

现场设备是以微处理器为核心的数字化设备，既有检测变换和补偿功能，又有控制和运算功能，原集散控制系统控制站的控制功能被分散给现场仪表，使控制系统结构具备高度的分散性。即现场总线控制系统废弃了集散控制系统的 I/O 单元和控制站，把集散控制系统控制站的功能块分散地分配给现场仪表，从而构成了虚拟控制站，彻底实现了分散控制。

（4）通信线供电

通信线供电方式允许现场仪表直接从通信线上摄取能量，这种方式用于本质安全环境的低功耗现场仪表，体现了对现场环境的适应性。

（5）可组态性

由于现场仪表都引入了功能块的概念，所有厂商都使用相同的功能块，并统一组态方法。这样，就使得组态方法非常简单，不会因为现场设备或仪表种类不同而导致组态方法的不同，从而给人们组态操作及编程语言的学习带来了很大方便。

（6）开放性

通信标准的公开、一致，使系统具备开放性。现场总线既可以与同层网络互连，也可与不同层网络互连，还可以实现网络数据库的共享。

（7）可控性

操作员在控制室即可了解现场设备或现场仪表的工作状况，也能对其参数进行调整，还可预测或寻找故障，系统始终处于操作员的远程监控和可控状态，提高了系统的可靠性、可控性和可维护性。

0.2.2　现场总线控制系统的发展及趋势

现场总线控制系统体现了分布、开放、互连、高可靠性的特点，这些恰好是集散控制系统所缺乏的。集散控制系统通常是一对一传送信号，所采用的模拟信号精度低，易受干扰，位于控制室的操作员对模拟仪表往往难以调整参数和预测故障，处于"失控"状态。仪表互换性差，功能单一，几乎所有的控制功能都位于控制站中，难以满足现代工业控制的要求。

现场总线控制系统采取一对多的双向传输信号，采用数字信号，其精度高、可靠性好，设备始终处于操作员的远程监控和可控状态下，用户可以自由按需选择不同品牌和种类的设备互连，智能仪表具有通信、控制和运算等丰富的功能，而且控制功能分散在各个智能仪表中。由此，可以看到现场总线控制系统相对于集散控制系统的巨大进步。

正是由于现场总线控制系统的以上特点使得其在设计、安装、投运到正常生产都具有很大的优越性。由于分散在前端的智能设备能执行较为复杂的任务，不再需要单独的控制器、计算单元等，节省了硬件投资和使用面积。现场总线控制系统的接线较为简单，一条传输线可以挂接多台现场设备，极大节约了安装费用。由于现场控制设备往往具有自诊断功能，并能将故障信息发送至控制室，减轻了维护工作。同时，由于用户拥有高度的系统集成自主权，可以灵活地选择合适的厂家产品，整体系统的可靠性和准确性也大为提高。这帮助用户降低了安装、使用、维护的成本，最终达到增加利润的目的。

现场总线技术是控制、计算机、通信等技术的集成，几乎涵盖了所有连续、离散工业领域，如过程自动化、制造加工自动化、楼宇自动化、家庭自动化等。它的出现和快速发展体现了控制领域对降低成本、提高可靠性、增强可维护性和提高数据采集智能化的要求。现场总线技术的发展体现为两个方面：一方面是低速现场总线领域的不断发展和完善，另一方面是高速现场总线技术的发展。目前现场总线产品主要是低速总线产品，应用于运行速率较低的领域，对网络的性能要求不是很高。从实际应用状况看，大多数现场总线都能较好地实现速率要求较低的过程控制。因此，在速率要求较低的控制领域，单独的厂家都很难统一整个市场。

目前，由于基金会现场总线（FF）几乎集中了世界上主要自动化仪表制造商，其全球影响力日益增加。但是，FF 在中国市场份额不是很高。而 LonWorks 形成了全面的分工合作体系，在楼宇自动化、家庭自动化、智能通信产品等方面具有独特的优势。在离散制造加工领域，由于行业应用的特点和历史原因，PROFIBUS 和 CAN 已经在这一领域形成了自己的优势，具有较强的竞争力。由此可见，每种总线都有其应用的领域。比如 FF、PROFIBUS-PA 适用于石油、化工、医药、冶金等行业的过程控制领域，LonWorks、PROFIBUS-FMS、DeviceNet 适用于楼宇、交通运输、农业等领域，DeviceNet、PROFIBUS-DP 适用于加工制造业。然而这些划分也不是绝对的，每种现场总线都力图将其应用领域扩大，彼此渗透。由于竞争激烈，目前还没有哪一种或几种总线能一统市场，很多重要企业都力图开发接口技术，使自己的总线能和其他总线相连，在国际标准中也出现了协调共存的局面。

工业自动化技术应用于各行各业，要求也千变万化，使用一种现场总线技术也很难满足所有行业的技术要求。现场总线不同于计算机网络，人们将会面对一个多种总线技术标准共存的现实世界。技术发展很大程度上受到了市场规律、商业利益的制约。技术标准不仅是一个技术规范，也是一个商业利益的妥协产物。现场总线的关键技术之一是彼此的互操作性，实现现场总线技术的统一是所有用户的愿望。

集散控制系统是以微型计算机为基础的分散型综合控制系统。该系统在发展初期是以实现分散控制为主的，国外一直用分散控制系统的名称，因此又称为分散控制系统（Distributed Control System，DCS）。

集散控制系统的出现是工业控制的一个里程碑。自从美国霍尼韦尔（Honeywell）公司 1975 年成功地推出世界第一套产品 TDC2000 至今，集散控制系统产品几经更新换代，技术性能日趋完善。集散控制系统已经成为工业过程控制领域的首选主流系统。集散控制系统以其先进、可靠、灵活和操作简便的特点，及其合理的价格而得到广大工业用户的青睐，已被广泛应用于化工、石油、电力、冶金和造纸等工业领域。

集散控制系统的实质是利用计算机技术对生产过程进行集中监视、操作、管理和分散控制的一种新型控制技术。它是计算机技术、通信技术、控制技术和 CRT 显示技术（简称 4C 技术）相互渗透发展的产物。采用危险分散、控制分散，而操作和管理集中的基本设计思想，以分层、分级和合作自治的结构形式，适应现代工业的生产和管理要求。既不同于分散的仪表控制系统，又不同于集中式计算机控制系统，它吸收了两者的优点，具有很强的生命力和显著的优越性。

1.1　集散控制系统的体系结构

集散控制系统是纵向分层、横向分散的大型综合控制系统。它以多层计算机网络为依托，将分布在全厂范围内的各种控制设备和数据处理设备连接在一起，实现各部分的信息共享和协调工作，共同完成各种控制、管理及决策功能。

图 1-1 所示为一个集散控制系统的典型结构，系统中的所有设备分别处于四个不同的层次，自下而上分别是：现场级、控制级、监控级和管理级。对应着这四层结构，分别由四层计算机网络，即现场网络（Field Network，Fnet）、控制网络（Control Network，Cnet）、监控网络（Supervision Network，Snet）和管理网络（Management Network，Mnet）把相应的设备连接在一起。

1.1.1　现场级

现场级设备一般位于被控生产过程设备的附近。典型的现场级设备是各类传感器、变送器和执行器。它们将生产过程中的各种物理量转换为电信号，例如将 4～20 mA 的电信号（一般变送器）或符合现场总线协议的数字信号（现场总线变送器），送往控制站或数据采集站；或者将控制站输出的控制器信号（4～20 mA 的电信号或现场总线数字信号）转换成机械位移，带动调节机构，实现对生产过程的控制。

目前现场级的信息传递有三种方式，一种是传统的 4 ~ 20 mA（或者其他类型的模拟量信号）模拟量传输方式；另一种是现场总线的全数字量传输方式；还有一种是在 4 ~ 20 mA 模拟量信号上叠加调制后的数字量信号的混合传输方式。现场信息以现场总线为基础的全数字传输是今后的发展方向。这方面的内容将在现场总线控制系统中详细介绍。

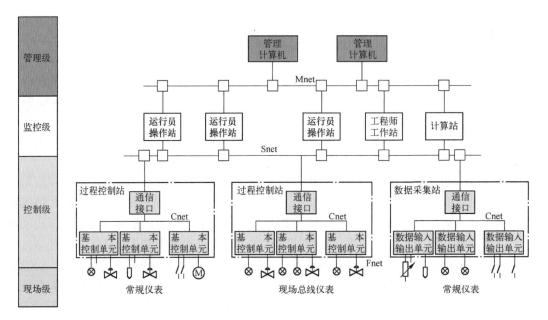

图 1-1　集散控制系统的典型结构

按照传统观点，现场设备不属于集散控制系统的范畴，但随着现场总线技术的飞速发展，网络技术已经延伸到现场，微处理机已经进入变送器和执行器，现场信息已经成为整个系统信息中不可缺少的一部分。

1.1.2　控制级

控制级主要由过程控制站和数据采集站构成。一般在实际应用中，把过程控制站和数据采集站集中安装在位于主控室后的电子设备室中。过程控制站接收由现场设备，如传感器、变送器送来的信号，按照一定的控制策略计算出所需的控制量，并送回到现场的执行器中。过程控制站可以同时完成连续控制、顺序控制或逻辑控制功能，也可以仅完成其中的一种控制功能。

数据采集站与过程控制站类似，也接收由现场设备送来的信号，并对其进行一些必要的转换和处理之后送到集散控制系统中的其他部分，主要是监控主设备。数据采集站接收大量的过程信息，并通过监控级设备传递给运行人员。数据采集站不直接完成控制功能，这是它与过程控制站的主要区别。

1.1.3　监控级

监控级的主要设备有运行员操作站、工程师工作站和计算站。其中运行员操作站安装在中央控制室，工程师工作站和计算站一般安装在电子设备室。

运行员操作站是运行员与集散控制系统相互交换信息的人机接口设备。操作人员通过运行员操作站来监视和控制整个生产过程。操作人员可以在运行员操作站上观察生产过程的运行情况，读出每一个过程变量的数值和状态，判断每个控制回路是否工作正常，并且可以随时进行手动/自动控制方式的切换，修改给定值，调整控制量，操作现场设备，以实现对生产过程的干预，另外还可以打印各种报表，复制屏幕上的画面和曲线等。

为了实现以上功能，运行员操作站是由一台具有较强图形处理功能的微型机，以及相应的外部设备组成，一般配有显示器、打印机、键盘、鼠标等。

工程师工作站是为了控制工程师对集散控制系统进行配置、组态、调试、维护所设置的工作站。工程师工作站的另一个作用是对各种设计文件进行归类和管理，形成各种设计文件，例如，各种图样、表格等。工程师工作站一般由 PC 配置一定数量的外部设备组成，例如打印机、绘图机等。

计算站的主要任务是实现对生产过程的监督控制，例如机组运行优化和性能计算，先进控制策略的实现等。由于计算站的主要功能是完成复杂的数据处理和运算功能，因此，对它的要求主要是对运算能力和运算速度的要求。一般，计算站由超级微型机或小型机构成。

1.1.4　管理级

管理级包含的内容比较广泛，一般来说，它可能是一个发电厂的厂级管理计算机，也可能是若干个机组的管理计算机。它所面向的使用者是厂长、经理、总工程师等行政管理或运行管理人员。厂级管理系统的主要任务是监测企业各部分的运行情况，利用历史数据和实时数据预测可能发生的各种情况，从企业全局利益出发辅助企业管理人员进行决策，帮助企业实现其规划目标。

对管理计算机的要求是：具有能够对控制系统做出高速反应的实时操作系统，能够对大量数据进行高速处理与存储，具有能够连续运行可冗余的高可靠性系统，能够长期保存生产数据，并具有优良的、高性能的、方便的人机接口，丰富的数据库管理软件，过程数据收集软件，人机接口软件以及生产管理系统生成等工具软件，能够实现整个工厂的网络化和计算机的集成化。

管理级是属厂级的，也可分成实时监控和日常管理两部分。实时监控是全厂各机组和公用辅助工艺系统的运行管理层，承担全厂性能监视、运行优化、全厂负荷分配和日常运行管理等任务。日常管理承担全厂的管理决策、计划管理、行政管理等任务，主要是为厂长和各管理部门服务。

1.2　集散控制系统的特点

1.2.1　适应性和扩展性

集散控制系统在结构上采用了常规控制系统的模块化设计方法，无论是硬件还是软件都可以根据实际应用的需要，灵活地加以组合。对于小规模的生产过程，可以只用一两个过程控制站或数据采集站，配以简单的人机接口装置，即可以实现生产过程的直接数字控制。对于大规模的生产过程，可以用几十个、甚至上百个过程控制站或数据采集站以及各种实现优化控制任务的高层计算站和运行员操作站、工程师工作站等人机接口设备。一个按照小规模生产过程设计的集中式计算机控制系统，由于主机存储容量、运算速度和驱动外部设备能力等诸多因素的限制，很难把它应用于大规模生产过程中。同样，一个按照大规模生产过程设计的集中式计算机控制系统，如果将其用于小规模的生产过程，则会造成巨大的浪费。

模块化设计方法带来的另一个优点是系统的扩展性。集散控制系统可以随着生产过程的不断发展，逐渐扩充系统的硬件和软件，以期达到更大的控制范围和更高的控制水平。集散控制系统的可扩展性具有两个明显的特征：一个是它的递进性，即扩充新的控制范围或控制功能时，并不需要摒弃已有的硬件和软件；另一个是它的整体性，也就是说，集散控制系统在扩展时，并不是让新扩充的部分形成一个与原有部分毫无联系的孤岛，而是通过通信网络把它们联系起来，形成一个有机的整体，这一点对于现代化的大型工业生产过程来说尤为重要。

1.2.2 控制能力

常规控制系统的控制功能是用硬件实现的，因而要改变系统的控制功能，就要改变硬件本身，或者改变硬件之间的连接关系。在集散控制系统中，控制功能主要是由软件实现的，因此它具有高度的灵活性和完善的控制能力。它不仅能够实现常规控制系统的各种控制功能，而且还能完成各种复杂的优化控制算法和各种逻辑推理及逻辑判断。它不但保持了数字控制系统的全部优点，而且还解决了集中式计算机控制系统由于功能过分集中所造成的可靠性太低的问题。因此，它的控制能力是常规控制系统所不可比拟的。

1.2.3 人机联系手段

集散控制系统具有比常规控制系统更先进的人机联系手段，其中最重要的一点，就是采用了图形显示和键盘操作。人机联系按照信息的流向分为"人→过程"联系和"过程→人"联系。在常规控制系统中，"人→过程"联系是通过操作器、定值器、开关和按钮等设备实现的，运行人员通过这些设备调整和控制生产过程；"过程→人"联系是通过显示仪表、记录仪表、报警装置、信号灯等设备实现的，运行人员通过它们了解生产过程的运行情况。所有这些传统的人机联系设备都是安装在控制盘或者控制台上的。当生产过程的规模比较大、复杂程度比较高时，这些设备的数量会迅速增加，甚至达到令人无法应付的程度。

在集散控制系统中，由于采用了图形显示和键盘操作技术，人机联系手段得到了根本的改善。"过程→人"的信息直接显示在显示器上，运行人员可以随时调用他所关心的显示画面来了解生产过程中的情况。同时，运行人员还可以通过键盘输入各种操作命令，对生产过程进行干预。由此可见，在集散控制系统中所有的过程信息都被"浓缩"在屏幕上，所有的操作过程也都"集中"在键盘上。因此，集散控制系统的人机联系手段是双向集中的。

1.2.4 可靠性

集散控制系统的可靠性比以往任何一种控制系统的可靠性都要高，这主要反映在以下两方面：

1）由于系统采用模块化结构，每个过程控制站仅控制少数几个控制回路，个别回路或单元的故障不会影响全局，而且元器件的高度集成化和严格的筛选有效地保证了控制系统的可靠性。

2）集散控制系统广泛地采用了各种冗余技术，例如，对电源、通信系统、过程控制站等都采用了冗余技术。尽管常规控制系统也可以采用某些冗余措施，但由于其故障判断和系统切换都不易处理，所以常规控制系统的冗余往往只限于变送器或操作器。集散控制系统由于采用了计算机技术，因此上述问题很容易得到解决。原则上说，集散控制系统中的任何一个组成部分都可以采用冗余措施，这样就为设计出高可靠性的系统创造了条件。

此外，集散控制系统采用软件模块组态方法形成各种控制方案，取消了常规系统中各种模块之间的连接导线，因此，大大地减少了由连接导线和连接端子所造成的故障。

1.3　集散控制系统的硬件结构

集散控制系统的硬件结构也是采用模块化的结构。因为硬件模块的选择与系统的价格较为密切（特别是对国内用户），加上硬件的配置与现场的要求联系较紧密，因此硬件的基本配置在合同谈判阶段就已确定。常见的硬件配置包括下列几个方面的内容：工程师站的选择（包括机型、显示器尺寸、内存、硬盘、打印机等）；运行员操作站的选择（包括运行员操作站的个数和运行员操作站的配置，如显示器尺寸及是否双屏、主机型号、内存配置、磁盘容量的配置、打印机的台数和型号等）；现场控制站的配置（包括现场控制站的个数、地域分布、每个现场控制站中所配置的各种模板的种类及块数、电源的选择等）。

硬件的配置对不同的系统来说差别甚大，而且一般是根据现场的具体要求而定，相对来说选择工作量不大。

1.3.1　集散控制系统的过程控制级

分散过程控制装置是集散控制系统与工业生产过程之间的接口，它是集散控制系统的核心。分析分散过程控制装置的构成，有助于理解集散控制系统的特性。

1. 分散过程控制装置的类型

不同类型的集散控制系统，它的分散过程控制装置也有不同的构成。同一集散控制系统，由于所连接的设备和控制要求的不同，也会有不同的构成。按组成设备的不同，分散过程控制装置可分为下列几类：

1）多回路控制器 + 输入输出装置。
2）多回路控制器 + 现场总线 + 智能仪表。
3）多回路控制器 + 可编程序逻辑控制器。
4）多回路控制器 + 单回路控制器。
5）多回路控制器 + 数据采集装置。
6）单回路控制器 + 数据采集装置。
7）单回路控制器 + 可编程序逻辑控制器。

上述的各种分散控制装置可以在同一集散控制系统中重复或组合出现。此外，根据冗余的要求，它们也可以组成冗余结构，其冗余度对于不同的控制要求是不同的，可以是 1:1 ~ 8:1。

按控制功能来分，分散过程控制装置有常规控制、顺序控制（或逻辑控制）及批量控制三类。而从发展趋势来看，分散过程控制装置的功能越来越强，它已集常规、逻辑和批量控制于一体，成为多功能控制器。随着现场总线的应用，控制功能将在智能仪表内完成，这时，一些高级的控制算法，如优化控制、基于模型的预测控制等算法和一些管理统计功能将在分散过程控制装置内实现。

2. 分散过程控制装置的构成

从分散过程控制装置的分类可以看到，分散过程控制装置具有集散控制系统的分散控制、递阶控制等功能。

（1）整体式系统的构成

整体式分散过程控制装置常用于中、小型系统。它以单回路、双回路或四回路控制器为主，采用盘装仪表的方式，也可采用多回路控制器 + 单回路控制器或可编程序控制器的结构。这时，多回路控制器和单回路控制器或可编程序控制器是各自独立工作，互相并行，多回路控制器有自己整体式安装的操作器。

整体式系统的特点是分散过程控制装置本身有操作器，可以自成系统，组成控制级。由于它无需外部接口等设备，因此，系统可靠性较高。

（2）分离式系统的构成

分离式分散过程控制装置的过程信息常要经过控制器、通信系统和操作站显示在操作员面前，并经相反的路径把操作指令送到过程去。由于它的操作接口在系统上层，因此存在通信问题。为此，常采用冗余的方法。在大型系统中采用这种方法，虽然增加了冗余的通信装置，但由于操作接口部分的硬件费用下降，因此，性能价格比还是很高的。

以通信系统为基础，分离式系统对分散过程控制装置在垂直方向上进行了阶层分散，同时，它的下层又是按负荷分散的原则形成水平型结构。在多回路控制器这一层，由于操作器可以与控制器分散，从而可以实现降级操作到操作器这一级，增加了可靠性。此外，通过操作站便可对系统进行操作，操作的灵活性较大。

（3）冗余系统的构成

分散过程控制装置直接与生产过程联系，它的工作状态将影响过程控制的好坏。因此，系统的冗余结构是常采用的。

对于单回路控制器或双回路控制器常采用切入手动来降级操作。由于它们常用于简单工艺过程，因此，除有必要时采用冗余的备表之外，一般不再采用冗余结构。对于多回路控制器 + 单回路控制器或可编程序控制器，或者带回路操作器的场合，可以采用双重或多重冗余的多回路控制器组成冗余系统。其备用控制器常用指挥仪进行切换，相应的数据库和程序也作同步的切换。当数据库由回路操作器保存时，数据库可以不用切换。

分离式分散过程控制装置常采用多重化冗余结构。在控制器级除采用 1:1 的双重冗余结构或 N:1 的多重冗余结构外，还可以采用高可靠性的同步热备用方式。例如三中取二系统，它的三个控制器接收相同的信号，取出两个相同输出的控制器输出作为分散过程控制装置的输出，这种方法的可靠性高，且无切换等问题，但硬件费用较大。采用 1:1 或 N:1 的冷后备方式需解决切换问题，常用的解决方法是：

1）由上位机把控制器的数据库、程序下装到冷备用的控制器。

2）从故障控制器直接把故障前的数据库数据和程序送入备用控制器。

3）备用控制器切入时，采用故障发生时重新启动控制器所设置的数据，程序是预先已复制好的，然后在切入备用控制器时据此运行。

分离式分散过程控制装置也采用手动备用的冗余结构。当控制器出现故障时，集散控制系统直接从屏幕发出手动操作指令，经手动/自动开关的手动通路送达过程执行机构。在控制器正常运行时，控制器输出经手动/自动开关的自动通路送达过程执行机构。

1.3.2　集散控制系统的运行员操作站和工程师工作站

运行员操作站是运行员对过程与系统进行操作的接口，常被称为人机接口（Man Machine Interface，MMI），或称为操作员工作站（简称操作员站）。在采用集散控制系统以前的单元控制室里，过程信号是直接通过硬接线从现场变送器连接到单元控制室的，如图1-2a所示。因此，在那时的运行员看来，过程信号有以下几个特点：

1）没有延时。过程参数只要改变，就马上反映到仪表的指针上。

2）固定位置显示。不受其他仪表的干扰，要观察某个信号，只要观察处于固定位置的那个指示仪表即可。

3）故障原因比较简单。如指示仪表故障、检测仪表故障或线路故障，这些故障是比较容易判断与解决的。

4）重要参数的报警非常明显。重要仪表的数量有限，一旦重要的参数发生报警，运行员的注意力很容易集中到重要仪表之上。

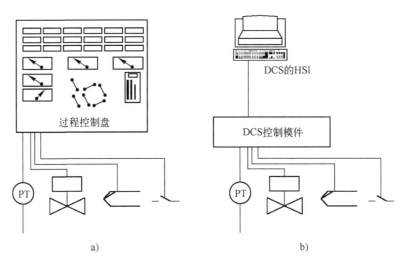

a)　　　　　　　　　　　　b)

图1-2　集散控制系统与以往过程控制的人机接口比较

然而，当控制系统由集散控制系统实现时（如图1-2b所示），如果不认真设计人机接口的组态，上面这些特性就很可能被集散控制系统所掩盖，使操作员感到不易使用。集散控制系统可以为我们提供大量的数据，这些数据到达人机接口之后，要通过人机接口的设计将数据转换成信息，并且以操作员习惯的方式，按过程将操作员需求的重要性顺序反映出来，这才能体现出集散控制系统的优越性。因此，人机接口的设计在范围上要包括人机接口所能提供的全部功能。

工程师工作站（Engineer Work Station，EWS）是集散控制系统中间子系统设计的工作站。它的主要功能是为系统设计工程师提供各种设计工具，使工程师利用它们来组合、调用集散控制系统的各种资源。这种设计过程与建筑设计、工艺设计、软件设计或产品设计有极大区别，它利用工作站来组合集散控制系统中所提供的控制算法或画面符号。

1.4 集散控制系统的软件体系

一个基本的过程控制计算机系统的软件可以分成两个部分：系统软件（又称计算机系统软件）和应用软件（又称过程控制软件）。集散控制系统的软件体系中包括了上述两种软件，但由于其分布式结构，又增加了诸如通信管理软件、组态生成软件及诊断软件等。

1.4.1 集散控制系统的系统软件

系统软件一般指通用的、面向计算机的软件。系统软件是一组支持开发、生成、测试、运行和维护程序的工具软件，它与一般应用对象无关。集散控制系统的系统软件一般由以下几个主要部分组成：实时多任务操作系统、面向过程的编程语言和工具软件。

操作系统是一组程序的集合，它用来控制计算机系统中用户程序的执行顺序，为用户程序与系统硬件提供接口软件，并允许这些程序（包括系统程序和用户程序）之间交换信息。用户程序也称为应用程序，用来完成某些应用功能。在实时工业计算机系统中，应用程序用来完成在功能规范中所规定的功能，而操作系统则是控制计算机自身运行的系统软件。

1.4.2 集散控制系统的组态软件

利用工作站来组合集散控制系统中所提供的控制算法或画面符号，不是编制具体的计算机程序或软件，也不是用来描绘制造或安装用的图样，这种设计过程习惯上称作组态或组态设计。

集散控制系统的组态功能已成为工业界很熟悉的内容。集散控制系统的组态功能的支持情况（如应用的方便程度、用户界面的友好程度、功能的齐全程度等）是影响集散控制系统是否受到用户欢迎的重要因素。几乎所有的集散控制系统都在不同程度上（或以不同的表现形式）支持组态功能，但是不同的集散控制系统的组态方法均不相同。

集散控制系统组态功能包括很广泛的范畴。从大的方面讲，可以分为两个主要方面：硬件组态（又叫配置）和软件组态。

集散控制系统的软件一般是较为成熟的模块化结构。系统的图形显示功能、数据库管理功能、控制运算功能、历史存储功能等全都有成熟的软件模块，但通常不同的应用对象，对这些内容的要求有较大的区别。所以，一般的集散控制系统具有一个（或一组）功能很强的软件工具包（即组态软件），该组态软件具有一个友好的用户界面，使用户在不需要什么代码程序的情况下便可以生成自己需要的应用"软件"。

软件组态的内容比硬件配置还丰富，它一般包括基本配置组态和应用软件的组态。基本配置的组态是给系统一个配置信息，如系统的各种站的个数、它们的索引标志、每个现场控制站的最大点数、最短执行周期、最大内存配置、每个操作员站的内存配置信息、磁盘容量信息等。而应用软件的组态则具有更丰富的内容，如数据库的生成、历史库（包括趋势图）的生成、图形生成、控制组态等。

随着集散控制系统的发展，人们越来越重视系统的软件组态和配置功能，即系统中配有一套功能十分齐全的组态生成工具软件。这套组态软件通用性很强，可以适用于很多应用对象，而且系统的执行程序代码部分一般是固定不变的，为适应不同的应用对象只需要改变数据实体（包括图形文件、报表文件和控制回路文件等）即可。这样，既提高了系统的成套速度，又保证了系统软件的成熟性和可靠性。

几年以前，在国外流行的集散控制系统中以及各工控软件厂商推出的组态软件都具有很丰富的组态功能，但有的系统并不支持汉字功能。

1.5　集散控制系统的操作方式和显示

无论何种生产过程，操作人员的参与与介入都是通过对生产过程数据信息的观察、监视和操纵来实现的。在集散控制系统中，这种参与通过两种途径进行：一种是常规的仪表盘操作方式，主要用于采用单回路控制器、可编程逻辑控制器等模拟仪表盘的场合；另一种是操作方式，它通过生产过程的集中监视和操作实现对生产过程的介入。与仪表控制操作方式不同的是集散控制系统通过人机操作界面不仅可以实现一般的操作功能，而且还增加了其他功能，例如控制组态、画面组态等实现的工程功能和自诊断、报警等维护修理功能。此外，画面方便的切换、参数改变的简易化等性能，也使集散控制系统的操作得到改善。

1.5.1　集散控制系统的操作

1. 仪表盘操作方式

集散控制系统的仪表盘操作方式是指过程控制站的部分操作是根据仪表盘进行的，它通常包括盘装的单回路与多回路控制器、可编程逻辑控制器、模拟仪表后备和简易型操作终端的操作。

（1）仪表盘操作方式的特点

仪表盘操作方式是将数字仪表安装在仪表盘上，其外形与常规模拟仪表相似，但操作方式有下列特点：

1）显示和读数的精度提高，读数方便，报警功能增强。

2）监视和操作与模拟仪表相似，有利于从模拟到数字的操作过渡。

3）组态工作可采用仪表所带的按键或者插入编程器来完成，也可由上位机完成并下装。

4）数据的改变采用按压增减键，变化的快慢可以根据按压的时间、按压的分档或者按压的压力进行调整。

5）具有通信功能，可由上位操作站提供设定值指令并可向上位操作站提供数据以便显示；单回路和多回路控制器的面板显示数据可以用键切换，如第一测量值、设定值或输出值等，控制方式如手/自动、远程/就地设定等信息也有相应的字母显示。一般情况下，操作终端除了监视部分设备参数外，还可进行设定值的调整等操作。

（2）单回路和多回路控制器的功能

在集散控制系统中的单回路和多回路控制器，除了具有单回路或多回路控制器本身具有的功能外，还因具有通信功能而扩展了它的功能。在集散控制系统中，它们的主要功能如下：

1）输入、输出信号处理。对输入信号的处理包括信号转换、隔离、滤波、线性化、开方、温度和（或）压力补偿、限幅、报警值检查、信号出错诊断等。对输出信号的处理包括信号的限幅、隔离、保护和屏蔽等处理。当采用模拟信号输入和输出时，需将模拟信号转换成数字信号，然后输入计算并产生输出，数模转换则把计算结果转换成模拟量。

2）运算。包括正/反向算术和逻辑运算、超前与滞后补偿、纯滞后补偿、预估补偿、PID运算及高级整定算法，有些单回路控制器还提供用户可编程的运算块，以便编制一些顺序控制和简单的批处理程序。

3）显示。包括用动圈式模拟表头、荧光柱或等离子柱的模拟显示和数字量显示、仪表位号及描述和工程单位的显示。此外，开关量的状态、故障报警以及控制方式的显示也属于显示功能。

4）组态。通过组态功能，用户可以编制控制方案，实施相应的控制。数字显示仪表和单回路或多回路控制器的主要区别之一就是后者具有组态功能。

5）通信。单回路和多回路控制器只有具有了通信功能，才能成为真正的控制级。通信的数据包括各回路的输入和输出信号、状态信号以及来自上位机的设定值和状态切换信号等。因此，上位操作站对控制器主要起监控作用。

（3）单回路和多回路控制器的组态操作

单回路和多回路控制器的组态操作通常是通过编程器完成的。编程或组态操作主要是指控制算法的编制，包括顺序控制、反馈控制，也包括批量控制的功能算法。组态工作主要指已有若干个模块，通过模块的适当连接和配置来完成所需的功能，常用于连续和批量控制，对于实际的控制器，有些算法的编制称为组态，有些则称编程。显然，采用编程的方法完成同样的功能要有较强的技能。单回路和多回路控制器制造商为了方便用户，通常采用提供组态的方法完成大部分或绝大部分常用的控制功能，仅在顺序控制等场合，才需用户自行编程。

单回路和多回路控制器的编程工作比可编程逻辑控制器要简单，但十分相似，有专用键表示装载或存入等语句，顺序条件可根据比较语句的结果或触点、计时与计数器的状态来确定。

2. 屏幕操作方式

集散控制系统中的屏幕操作方式是指通过操作站的屏幕、触摸屏幕、鼠标和键盘等设备或者语音等输入设备，对生产过程的操作以及对系统、控制组态的操作和维护。

（1）屏幕操作方式的特点

集散控制系统的操作方式主要是屏幕操作方式。这种操作方式具有下列特点：

1）信息量大。通常一个操作站可允许用户组态的过程画面是几十幅到几百幅，每幅画面允许动态更新的数据点多达几百个。

2）显示方式多样化。一个过程变量既可以在过程画面上显示，也可以在仪表面板画面或点画面上显示。可以用屏幕显示，也可以用打印机打印。可以显示当前的瞬时值，也可以显示历史趋势。可以用数字显示，也可以用棒图或者颜色变化等方式显示。报警功能得到增强，报警显示既可以在有关过程画面或仪表面板画面上显示，也可以通过报警一览表查找。

3）操作方便容易、透明度提高。屏幕的操作包括画面调用、目标选择、数据更改等过程操作及组态操作和维护操作。使操作人员对生产过程的了解更透彻。与某过程或设备有关的参数可同时显示，一些过程参数，如内回流量、热焓等，用常规方法需要较多的运算单元，采用集散控制系统后，可以经计算直接显示。

（2）对人机接口的要求

在屏幕操作方式中的人机接口装置是操作站及其外部设备。对它们的要求主要有环境要求、输入特性和图形特性的要求。

1）环境要求首先指人机接口设备对环境条件的要求。例如，对尘埃、腐蚀性、电磁场及温度和湿度的要求。与此有关的还有耐冲击和振动的特性。环境要求的第二部分是对供电的要求，它包括供电电压等级、类型和容量及允许的极限值等，也涉及供电方式、冗余配置等内容。环境要求的第三部分是对互联设备的通信距离的限制。它关系到人机接口设备和与它互联设备的配置位置、通信方式、信号输送方式等。

2）输入特性是操作员根据数据输入的需要而提出的。输入特性的改善使操作员的操作内容和方式发生了根本变化。操作员只需要监视、监督和决策。这表明人机接口装置为操作员提供了更大量的综合信息，同时为操作员提供系统可以允许的操作策略。与此相对应的输入设备和响应也发生了很大的变化，如触摸屏等，这些输入设备与系统的软件配合，使操作员的操作变得简单和方便。

3）图形特性是人机接口的重要特性。它包括与人类工程学有关的图形的色彩、闪烁、显示的分辨率、显示的内存级的编制，以及就地的数据存储和处理能力。采用图形用户界面（GUI）、图形处理器（GP）和图形缓冲器（GB），可使人机接口的图形特性得到极大的提高。多任务操作系统、关系数据库、高速数据查询语言以及窗口技术的采用，使操作人员可以很方便地监视和操纵生产过程的运行，使控制工程师可以方便地组态和编程，使维护工程师能及时发现故障并正确处理。

应该指出，窗口技术的应用使人机接口方式由原来的命令方式变为图形方式。与设备无关的具有网络透明性的基于网络的窗口系统，已应用于集散控制系统的软件系统中。

（3）组态操作

集散控制系统的组态操作包括分散过程控制装置和操作站的组态，可引申到现场智能变送器、一体化安装的带控制器的执行机构的组态和上位管理站的组态。

组态操作包括系统组态、控制组态、画面组态和操作组态等。组态操作是一项相互关联的操作，以数据目标为寻址对象的软件系统，为组态操作提供方便的操作手段。它以系统内唯一的数据目标定义被测、被控或计算值。在系统的组态操作中，以该目标作为寻址的依据，从而使软件可移植性得到保证。

1）系统组态。集散控制系统的系统组态包括硬件和软件操作。硬件的组态工作是对各设备规定唯一的标志号，它可以通过跨接片、开关的位置分配来完成。各设备之间的硬接线以及插件板的安装都是硬件组态工作，它们通常由制造厂商完成。软件的组态工作包括将有关设备送入相应的操作系统和软件、用软件的方式描述各设备之间的连接关系和安装位置等。

2）控制组态。集散控制系统的控制组态采用内部仪表（功能模块）的软连接来实现。可以用图形或文字的方式表示它们的连接关系，各模块的内部参数可以直接输入或填表输入。由操作站控制的参数及由连接引入的参数应分别列出。由于大多数集散控制系统的功能模块在较多参数的数值上提供了系统的默认值,这为系统的控制组态提供了方便。

组态工作是一项细致的工作,不仅要求组态工程师了解该系统各个模块的功能、参数含义、连接方法,也需要了解工艺过程,提出合理的控制方案,还要考虑以后需更改的可能方案并留有相应端子。控制组态的好坏直接与控制级的控制性能有关,有些技巧应该掌握。例如,对不同对象采用不同的采样周期;选择合适的死区,以减少后续的操作时间;选择好滤波器的时间常数,减小测量波动的影响;采用不同的设定值变化速率,减小超调量;采用不同的输出值变化速率,抑制输出的大起大落等。此外,在控制组态时要能够灵活应用模块提供的输出作为报警、顺序控制条件、与其他模块的触发或进行判别、比较的条件,使组态的程序有较快的执行时间并占用较少的内存,同时能有一定的修改余地。

3)画面组态。集散控制系统的画面组态主要是操作站、管理站、工程师站以及简易型操作终端的画面组态。其中,简易型操作终端的画面通常采用文字形式而不采用图形形式。集散控制系统提供多种画面,例如,仪表面板画面、调整参数(点)画面、趋势画面及概貌画面等。画面组态主要解决用户的过程画面。

过程画面组态主要由静态画面、动态画面及画面合成等内容组成。静态画面通常是带控制点的工艺流程图。它可分为几幅到几十幅画面,根据工艺操作要求和相互的关联来分割。动态画面要确定动态显示点的位置、显示格式、尺寸大小、颜色变化等。画面合成是上述两类画面的合成、画面的调用方案确定、窗口画面的位置确定等。

画面的合成是静态画面数据库与动态画面数据库的合成。静态画面调出后,它的数据库内容不发生变化。动态画面调出后,会随时更改动态点数据,因此,它的数据库内容不断刷新。合成的目的是在静态画面数据库(即图形内存)中不断刷新动态点数据。画面合成还包括动态键的定义等。

调用画面有全部调用和部分调用两种,上面所述的属于全部调用,即新的画面覆盖原画面。部分调用画面用于采用窗口技术的集散控制系统。部分调出的画面一般是所选动态点的仪表面板画面、趋势画面或者调整画面。它们一般在固定的窗口位置显示。

报警点画面调用是指某一变量达到报警限值时,画面自动切入报警点所在的画面。变量可以是测量值、设定值或输出值,其数值可以是绝对值、偏差(测量与设定之差)或者变化率。当多个变量报警时,系统应切入最先发生报警的变量所对应的画面。

4)操作组态。操作组态用于确定各个外部设备的分工。操作组态包括多台操作台的分工、打印机的分工及有关参数确定等。为了使操作台能冗余,通常用多台屏幕并行显示和操作。各台屏幕及相应键盘分管某一局部的工艺过程,或者某一台屏幕及键盘用于报警和事件显示,其他屏幕及键盘用于分管过程操作,一旦某一台故障时能及时切换,互为后备。为了正确对这些屏幕和键盘进行分工,必须进行操作组态。

为了了解系统的运行情况,还需要有一些操作组态的工作,它包括对各插卡的状态检查、外部设备的状态检查、各通道的特性检查、通信设备的状态检查等。其中,部分项目是由系统自诊断来完成的,有些项目则由维修工程师根据检查要求来确定,并组态后完成。在有些系统中,维护操作是在维护操作环境下完成的,当进入该操作环境时,可以方便地了解系统中软件、硬件的运行情况。

1.5.2　集散控制系统的显示画面

集散控制系统的显示画面主要指操作站、工程师站的显示画面。管理站或上位机的显示画面还可包括一些统计画面以及电子表格。

1. 显示画面的分层结构

为了有效地进行管理和操作，操作站的显示画面是分层次的。集散控制系统的显示画面大致可分为四层。

（1）区域显示

区域显示是最上层的显示，在每幅区域显示画面中包含的过程变量的信息量最多。在操作显示级，它以概貌显示画面出现，在趋势显示级，以区域趋势显示画面出现，其他级的情况可类推。

画面一览表、报警一览表等显示画面用于显示全局的画面名称、描述以及报警点的类型、报警的性质、报警时的数值等报警属性，它们也具有较大的信息量，因此也属于区域显示的层次。

（2）单元显示

单元显示常被用于过程操作。对于操作显示来说，它以过程画面出现。过程画面是以工艺流程图为蓝本，进行合理分割而成。管道颜色应尽可能与实际管道所涂颜色或者与管道内流体特征颜色相一致。例如，通常用绿色表示水流体，用蓝色表示空气，用红色表示蒸汽等。过程中的设备应按一定比例的位置设置，可以全部或部分填充颜色。单元显示的信息量相对区域显示来说要小一些，通过单元显示画面，在操作显示级，操作员可以了解过程检测点和控制回路的组成，监视过程运行情况并实施过程操作。

（3）组显示

在操作显示级，组显示通常以仪表面板图的形式出现。仪表面板图可以一行或两行排列，每行 4～5 台仪表面板，对于一行排列的可达 8～10 台仪表面板。仪表面板图以模拟仪表为参照，但通常不画出有关按键和开关，仅直接用棒图与数字显示。在仪表面板图上，一般有仪表位号、仪表描述、棒图及各棒图的刻度单位、棒图显示相对应的数据（用不同颜色的棒图并以与棒图同样颜色显示相对应的数据）、报警状态、扫描时间等。

组趋势显示与组显示的仪表面板画面相对应，用于显示被测、被控变量，设定值和输出值等模拟量的变化趋势。与单元趋势显示比较，组趋势显示的信息量少，这主要是因为一幅画面中，虽然可有 8～10 个组趋势显示画面，但每个组趋势显示画面最多只能显示 3～4 个变量，例如被控变量、本地和远程设定及输出值。

（4）细目显示

在操作显示级，细目显示通常以点的形式出现。点可以是输入点，也可以是输出点，还可以是功能模块，例如 PID 功能模块、累加器模块等。点的含义相当于一台仪表或一个功能模块。因此，在操作显示级，细目显示包括该仪表的仪表面板、趋势画面，还包括该仪表的调整参数和非调整参数，以及用于调整的各种状态、标志的显示。总之，它包含了有关该仪表的所有信息。

在细目显示中的趋势图画面可以与组趋势显示画面中该点的趋势画面相同，但也可以不同，视组态时的设置情况决定。细目中的仪表面板图通常与组显示的仪表面板图中相应点的仪表面板画面相同。

2. 概貌显示画面

概貌显示画面仅用于显示过程中各被测和被控变量的数值，它可以用绝对值表示，也可以用与设定值的偏差或者变化率表示。不同的集散控制系统，可以有不同的方式显示过程的概貌。

概貌显示画面的显示方式有多种，不同的集散控制系统提供的显示方式也不相同。最简单的显示方式就是根据动态点画面制成的。根据字符大小、显示器的分辨率、显示信息的大小和多少，可以确定一幅概貌显示画面能提供的信息量或操作点的数量。通常，由集散控制系统制造商提供的标准显示画面格式有下列几种：

（1）工位号一览表方式

这种显示方式按仪表的工位号列出，整幅显示画面分为若干组，每组由若干工位号组成。正常值的工位号通常用绿色显示。当在正常值范围外时，工位号发生颜色的变化，如变成黄色或红色，并显示其超限的报警点类型，如低限、负偏差等。

有些集散控制系统采用类似工位号一览表的形式来实现概貌显示。其方法是把过程分为若干单元，在概貌显示画面上显示各个单元的名称，采用类似于动态键的组态方法对各个单元框组态，则整个过程即可由调用相关单元框的单元过程画面来获得。

（2）棒图方式

棒图方式有两种显示方式。一种方式是采用棒图显示模拟量数值，棒图中数量的大小由棒的长度来反映，以满量程为100%，棒的颜色在正常数值时显示绿色，当超过报警限值（低于低报警限或高于高报警限）时，棒的颜色改变，常为红色。为了使概貌显示画面包含较多的信息，棒图显示方式仅提供仪表的工位号及棒的相对长度。对于开关量一般用充满方块框表示开启泵、电动机或者闭合电路等逻辑量为1的信号，用空方框表示停止泵、电动机或者电路断开等逻辑量为0的信号。对开关量除了提供方框外，也显示相应仪表的工位号。棒图显示的另一种方式是用一个时间轴，模拟量在该时间段内有若干个采样值，如果其值超过设定值则向上，如不足则向下，其偏差的大小由向上或向下的棒的长度来表示。设定值即为时间轴。报警也采用颜色变化来显示。概貌显示也可采用仪表工位号及数值显示的方法，其他显示方式有雷达图、直方图等。

3. 过程显示画面

过程显示画面是由用户过程决定的显示画面，它的显示方式有两种，一种是固定式，另一种是可移动式。固定式的画面固定，通常，一个工艺过程被分解为若干个固定式画面，各画面之间可以有重叠部分。对于工艺过程大而复杂的，采用分解成若干画面的过程单元，有利于操作。可移动式的画面是一个大画面，在屏幕上仅显示其中一部分，通常为1/4。通过光标的移动，可以上下左右移动画面，有利于对工艺全过程的了解，在工艺过程不太复杂且设备较少时可方便操作。由于大画面受画幅内存的限制，不可能无限扩大，因此，采用可移动式的显示方式在流程长、设备数量较多时也还需进行适当的分割。

过程显示画面应根据工艺流程经工艺人员和自控人员讨论后决定画面的分割和衔接。过程显示画面中动态点的位置、扫描周期应有利于工艺操作并与过程变化要求相适应。过程显示画面应根据制造厂商提供的过程显示图形符号绘制，管线颜色、设备颜色、颜色是否充满设备框、屏幕背景色等应与工艺人员共同讨论确定。明亮的暖色宜少选用，它容易引起操作员疲劳并造成事故发生。据报道，冷色调具有镇静作用，有利于思想集中，因此，在绘制过程显示画面的时候，一定要正确选择。颜色应在整个系统中统一，如白色为数据显示等。画面的扫描频率，根据研究，最宜人的频率是 66 次/s。过程动态点的扫描周期应根据过程点的特性确定。

过程显示画面与半模拟盘相似，它既有设备图又有被测和被控变量的数据。通过下拉菜单、窗口技术、固定和动态键可以方便地更换显示画面或者开设窗口显示等。工艺过程的操作可以在该类画面中完成。

4. 仪表面板显示画面

仪表面板显示画面以仪表面板组的形式显示运行状况。仪表面板格式通常由集散控制系统制造商提供。有些系统允许用户自定义格式。对不同类型的仪表（或功能模块）有不同的显示格式。仪表面板显示画面的显示格式通常采用棒图与数字显示相结合的方式，既具有直观的显示效果，又有读数精度高的优点，因此深受操作人员的欢迎。每幅画面可设置 8 ~ 10 个仪表面板显示画面，用一行或两行显示两种设置。每个仪表面板显示画面都包括仪表位号、仪表类型、量程范围、工程单位、所用的系统描述、各种开关、作用方式的状态等。所包含的显示棒的数量与该仪表类型有关，棒的颜色与被测或被显示的量有关，在同一系统是统一的。数据的显示颜色也与相应的显示棒颜色一致。通常包含一些标志，如就地或远程、手动或自动、串级或主控、报警或事件等。

集散控制系统的操作人员喜欢用仪表面板显示画面进行操作，而不喜欢采用具有全局监视功能的概貌显示画面。究其原因，主要是仪表面板显示画面与以前的模拟仪表面板的操作方式比较接近，它的设置又比过程显示画面整齐。

5. 趋势显示画面

趋势显示画面有两类：一类趋势显示画面对采样数据不进行处理；另一类则进行数据归档处理，例如取最大值或最小值等。对于每一个采样时刻的采集数据都显示在趋势显示画面的趋势显示，常称为实时趋势显示。若在趋势显示画面上的一个显示点与一段时间内若干个采样数据有关，例如这段时间内所采样数据的最大值、最小值或者平均值等，则称为历史归档趋势显示。这段时间间隔称为归档时间或者浓缩时间，它必须是相应的变量采样时间的整数倍。实时趋势显示相当于模拟仪表的记录仪，但走纸速度较快，而历史归档趋势显示则相当于走纸速度慢几倍至几十倍的记录仪，其区别在于实时趋势显示的数据点是在离散的采样时间采集到的变量值，而记录仪是连续的变量数值的记录。历史归档趋势显示的数据点除了数据离散外，还进行了一些数据的处理。

除了在时间分割上，趋势显示画面进行分层显示外，在变量数量上，趋势显示画面也进行了分层。最底层的显示是一个变量或一个内部仪表中变量的趋势显示画面，其上层是多个变量的趋势显示画面。变量数目的增加有利于了解变量之间的相互关系。通常，变量数可多达 8 ~ 10 个。此外，从画面的大小来分，最小的趋势显示画面约为整个屏幕画面的1/8，其画面大小也可为1/4 ~ 1/2。最大的画面是通过画面放大得到的，其大小可为整个屏幕画面的 4 倍。

由于显示屏幕的分辨率是有限的，在一幅趋势显示画面上可显示的点数也就有限，为了以同样的采样时间或者归档时间显示出未在显示画面上显示的趋势变化，有些集散控制系统提供了可以把时间轴移动的功能。时间轴的移动分无级移动和有级移动两种。无级移动指时间轴的移动量可为原显示画面中两个相邻显示点间时间（可为采样时间或归档时间）的整数倍，有级移动则按系统提供的时间轴移动量进行时间轴的移动，通常是半幅画面的移动。

趋势显示画面除了显示变量的变化趋势外，还允许操作人员了解画面上某一时刻的变量数值。有些集散控制系统提供了这种定位功能，它是通过光标定位在某一时刻，从而显示相应的变量值的。当光标定位在曲线的末端，显示的数值就是当前时刻的采样值或经归档处理的数值。采用这种定位功能可以方便地了解变化曲线的最大值、最小值或其他数值，从而有利于对过程的分析和研究。

多个变量同时在一幅画面上显示趋势曲线时，会出现趋势曲线的重叠，为此，除了采用更改显示范围外，也可采用选择某一变量趋势曲线的消隐处理方法。通过该变量趋势曲线的消隐，使被重叠的变量趋势曲线显示出来。消隐处理可以采用动态键，通过组态定义需消隐的变量号。

6. 报警显示画面

报警显示是十分重要的显示。在集散控制系统中，报警显示采用多种方法、多种层次实现。报警信号器显示是从模拟仪表的闪光报警器转化而来的。它的显示画面和闪光报警器类似，采用多个方框表示报警点，当某一变量的绝对值、偏差或者变化率达到报警限值时，与该变量相对应的方框就发出报警信号，报警信号包括闪烁、颜色变化及声响信号。当按下确认按键后，闪烁成为常亮，颜色变为红色或黄色（事件发生时），声响停止。在显示画面中各方框内标有变量名、位号、报警类型等信息。报警一览表显示，是集散控制系统常采用的报警显示画面，它的最上面一行报警信息是最新发生的报警信息，下面的行数越增加（或显示页数的增加），报警信息发生的时间越早。显示方式和内容大致应包括报警变量的工位号、描述、报警类型、报警时的数值、报警限的数值、报警发生的时间、报警是否被确认等。为了区别第一故障的报警源，对于报警发生的时间显示通常要求较高，多数集散控制系统可以提供的分辨率为毫秒级。报警的信息包括来自过程本身的信号、经计算后的信号以及经自诊断发现的信号，一旦这些信号达到组态或者系统规定的限值，它就会被显示出来。组态的限值信号可以通过组态改变，例如，被测变量的上、下限报警值。系统规定的限值是不允许改变的，例如，信号在量程范围外，低于 -3.69% 或高于 103.69% 则认为信号出错。

报警的处理操作有确认和消声操作，大多数集散控制系统采用不同的按键完成这些操作，小型系统也有合为一个按键的。当报警信号较多时，采用逐行确认报警将浪费时间，因此，有些集散控制系统还设置了整个页面的报警确认键。消声操作用于消除声响，不管是一个变量报警，还是多个变量报警，对选中的报警变量，按下消声按键即可消除声响。

确认操作是先用光标选中正在报警的变量（闪烁显示），按下确认键，则闪烁显示成为平光显示。应该指出，闪烁的部分通常是标志报警类型的符号或星号等，而报警变量的工位号、描述等部分在报警时显示颜色发生变化，通常是变为红色。确认操作并未消除报警发生的条件，它仅表示操作人员已经知道了该报警。只有当报警发生条件不满足时，变量的显示颜色才会改变成正常颜色，如绿色、白色等。而在报警一览表内，则会出现恢复到正常时的一些信息，包括工位号和报警消除发生的时间等，而且显示色也会成为正常色，通过报警发生和报警消除的时间比较，可以了解报警的持续时间。

7. 系统显示画面

系统显示画面包括系统连接显示画面和系统维护显示画面。系统连接显示画面表明所使用的集散控制系统的组成。一种方法是采用连接图的形式，它表明系统中各硬件设备之间的连接关系。另一种方法采用树状结构的形式，它表明某设备有哪些外围设备与它相连接。例如，分散过程控制装置有几块模拟输入卡件、几块模拟输出卡件等。系统维护显示画面常与系统连接显示画面合并，例如，采用树状结构的系统连接显示画面，常在相应设备旁显示该设备的运行状态。

在一些集散控制系统中，系统的连接显示画面还提供了所含软件和硬件的有关特性。有些硬件的特性可以通过软件来组态改变，如连接的接口数、接口地址等。但大多数系统则由硬件实施，如通过开关、跨接片等来完成地址分配。

8. 显示画面的动态效果

通常的显示画面上，仅有动态数据点是动态变化的。为了达到较好的动态效果，集散控制系统也对图形显示采用一些动态处理，得到动态的实感，常见的动态处理方法有下列几种：

（1）升降式动态处理方法

这种处理方法常用于物位的升降，采用充灌的颜色块上边线的移动达到动感。棒图显示也采用这种方法。

（2）推进式动态处理方法

这种处理方法常用于流体输送，采用 2~3 步表示流体位置符号正向逐步推进的显示来达到流体流动的动态，并采用不同的频率来表示流速的快慢。

（3）改变色彩的动态处理方法

这种处理方法常用于温度的显示，高温时显示红色，随着温度的下降，颜色变成橙色、黄色，正常时为绿色，温度过低则为蓝色。

（4）充色的动态处理方法

对于两位式的机械或电气设备，常采用设备框内充色表示设备的一种状态，不充色为另一种状态。在一个系统中应有统一的状态充色的规定。对于两位式的旋转设备，也可采用推进式动态处理的方法来动态显示旋转的桨叶或叶轮等。

1.6　习题

1. 集散控制系统的主要特点是什么？为什么集散控制系统要分散控制、集中管理？
2. 开放系统的主要特点是什么？集散控制系统为什么是开放系统？
3. 集散控制系统的发展方向是什么？
4. 为什么说现场总线控制系统是集散控制系统对控制的彻底分散？
5. 集散控制系统的体系结构是什么？
6. 如何组成集散控制系统硬件结构？
7. 过程控制站、数据采集站、运行员操作站、工程师站、计算机站的主要功能是什么？
8. 集散控制系统的软件体系包括哪些软件？
9. 如何设计集散控制系统显示画面？

第2章 集散控制系统的控制算法

集散控制系统具有完善的功能模块，通过组态可实现各种类型的 PID 单回路控制、串级控制、前馈控制、纯迟延补偿控制、选择性控制、解耦控制以及顺序控制等。随着集散型计算机控制系统的发展，工业生产中采用更先进、完善的控制手段，对提高产品质量、降低成本、增进效益和增强产品在市场竞争力方面起了积极作用。本章就集散控制系统中常用的先进控制算法作简要介绍。

第 2 章微课视频

2.1 PID 控制算法

2.1.1 理想 PID 控制算法

设定值 r 与测量值 y 相比较，得出偏差 $e = r - y$，并依据偏差情况，给出控制作用 u。在时间连续类型，理想 PID 常用的表示形式为

$$u = K_c \left(e + \frac{1}{T_i} \int_0^t e \mathrm{d}t + T_d \frac{\mathrm{d}e}{\mathrm{d}t} \right)$$

或

$$U(s) = K_c \left(1 + \frac{1}{T_i s} + T_d s \right) E(s) \tag{2-1}$$

式中 K_c——控制器比例增益；

     T_i——积分时间；

     T_d——微分时间。

在上述控制算法中，只包含第一项时，称为比例（P）作用；只包含第二项时，称为积分（I）作用；只包含第三项时，称为微分（D）作用（但不采用，因为它不能起到使被控变量接近设定值的效果）；只包含第一、二项的是比例积分（PI）作用；只包含第一、三项的是比例微分（PD）作用；同时包含这三项的是比例积分微分（PID）作用。

在离散控制系统中，要把 PID 控制算式进行离散化处理，以便实现计算机控制。

离散 PID 控制算法可分为三类：位置算法、增量算法、速度算法。

1. 位置算法

理想 PID 控制算法很容易从式（2-1）得到

$$u(k) = K_c e(k) + \frac{K_c}{T_i} \sum_{i=0}^{k} e(i) T_s + K_c T_d \frac{e(k) - e(k-1)}{T_s} \tag{2-2}$$

或

$$u(k) = K_c e(k) + K_I \sum_{i=0}^{k} e(i) + K_D [e(k) - e(k-1)] \tag{2-3}$$

式中 $K_I = \dfrac{K_c T_s}{T_i}$ ——积分系数；

$$K_{\mathrm{D}} = \frac{K_{\mathrm{c}} T_{\mathrm{D}}}{T_{\mathrm{s}}} \text{——微分系数；}$$

$$T_{\mathrm{s}} \text{——采样周期。}$$

式（2-2）或式（2-3）是理想 PID 位置算法，它的输出 $u(k)$ 与控制阀（或执行器）的开度（位置）是一一对应的。这种算法需要计算机重复计算每一时刻区间阀位的绝对值。

2. 增量算法

PID 控制增量算法为相邻两次采样时刻所计算的位置值之差，即

$$\Delta u(k) = u(k) - u(k-1)$$
$$= K_{\mathrm{c}}\big[e(k) - e(k-1)\big] + K_{\mathrm{I}} e(k) + K_{\mathrm{D}}\big[e(k) - 2e(k-1) + e(k-2)\big] \quad (2\text{-}4)$$

设 $\Delta e(k) = e(k) - e(k-1)$，则

$$\Delta u(k) = K_{\mathrm{c}} \Delta e(k) + K_{\mathrm{I}} e(k) + K_{\mathrm{D}}\big[\Delta e(k) - \Delta e(k-1)\big] \quad (2\text{-}5)$$

式（2-4）或式（2-5）就是理想 PID 控制增量，其输出 $\Delta u(k)$ 表示阀位的增量，控制阀每次只按增量大小动作。

3. 速度算法

速度算法是增量算式除以采样周期 T_{s}，即

$$v(k) = \frac{\Delta u(k)}{T_{\mathrm{s}}} = K_{\mathrm{c}} \frac{\Delta e(k)}{T_{\mathrm{s}}} + \frac{K_{\mathrm{c}}}{T_{\mathrm{i}}} e(k) + \frac{K_{\mathrm{c}} T_{\mathrm{d}}}{T_{\mathrm{s}}^{2}}\big[\Delta e(k) - \Delta e(k-1)\big] \quad (2\text{-}6)$$

三种算法的选择，一方面要考虑执行器的形式，另一方面要分析应用时的方便性。从执行器形式来看，位置算法的输出除非用数字式控制阀可直接连接外，一般须经过 D/A 转换为模拟量，并通过保持电路，把输出信号保持到下一个采样周期的输出信号到来时为止。增量算法的输出可通过步进电动机等累积机构化为模拟量。而速度算法的输出须采用积分式执行机构。

从应用方面来看，采用增量算法和速度算法，手/自动切换都比较方便，是因为它们可以从手动时的 $u(k)$ 出发，直接求取在投入自动运行时应该采取的增量 $\Delta u(k)$ 和变化速度 $\frac{\Delta u(k)}{T_{\mathrm{s}}}$。另外，这两类控制算法还不会产生积分饱和现象，是因为它们求出的是增量和速度，即使偏差长期存在，$\Delta u(k)$ 一次次地输出，使执行器达到极限位置，但只要 $e(k)$ 换向，$\Delta u(k)$ 也即换向，输出立即脱离饱和状态。当然，加上一些必要措施，手/自动切换和积分饱和问题在位置算法中也可以解决。

2.1.2　控制度和采样周期

离散的 PID 控制算法与模拟的 PID 控制算法相比，有不少优点，例如，P、I、D 三个作用是独立的，可以分别整定，没有模拟控制器参数间的关联问题，用计算机实施时，等效的 T_{i} 和 T_{d} 可以在更大范围内自由选择，积分作用和微分作用的某些改进更为灵活多变。但是，人们在实践中也发现，如果采用等效的 PID 参数，离散 PID 控制品质往往差于连续控制。

设图 2-1 的曲线 1 是连续 PID 控制时的控制器输出，

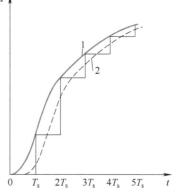

图 2-1　连续与离散控制比较

在同样偏差与 PID 参数下，离散 PID 输出如曲线 2 所示。曲线 2 可用通过各线段的中点的连线来近似，可以看出，它比连续控制要推迟一段时间 $\frac{1}{2}T_s$。这就是说，采用离散 PID 编制算法时，等效于在连续控制回路中串接了一个 $\tau = \frac{1}{2}T_s$ 的时滞环节，这样当然要使系统的品质变差。

定义控制度：

$$控制度 = \frac{\left[\min\int_0^\infty e^2\,\mathrm{d}t\right]_{\mathrm{DDC}}}{\left[\min\int_0^\infty e^2\,\mathrm{d}t\right]_{\mathrm{ANA}}} = \frac{\min(ISE)_{\mathrm{DDC}}}{\min(ISE)_{\mathrm{ANA}}} \tag{2-7}$$

式（2-7）中的下标 DDC 和 ANA 分别表示离散控制与连续控制，min 项是指通过参数最优整定而能达到的二次方积分鉴定值。

采样周期的选择十分重要，香农定理规定了采样周期的上限，采样不失真的条件是采样频率不小于信号中所含最高频率的 2 倍，这样才不会因频谱重叠而引起畸变。因此采样周期必须小于工作周期的一半。

一般应使控制度不大于 1.2（最大超过 1.5），为此通常选择：$T_s = \left(\frac{1}{6} \sim \frac{1}{15}\right)T_p$

T_p 为工作周期，作为折中的选择，可取 $T_s = 0.1T_p$。因为各类控制系统的工作周期是不相同的，所以采样周期也就有差别。表 2-1 提供的数值可供参考。

表 2-1　各种控制系统采样时间

被控变量	T_s 范围/s	常用 T_s 值/s
流量	1 ~ 5	1
压力	3 ~ 10	5
液位	5 ~ 8	5
温度	15 ~ 20	20
成分	15 ~ 20	20

2.1.3　理想 PID 控制算法的改进

1. 积分算法的改进

引入积分作用的目的是消除误差，离散 PID 控制算法中的积分控制作用有三点值得改进。

（1）圆整误差问题

在位置算法中积分作用的输出为

$$u_I = \frac{K_c T_s}{T_i}\sum_{i=0}^k e(i) = K_I \sum_{i=0}^k e(i) \tag{2-8}$$

在增量算法中积分作用的输出为

$$\Delta u_I = \frac{K_c T_s}{T_i}e(k) = K_I e(k) \tag{2-9}$$

由于工业计算机往往采用定点计算，存在字长精度限制的问题，当运算结果超过机器字长精度表示的范围时，计算机就将其作为机器零而把此数丢掉。下面举例说明定点计算机对积分项运算结果的影响。

例如，当控制某炉出口温度时，设定值 R 为 1600℃，测量值 $y(k)$ 为 1605℃。机器字长为十进制 4 位，定点设定在最高位，则偏差用定点可表示为

$$e(k) = R - y(k) = 0.1600 - 0.1605 = -0.0005$$

若取 $K_I = 0.1$，则 $\Delta u(k) = 0$。

也就是说，机器计算的结果没有起到积分作用，使偏差 5℃ 始终存在，误差无法消除，只有当偏差 ≥10℃ 时，才有积分项的输出，所以误差将达 10℃。增强积分的作用，可以减小误差。但积分作用的增强往往会使系统振荡加剧，降低稳定性裕度，有时又不允许。为此需要改进，常用的办法是在机器内增加 $\sum e(i)$ 累加单元。当 $\Delta u_I(k)$ 出现机器零时，开始把 $e(k)$ 保留在累加单元内，到下一次采样输入时，把 $e(k+1)$ 与它相加起来，看 $\Delta u_I(k+1)$ 是否大于机器零，如仍不行，则一直累加到 $\Delta u_I(k+i)$ 不为零为止，此时将 $\Delta u_I(k+i)$ 输出，并把累加单元清零。这样，通过程序编制的改进，解决了由于定点运算的字长限制而丢掉积分作用的问题。

（2）积分分离

采用连续 PI 控制算法，比例控制作用 u_p 和偏差 e 是同步的，而积分作用 u_I 却落后 1/4 周期。因此积分作用虽然对消除误差有益，但相位滞后是加剧振荡的根源。

在离散 PID 控制算法中，可以通过下列途径来改变这一情况。

一种办法是只在 u_I 和 u_p 同方向时，才把积分作用引入；而在 u_I 与 u_p 反方向时，把 u_I 切除，这在计算机上是很容易办到的。

另一种办法是只在 $|e|$ 小于 $|R - R'|$ 时，即被控变量相当接近设定值时，才把 u_I 引入，而在其余情况下，把 u_I 切除。图 2-2 为具有积分分离控制算法的控制效果比较。

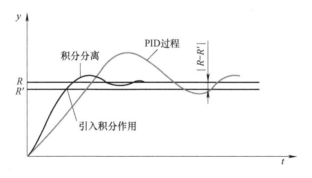

图 2-2　具有积分分离的控制过程

由图可见，采用积分分离算法时，在达到同样的衰减比下，显著地降低了被控变量的超调量，大大缩短了过渡过程的时间，提高了系统的品质。

（3）数值积分的改进

虽然 PID 控制算法中积分项对跳码和噪声的敏感性比微分项要小，但是如果用梯形求积公式 $\sum \dfrac{e(k) + e(k+1)}{2}$ 代替矩形求积 $\sum e(k)$ 进行数字积分，可提高积分计算的精度且少受噪声的影响。当然，它要付出一定的代价，即要求增加计算时间和内存容量。

2. 微分算法的改进

（1）微分先行

微分先行是只对被控变量求导，而不对设定值求导。这样，在改变设定值时，输出不会突变，而被控变量的变化，通常总是比较缓和的。此时的控制算法为

$$\Delta u_{\mathrm{d}}(k) = K_{\mathrm{D}} [y(k) - 2y(k-1) + y(k-2)] \tag{2-10}$$

微分先行的控制算法明显改善了随动系统的动态特性，而静态特性不会产生影响，所以这种控制算法在模拟式控制器中也被采用。

（2）不完全微分

不完全微分是用实际的 PD 来代替理想的 PD 环节。这样，在偏差有较快变化以后，微分作用一下子不会太剧烈，可保持一段时间，在模拟式控制器中就是这样做的。在离散 PID 控制算法中，P、I、D 三个作用是独立的，因此，可以整体串接一个 $\dfrac{1}{\dfrac{T_{\mathrm{d}}}{K_{\mathrm{D}}}s+1}$ 环节，也就是说

串接一个低通滤波器，把它接在输入端比接在输出端更为合适，如图 2-3 所示。

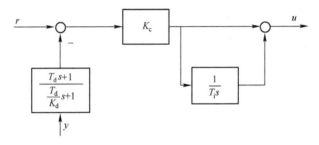

图 2-3　微分先行

在同样阶跃输入下，采用同样 PID 参数，完全微分与不完全微分 PID 的输出如图 2-4 所示。

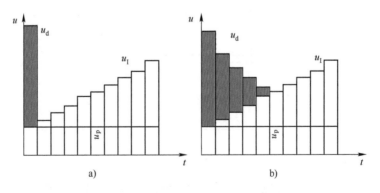

图 2-4　完全微分与不完全微分 PID 的输出

a) 完全微分　b) 不完全微分

（3）四点中值差分法

为了减少噪声的影响，输入滤波是必要的，上述不完全微分就是一种输入滤波。除此之外，应用很成功的一个方法就是采用 4 点中值差分。把 $e(k)$、$e(k-1)$、$e(k-2)$、$e(k-3)$

四者的平均值作为偏差进行差分运算

$$\bar{e}(k) = \frac{1}{4}\sum_{i=0}^{3} e(k-i) \qquad (2-11)$$

即取这 4 点 $e \sim t$ 平面上与中点作连线，求取各自的斜率，把斜率的平均值作为 $e(k)$ 的导数，即

$$\frac{\Delta\bar{e}(k)}{T_s} = \frac{1}{4}\left[\frac{e(k)-\bar{e}(k-1)}{1.5T_s} + \frac{e(k-1)-\bar{e}(k)}{0.5T_s} + \frac{e(k-2)-\bar{e}(k)}{-0.5T_s} + \frac{e(k-3)-\bar{e}(k)}{-1.5T_s}\right]$$

$$(2-12)$$

整理式（2-12）可得

$$\frac{\Delta\bar{e}(k)}{T_s} = \frac{1}{6T_s}[e(k) + 3e(k-1) - 3e(k-2) - e(k-3)] \qquad (2-13)$$

如采用位置算法，就取 $\dfrac{\Delta\bar{e}(k)}{T_s}$ 值代替 $\dfrac{e(k)-e(k-1)}{T_s}$。

如采用增量法，取

$$\frac{\Delta\bar{e}(k)}{T_s} - \frac{\Delta\bar{e}(k-1)}{T_s} = \frac{1}{6T_s}[e(k) + 2e(k-1) - 6e(k-2) + 2e(k-3) + e(k-4)] \qquad (2-14)$$

3. 带有不灵敏区的 PID 控制算法

对于某些要求控制作用尽量少变的场合，可以采用带有不灵敏区的 PID 控制算法，即

$$u(k) = \begin{cases} u(k), & \text{当}|R(k)-y(k)| = |e(k)| > B \\ u(k-1), & \text{当}|R(k)-y(k)| = |e(k)| \leqslant B \end{cases} \qquad (2-15)$$

式中　　B——不灵敏区；

$u(k)$——控制器第 k 时刻的输出；

$u(k-1)$——控制器第 $(k-1)$ 时刻的输出。

这种算法实质上属于非线性控制。例如两个精馏塔之间的平稳操作，前塔的出料作为后一塔的进料时，为了使操作平稳，要求前塔塔底液位和后塔进料流量波动尽量小。通常可以采用均匀控制，但也可采用具有不灵敏区的 PI 控制算法作为液位控制。只要液位偏差不超过规定的 B，出料流量就不改变；只有当液位偏差大于 B 时，才控制出料量，从而克服了不必要的流量波动。

2.1.4　其他形式 PID 控制

为了使控制系统能对设定值变化和扰动变化都有较好的控制品质，在集散控制系统中采用了多种形式的 PID 控制。图 2-5 是其他形式 PID 控制系统的框图。

图 2-5a 将 PID 作用分别对偏差和测量量进行控制。为了消除误差，积分作用的输出应是偏差的函数，为了防止调整设定时输出不发生跳变，微分应先行。因此，微分作用输出应是测量量的函数，比例作用是最基本的控制作用，应该是测量量和偏差的函数。图中，设置了两个可调参数 α 和 β，当 $\alpha =$

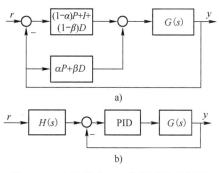

图 2-5　其他形式 PID 控制系统的框图

$\beta = 0$ 时，得到常规的 PID 控制，即 PID 输出是偏差的函数；当 $\alpha = \beta = 1$ 时，得到 I-PD 控制，即积分输出是偏差函数，比例微分输出是测量的函数。调整 α 和 β 可使控制系统在定值和随动控制时都有较好的控制品质。

图 2-5b 将设定信号经 $H(s)$ 后再与测量比较，得到偏差信号。$H(s)$ 有多种传递函数的形式，起滤波作用。其工作原理是：定值控制时，调整 PID 参数，使系统有较好的控制品质；随动控制时，通过 $H(s)$ 中滤波参数的调整，使设定值变化时，控制品质较好。在一些单回路控制器中已提供了这类控制功能的模块，可直接使用。

2.2 前馈控制

2.2.1 前馈控制概述

所谓前馈控制，实质上是一种按扰动进行调节的开环控制系统。其特点是当扰动产生后，被控变量还未显示出变化以前，根据扰动作用的大小进行调节，以补偿扰动作用对被控变量的影响。这种前馈作用运用恰当，可以使被控变量不会因扰动作用而产生偏差，比反馈控制要及时，并且不受系统滞后的影响。

图 2-6 所示是换热器的前馈控制系统及其框图。设扰动通道的传递函数为 $G_f(s)$，控制通道的传递函数为 $G_0(s)$，则若把扰动量测量出来，并通过前馈补偿装置 $G_d(s)$ 的控制作用，可使扰动的控制作用变弱，此时系统的输出为

$$Y(s) = \left[G_f(s) + G_d(s) G_0(s) \right] F(s) \tag{2-16}$$

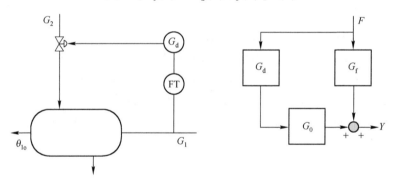

图 2-6 换热器的前馈控制系统及其框图

为了使系统在扰动作用下，输出 y 的偏差等于零。则应满足

$$G_f(s) + G_d(s) G_0(s) = 0$$

即

$$G_d(s) = -\frac{G_f(s)}{G_0(s)} \tag{2-17}$$

由此可见，如果补偿得当，对于某一特定扰动，前馈控制系统的品质十分理想，明显优于反馈控制系统。但是，要实现完全补偿并非易事。因为要得到工业过程的精确数学模型是十分困难的，同时，扰动往往不止特定的一种或数种。为了保证有更大的适应性，因此在工业过程的许多场合把前馈控制与反馈控制结合起来，构成前馈反馈控制系统。前馈克服主要扰动的影响，反馈控制克其余扰动及前馈补偿的不完全部分。这样，系统即使在大而频繁

的扰动下，依旧可以获得优良的控制品质。

一类前馈反馈控制系统是前馈控制作用与反馈控制作用相加，如图 2-7 所示为加热炉的前馈反馈控制系统，这是前馈反馈控制系统中最典型的结构。当进料流量发生变化时，不需要等到出现偏差，燃料会做相应的变动，结果将会使调节过程中温度偏差大为减小。

这类前馈反馈控制系统的框图如图 2-8 所示。显而易见，前馈控制作用的引入并不影响系统的稳定性。

另一类前馈反馈控制系统是前馈控制作用与反馈控制作用相乘，如图 2-9 所示为换热器的前馈反馈控制系统及框图。

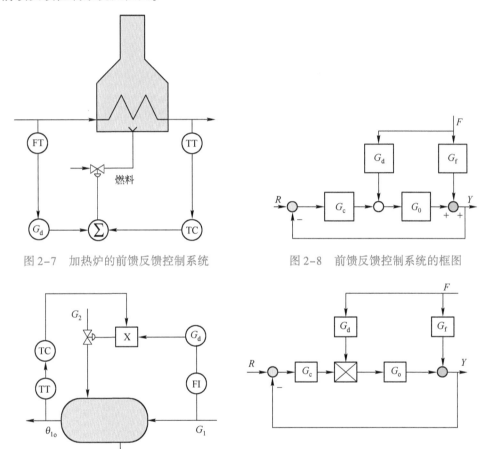

图 2-7　加热炉的前馈反馈控制系统　　　　　图 2-8　前馈反馈控制系统的框图

图 2-9　换热器的前馈反馈控制系统及框图

从图 2-9 可以看出，被加热流体的流量增加，载热体剂量也应相应增加。从动态关系看，则应考虑动态补偿环节。但是，补偿上的任何不足及其余小扰动，都会导致出口温度偏离设定值。为此仍需要设置温度反馈控制器，用它的输出来调节其比值。

2.2.2　前馈补偿装置及控制

前馈补偿装置的复杂程度主要取决于控制通道和扰动通道的传递函数。在工业控制实际应用中，控制通道和扰动通道的传递函数可以用具有时滞一阶环节来近似，其传递函数分

别为

$$G_o(s) = \frac{K_0 e^{-\tau_0 s}}{T_0 s + 1}$$

$$G_f(s) = \frac{K_f e^{-\tau_f s}}{T_f s + 1}$$

这样得到的前馈补偿装置的传递函数为

$$G_d(s) = -\frac{K_f T_0 s + 1}{K_0 T_f s + 1} e^{-(\tau_f - \tau_0)s} = K_d \frac{T_1 s + 1}{T_2 s + 1} e^{-\tau_d s} \tag{2-18}$$

若 $\tau_0 = \tau_f$ 时，则可得

$$G_d(s) = K_d \frac{T_1 s + 1}{T_2 s + 1} \tag{2-19}$$

式中　K_d——静态增益；

T_1、T_2——分别是超前和滞后环节的时间常数。

$T_1 > T_2$ 时，补偿环节具有超前特性；$T_1 < T_2$ 时，补偿环节具有滞后特性；$T_1 = T_2$ 时，动态环节的分子分母项抵消，只进行静态补偿。

在用计算机控制时，前馈补偿装置与其他控制算法一样是用软件来实现的。实际上又可分为两类：一类采用组态形式，把 $K_d \dfrac{T_1 s + 1}{T_2 s + 1}$ 作为一种组态；另一类是直接按 u_d 与 f 的关系计算。首先将前馈补偿装置的传递函数 $G_d(s) = \dfrac{U_d(s)}{F(s)} = K_d \dfrac{T_1 s + 1}{T_2 s + 1}$ 转化成如图 2-10 所示等效框图。

由图 2-10 可知，先计算 $f \rightarrow b$

$$\frac{B(s)}{F(s)} = \frac{1}{T_2 s + 1}$$

即

$$T_2 s B(s) + B(s) = F(s)$$

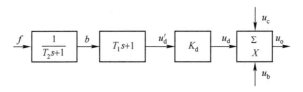

图 2-10　等效框图

写成差分方程形式

$$T_2 \frac{B(k) - B(k-1)}{T_s} + B(k) = F(k)$$

$$\frac{T_2 + T_s}{T_s} B(k) = F(k) + \frac{T_2}{T_s} B(k-1)$$

所以

$$B(k) = \frac{T_s}{T_2 + T_s} F(k) + \frac{T_2}{T_2 + T_s} B(k-1)$$

$$= \frac{T_s}{T_2 + T_s} F(k) - \frac{T_s}{T_2 + T_s} B(k-1) + B(k-1)$$

$$= \frac{T_s}{T_2 + T_s} \big[F(k) - B(k-1) \big] + B(k-1)$$

上式可写成

$$B(k) - B(k-1) = \frac{T_s}{T_2 + T_s} \big[F(k) - B(k-1) \big]$$

令 $\dfrac{B(k) - B(k-1)}{T_s} = A$ 或 $B(k) = AT_s + B(k-1)$，即

$$A = \frac{1}{T_2 + T_s} \big[F(k) - B(k-1) \big] \tag{2-20}$$

再计算 $A + 0 = A; A + 1 = 1; A + A = A; \dfrac{U'_d(s)}{B(s)} = T_1 s + 1$

$$u'_d(k) = T_1 \frac{B(k) - B(k-1)}{T_s} + B(k)$$

$$= \frac{T_1 + T_s}{T_s} \big[B(k) - B(k-1) \big] + B(k-1)$$

$$= (T_1 + T_s) A + B(k-1)$$

因此超前滞后环节的算法为

$$A = \frac{1}{T_2 + T_s} \big[F(k) - B(k-1) \big]$$

$$B(k) = AT_s + B(k-1)$$

$$u'_d(k) = (T_1 + T_s) A + B(k-1)$$

式中　A——中间变量；

$F(k)$——模块输入，前馈变量的现时值；

$u'_d(k)$——超前滞后环节的输出；

$B(k)$——F 通过滞后环节的现时输出值；

$B(k-1)$——F 通过滞后环节的上一次输出值；

T_1——超前时间；

T_2——滞后时间；

T_s——采样周期。

这类补偿环节的输出有两类：

1）比值算法（用于相乘方案）：$u = [K_d u'_d / u_b] u_c$

2）位置算法（用于相加方案）：$u = [K_d u'_d - u_b] + u_c$

式中　u_b——偏置；

u_c——反馈输入。

2.2.3　前馈控制系统实施中的若干问题

1. 偏置值的设置

前馈反馈控制系统中引入偏置值十分必要。总控制信号 u 是前馈控制信号 u_d 和反馈控

制信号 u_c 之和。如正常工况下，前馈控制信号 $u_d = 12\,\text{mA}$，则反馈控制信号 u_c 只能在 4 ~ 12 mA变化，使反馈控制信号被压缩，同时，使总控制信号输出不能在全范围内（4 ~ 20 mA）变化。为此，需引入偏差信号 u_b，其值正好抵消正常工况下前馈控制信号输出 u_d，即

$$u = u_c + u_d - u_b \tag{2-21}$$

集散控制系统中，前馈控制值常在前馈 PID 控制功能模块中直接给出，偏差值也可直接输入。在有些情况下，前馈控制的偏置值不需要引入。例如，在锅炉三冲量控制系统中，由于正常工况下给水量和蒸汽量应满足物料平衡关系，因此，不需要引入偏置值；当有流量副回路时，也不需要偏置值。

2. 前馈补偿装置的参数选择

在许多工业过程控制中，静态前馈控制已可以获得满意的控制效果。所以静态增益 K_d 的选择十分重要。K_d 的选择可以通过物料平衡或热量平衡的计算获得，也可以依据操作参数计算。如果扰动量为 f_1 时，输出为 u_1，可使被控变量保持在设定值。而在扰动为 f_2 时，输出应为 u_2，才能使被控变量维持在设定值，则应有

$$K_d = \frac{u_2 - u_1}{f_2 - f_1}$$

还可以凭经验选择，u_j 由小到大观测过渡过程曲线变化，最后确定较好的 K_d 值，如图 2-11 所示。

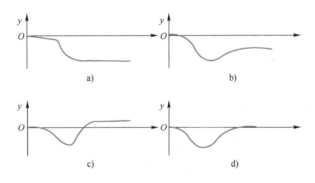

图 2-11　不同 K_d 的过渡过程曲线

a) $k_d = 0$　b) k_d 太小　c) k_d 太大　d) k_d 正好

关于 T_1 和 T_2 的选择，一般最好进行测试得到，或按经验进行，观测过渡过程曲线的变化，进行选择和判断。

2.3　解耦控制

2.3.1　系统的耦合关系

一个生产装置往往要设置若干个控制回路来稳定各个被控变量。回路之间可能相互耦合，相互影响，构成多输入多输出的耦合系统。图 2-12 所示为流量压力控制系统及框图，该系统为耦合系统。

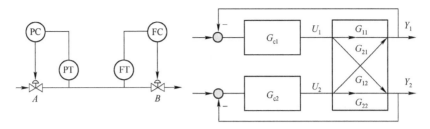

图 2-12 流量压力控制系统及其框图

由图 2-12 可知，控制阀 A 和 B 对系统压力的影响程度同样强烈，对流量的影响程度也相同。因此，当压力偏低而开大控制阀 A 时，流量也将增加，此时通过流量控制器作用而关小阀 B，结果又使管路的压力上升，阀 A 和 B 之间互相影响着，这是一个典型的关联系统。如何来表征系统间的关联程度呢？可以采用"相对增益"的方法来分析。

相对增益是某一通道 $u_j \to y_i$ 在其他系统均为开环时的放大倍数与该通道在其他系统均为闭环时的放大倍数之比，用 λ_{ij} 表示

$$\lambda_{ij} = \frac{\left.\dfrac{\partial y_i}{\partial u_j}\right|_u}{\left.\dfrac{\partial y_i}{\partial u_j}\right|_y}$$

式中，分子项外的下标 u 表示除了 u_j 以外，其他 u 都保持不变，即都为开环，分母项外的下标 y 表示除了 y_j 以外，其他 y 都保持不变，即其他系统都为闭环状态。

现以双输入双输出系统为例，由图 2-12 可得

$$\boldsymbol{Y} = \begin{bmatrix} Y_1 \\ Y_2 \end{bmatrix} = \begin{bmatrix} G_{11} & G_{12} \\ G_{21} & G_{22} \end{bmatrix} \begin{bmatrix} U_1 \\ U_2 \end{bmatrix} = \boldsymbol{GU}$$

如果传递函数 G_{12} 和 G_{21} 都等于零，则系统间无耦合；如果 G_{12} 和 G_{21} 中有一个等于零，则称系统是半耦合的；如果 G_{12} 和 G_{21} 都不等于零，两条通道相互关联，系统是耦合的。

设双输入双输出系统被控变量 y 与操纵变量 u 间静态关系为

$$\begin{cases} y_1 = k_{11}u_1 + k_{12}u_2 \\ y_2 = k_{21}u_1 + k_{22}u_2 \end{cases} \tag{2-22}$$

式中，k_{ij} 表示第 j 个输入变量作用于第 i 个输出变量的放大倍数。

根据相对增益的定义，可以得到

$$\lambda_{11} = \lambda_{22} = \frac{k_{11}k_{22}}{k_{11}k_{22} - k_{12}k_{21}}$$

$$\lambda_{12} = \lambda_{21} = \frac{-k_{12}k_{21}}{k_{11}k_{22} - k_{12}k_{21}}$$

如果排成矩阵形式

$$\boldsymbol{\lambda} = \begin{bmatrix} \lambda_{11} & \lambda_{12} \\ \lambda_{21} & \lambda_{22} \end{bmatrix} \tag{2-23}$$

在双输入双输出情况下，下面几种方法都可以减少或解除耦合：通过被控变量与操纵变量间的正确匹配；通过控制器参数整定；通过减少控制回路；采用各类解耦控制方法等。

2.3.2　串接解耦控制

图2-13所示为双输入双输出串接解耦控制系统框图。由图可得

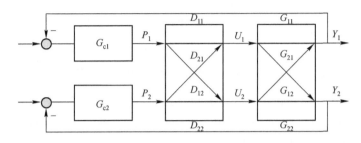

图2-13　双输入双输出串接解耦控制系统框图

$$Y(s) = G(s)U(s)$$
$$U(s) = D(s)P(s)$$

所以
$$Y(s) = G(s)D(s)P(s) \tag{2-24}$$

由式（2-24）可知，只要能使$G(s)D(s)$相乘后成为对角阵，这样就解除了系统间耦合，两个控制回路不再关联。要求$G(s)D(s)$之积为对角阵，对其非零元素又有三类方法：

1. 对角线矩阵法

此法要求$G(s)D(s) = \text{diag}[G_{ij}(s)]$，如

$$G(s)D(s) = \begin{bmatrix} G_{11}(s) & 0 \\ 0 & G_{22}(s) \end{bmatrix} \tag{2-25}$$

即通过解耦，使各个系统的特性完全像原来的单回路控制系统一样。

因此，解耦装置$D(s)$可以由式（2-25）求得

$$
\begin{aligned}
D(s) &= \begin{bmatrix} D_{11}(s) & D_{12}(s) \\ D_{21}(s) & D_{22}(s) \end{bmatrix} = \begin{bmatrix} G_{11}(s) & G_{12}(s) \\ G_{21}(s) & G_{22}(s) \end{bmatrix}^{-1} \begin{bmatrix} G_{11}(s) & 0 \\ 0 & G_{22}(s) \end{bmatrix} \\
&= \frac{\begin{bmatrix} G_{11}(s)G_{22}(s) & -G_{22}(s)G_{12}(s) \\ -G_{11}(s)G_{21}(s) & G_{11}(s)G_{22}(s) \end{bmatrix}}{G_{11}(s)G_{22}(s) - G_{12}(s)G_{21}(s)}
\end{aligned} \tag{2-26}
$$

这样求得的解耦装置元素的传递函数可能相当复杂。

2. 单位矩阵法

单位矩阵法为

$$G(s)D(s) = I = \text{diag}[1, 1 \cdots, 1]$$

如
$$G(s)D(s) = \begin{bmatrix} 1 & 0 \\ 0 & 1 \end{bmatrix} \tag{2-27}$$

此时解耦装置$D(s)$为

$$D(s) = \begin{bmatrix} D_{11}(s) & D_{12}(s) \\ D_{21}(s) & D_{22}(s) \end{bmatrix} = \begin{bmatrix} G_{11}(s) & G_{12}(s) \\ G_{21}(s) & G_{22}(s) \end{bmatrix}^{-1}$$

$$= \frac{\begin{bmatrix} G_{11}(s) & -G_{12}(s) \\ -G_{21}(s) & G_{22}(s) \end{bmatrix}}{G_{11}(s)G_{22}(s) - G_{12}(s)G_{21}(s)}$$

这种方法解耦使各个系统的对象特性成为 1:1 的比例环节，所以具有稳定性好、克服外扰能力强的优点。但是要实现它的解耦装置比其他方法求得的解耦装置更为困难。

3. 前馈补偿法

前馈补偿法只规定对角线以外的元素为零，这样也完全解除了系统间的耦合。但各通道的传递函数并不是原来的 $G_{ij}(s)$。此时可取某些 $D_{ij}(s) = 1$，这样做显然比较简单，所以也有人称之为简易解耦。

对于双输入双输出系统的前馈解耦控制系统框图如图 2-14 所示。在此取 $D_{11}(s) = D_{21}(s) = 1$，解耦补偿装置 $D_{21}(s)$ 和 $D_{12}(s)$ 可以根据前馈补偿原理求得

$$G_{21}(s) + D_{21}(s)G_{22}(s) = 0$$

所以

$$D_{21}(s) = -\frac{G_{21}(s)}{G_{22}(s)} \tag{2-28}$$

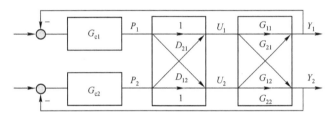

图 2-14　前馈解耦控制系统框图

又有

$$G_{12}(s) + D_{12}(s)G_{11}(s) = 0$$

$$D_{12}(s) = -\frac{G_{12}(s)}{G_{11}(s)} \tag{2-29}$$

也可令 $D_{21}(s) = D_{12}(s) = 1$ 或 $D_{21}(s) = D_{22}(s)$ 或 $D_{12}(s) = D_{11}(s) = 1$。

按同样原理可以求得解耦补偿装置的传递函数，在很多情况下，采用静态解耦已能获得相当好的效果。

一般来说，需要采用动态解耦时，$D_{ij}(s)$ 宜采用超前滞后环节即 $K\dfrac{T_1 s + 1}{T_2 s + 1}$ 的形式。

2.3.3　逆系统解耦控制

逆的概念是一个具有普遍意义的概念。对于函数，有反函数；对于矩阵，有逆矩阵；而对于一个具有动态过程的系统，则有相应的逆过程，或称逆系统。

对于一个 p 维输入 $u(t) = (u_1, u_2, \cdots, u_p)^{\mathrm{T}}$、$q$ 维输出 $y(t) = (y_1, y_2, \cdots, y_q)^{\mathrm{T}}$ 的（线性或非线性）耦合系统 $\sum$，具有一组确定的初始状态 $x(t_0) = x_0$，其输入与输出之间满足某种关系，如可以用式（2-30）所示的状态方程来表示，即可表示为

$$\begin{cases} \dot{x} = f(x, u) \\ y = h(x, u) \end{cases} \qquad x(t_0) = x_0 \tag{2-30}$$

从更一般的观点来看，这个系统的数学模型相当于一个由输入映射到输出的算子，且输出

将由初始状态 $x(t_0) = x_0$ 和输入 $u(t)$ 完全决定（因果性）。如记描述该因果关系的算子为 $\boldsymbol{\theta}$，则有

$$y(\cdot) = \boldsymbol{\theta}(x_0, u(\cdot)) \text{ 或简写为 } y = \boldsymbol{\theta}u \tag{2-31}$$

所谓系统 $\sum$ 的逆系统 Π 是指能实现从系统 $\sum$ 的输出到输入逆映射关系的系统，即如把系统 $\sum$ 的期望输出 $y_d(t)$ 作为逆系统 Π 的输入，则逆系统 Π 的输出正是用来驱动系统 $\sum$ 产生期望输出 $y_d(t)$ 的所需的控制量 $u(t)$，其形象化的示意图如图 2-15a 所示。

对于给定的系统 $\sum$，如果存在上述定义的单位逆系统 Π 或 α 阶逆系统 Π_α（分别如图 2-15a、b 所示），则称系统 $\sum$ 是可逆系统。

在非线性的情况下，系统的可逆性一般与系统状态 x 的位置有关。对于实际的物理系统，状态 x 一般可选取系统的稳态工作点及其邻域直至整个工作区间，然后来判断系统的可逆性。由于实际的物理系统都是有界的，如果系统在某个区域上是处处可逆的，则一般称其为可逆的系统。

实际上，当 $\alpha = 0$ 时，α 阶逆系统就是单位逆系统，因此单位逆系统是 α 阶逆系统的特例。理论上讲，一个系统的 α 阶逆系统存在，其单位逆系统亦存在，即两者间可相互转化。例如，对于单输入单输出系统的 α 阶逆系统（如图 2-15b 所示），在其前面串联 α 个微分环节所构成的组合系统即是单位逆系统；反之，对于单位逆系统（如图 2-15a 所示），在其前面串联 α 个积分环节，并对积分环节赋以适当初值，则构成 α 阶逆系统。两种逆系统之间的转换关系图如图 2-16 所示。

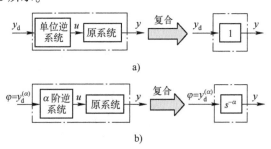

图 2-15　单位逆系统与 α 阶逆系统及其复合系统（以单输入单输出系统为例）

图 2-16　单位逆系统与 α 阶逆系统之间的转化关系图（以单输入单输出系统为例）

α 阶逆系统是一种易于实现的逆系统。这是因为，一般非线性系统的动态过程大都是由一组非线性映射关系和纯积分环节交叉复合构成的，当 α 被定义为系统的相对阶时，α 阶逆系统是一般非线性系统中非线性映射关系的逆的一种实现，而系统中的纯积分环节被保留下来，α 可理解为系统中纯积分环节的长度。

2.4 时滞补偿控制

时滞是工业过程控制对象中普遍存在的。衡量工程（对象）时滞的大小通常采用过程时滞 τ 和过程等效时间常数 T 之比 τ/T。τ/T 之比越大越不易控制，当 $\tau/T > 0.3 \sim 0.5$ 时可称为具有大时滞的系统。对于大时滞系统，如果控制要求不高，采用 PID 控制规律尚可，如果系统要求有良好的控制品质，采用 PID 控制规律就难于满足。

时滞环节 $\mathrm{e}^{-\tau s}$ 具有这样的频率特性：幅值始终等于 1，而相位为 $-\tau \mathrm{j}w$，负值随着频率的增加而上升。在绝大多数情况下，使广义对象开环频率特性相应于相位差为（$-\pi$）处的幅值比增大，频率降低。带来的后果是控制器 K_c 必须减小才能稳定，这样将使系统最大偏差加大，控制过程变慢。

为了克服 $\mathrm{e}^{-\tau s}$ 带来的效应，一种设想是对过程输出乘 $\mathrm{e}^{\tau s}$，正好补偿，因为 $\mathrm{e}^{\tau s}$ 环节物理上是无法实现的，所以无法串入一个 $\mathrm{e}^{\tau s}$ 环节进行校正。然而采用预测的手段，由输出 $y(t)$ 来估计 $y(t+\tau)$，在已知对象特性及其输入时是完全可以做到的。更常用的方法是引入适当的反馈环节，使系统闭环传递函数的分母中（即特征方程中）不含时滞项。史密斯（O. J. M. Smith）在 1957 年提出的预估补偿控制方案可以满足这一要求。

2.4.1 史密斯预估补偿控制方案

史密斯预估补偿控制的框图如图 2-17 所示，图中 $G_k(s)$ 是史密斯引入的预估补偿器的传递函数。为使图 2-17 所示系统的闭环特征方程中不含有时滞 τ，因此期望的闭环传递函数

$$\frac{Y(s)}{R(s)} = \frac{G_c(s)G_p(s)\mathrm{e}^{-\tau s}}{1 + G_c(s)G_p(s)} \tag{2-32}$$

$$\frac{Y(s)}{F(s)} = \frac{G'(s)}{1 + G_c(s)G_p(s)} \tag{2-33}$$

引入预估补偿器后，实际的闭环传递函数是

$$\frac{Y(s)}{R(s)} = \frac{G_c(s)G_p(s)\mathrm{e}^{-\tau s}}{1 + G_c(s)G_k(s) + G_c(s)G_p(s)\mathrm{e}^{-\tau s}} \tag{2-34}$$

根据要求

$$1 + G_c(s)G_k(s) + G_c(s)G_p(s)\mathrm{e}^{-\tau s} = 1 + G_c(s)G_p(s)$$

所以

$$G_k(s) = G_p(s)(1 - \mathrm{e}^{-\tau s}) \tag{2-35}$$

这样构成的预估补偿控制方案如图 2-17 所示，其闭环传递函数为

$$\frac{Y(s)}{R(s)} = \frac{G_c(s)G_p(s)\mathrm{e}^{-\tau s}}{1 + G_c(s)G_p(s)} = G_2(s)\mathrm{e}^{-\tau s} \tag{2-36}$$

其中 $G_2(s) = \dfrac{G_c(s)G_p(s)}{1 + G_c(s)G_p(s)}$，类似于没有时滞环节时的随动控制系统的闭环函数。

同样，由图 2-18 可以得到定值控制系统的闭环传递函数

$$\frac{Y(s)}{F(s)} = \frac{G_f(s)\left[\,(1 - e^{-\tau s})\,G_p(s)\,G_c(s) + 1\,\right]}{1 + G_c(s)\,G_p(s)}$$

$$= G_f(s)\left[\,1 - G_2(s)\,e^{-\tau s}\,\right] \tag{2-37}$$

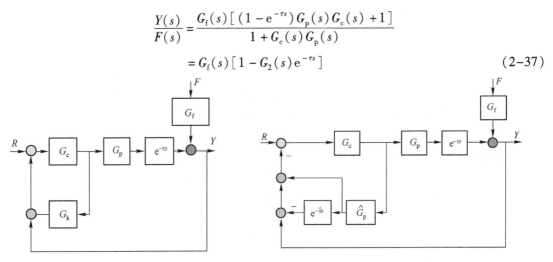

图 2-17　史密斯预估补偿控制的框图　　　　图 2-18　定值控制系统的闭环传递函数

因此，经过预估补偿后，闭环特征方程中已消去了 $e^{-\tau s}$ 项，也就是消除了时滞对控制品质不利的影响。对于随动控制系统，控制过程仅在时间上推迟时间 τ。这样，系统的过渡过程形状与品质和无时滞的完全相同。对于定值控制系统，控制作用要比扰动滞后一个 τ 时间，所以控制效果不如随动控制系统那样明显。

随着电子计算机应用，特别是集散控制系统中实施更为方便，史密斯预估补偿器的应用近年日益普遍。这种补偿器不仅可用于单输入单输出系统，也可用于多输入多输出系统。史密斯预估补偿器对大时滞过程尽管能提供很好的控制质量，但遗憾的是，其控制质量对模型误差十分敏感，特别是时滞时间和增益误差。所以对非线性严重或时变增益的过程，这种线性史密斯预估器是不太适用的。

2.4.2　增益自适应时滞补偿器

1977 年，贾尔斯和巴特利（R. E. Giles 和 T. M. Bartley）在史密斯方法的基础上提出了增益自适应补偿方案，它在史密斯补偿模型之外加了一个除法器、一个导前微分环节和一个乘法器，其框图如图 2-19 所示。导前微分环节中 $\tau_d = \tau$，它将使过程与模型输出之比提前进入乘法器。乘法器是将预估器的输出乘以导前微分环节的输出，然后送到控制器。除法器是将过程输出值除以模型的输出值。这三个环节的作用是根据模型和过程输出信号之间的比值来提供一个自动校正预估器增益的信号。

由图 2-19 可知

$$C(s) = \left[\,R(s) - Y(s)\,\right] G_c(s)\,G_p(s)\,e^{-\tau s}$$

$$A(s) = C(s)$$

$$B(s) = G_m(s)\,e^{-\tau_m s}\,u(s)$$

$$Y(s) = d_1(s)\,d_3(s) = G_m(s)\,u(s)\,(1 + \tau_m s)\frac{A(s)}{B(s)}$$

$$= G_m(s)\,u(s)\frac{(1 + \tau_m s)\,C(s)}{G_m(s)\,e^{-\tau_m s}\,u(s)} = \frac{(1 + \tau_m s)\,C(s)}{e^{-\tau_m s}}$$

$$\frac{C(s)}{R(s)} = \frac{G_c(s)G_p(s)e^{-\tau s}}{1 + \dfrac{(1+1\tau_m s)}{e^{-\tau_m s}}G_c(s)G_p(s)e^{-\tau s}} \tag{2-38}$$

若 $\tau = \tau_m$，则有

$$\frac{C(s)}{R(s)} = \frac{G_c(s)G_p(s)e^{-\tau s}}{1 + (1+\tau_m s)G_c(s)G_p(s)} \tag{2-39}$$

这时增益自适应时滞补偿器与史密斯补偿器具有同样的改善控制性能的效果。在增益自适应时滞补偿控制方案中，其闭环特征方程与 K_m 无关，我们可以把补偿通道看作是预估环节 $G_m(s)$ 与一个可变增益的环节 K_v 相串联，如图 2-20 所示。当 K_m 与 K_v 有误差时，调整 K_v，使之总放大倍数不变，从而达到了增益自适应补偿。

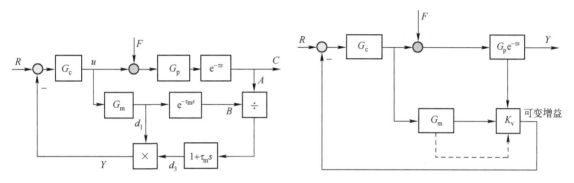

图 2-19 增益自适应补偿方案的控制框图　　图 2-20 带可变增益预估补偿器

2.4.3 观测补偿器控制方案

观测补偿器控制方案如图 2-21 所示，由图可得

$$\frac{Y(s)}{R(s)} = \frac{G_c(s)G_o(s)}{1 + G_c(s)G_m(s)\dfrac{1+G_k(s)G_o(s)}{1+G_k(s)G_m(s)}} \tag{2-40}$$

$$\frac{Y(s)}{F(s)} = \frac{G_o(s)\left[1 + \dfrac{G_c(s)G_m(s)}{1+G_k(s)G_m(s)}\right]}{1 + G_c(s)G_m(s)\dfrac{1+G_k(s)G_o(s)}{1+G_k(s)G_m(s)}} \tag{2-41}$$

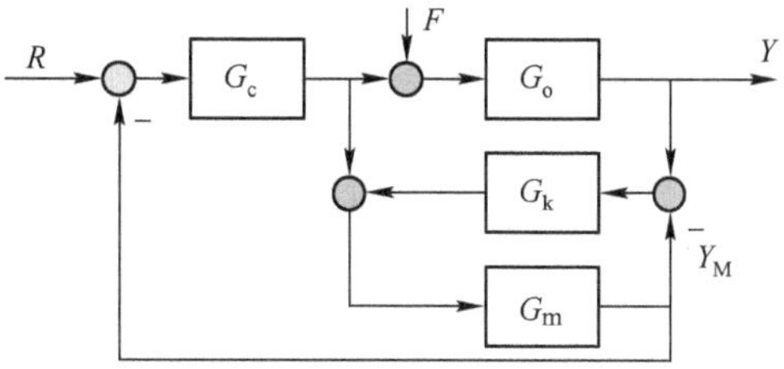

图 2-21 观测补偿器控制方案

闭环特征方程可由式（2-42）求得

$$1 + G_c(s)G_m(s)\frac{1+G_k(s)G_o(s)}{1+G_k(s)G_m(s)} = 0 \tag{2-42}$$

不管对象的时滞有多大，只要 $G_k(s)$ 的模足够小，就有

$$\frac{1+G_k(s)G_o(s)}{1+G_k(s)G_m(s)} = 1 \tag{2-43}$$

从而闭环特征方程成为

$$1 + G_c(s)G_m(s) = 0 \tag{2-44}$$

系统的稳定性只与观测器 $G_m(s)$ 有关，而与时滞大小无关。如 $G_m(s) = G_p(s)$，则式(2-40)与史密斯预估补偿控制的式（2-36）相同，表明其控制效果与史密斯预估补偿控制的相同。但本方案对于对象参数的变化不敏感，且不需要时滞环节。因此，实施起来方便，适应性强。

从图中可以看出，由主控制器 $G_c(s)$ 与 $G_o(s)$、$G_m(s)$、$G_k(s)$ 组成的主随动控制系统，用于使观测器输出值跟踪设定值。由副控制器 $G_k(s)$ 与 $G_m(s)$ 组成副随动控制系统，用于使观测器输出值与系统的输出保持同步。当设定值 R 变化时，由于观测器输出 Y_M 尚未变化，所以主控制器输出一个较强的控制信号，通过前馈作用，使观测器输出较快地跟踪，以减少控制器的偏差，起到超前的控制作用。同时，该控制信号对过程本身也起调节作用，使输出较快变化。由于副控制器的控制作用，使观测器输出 Y_M 适应系统输出 Y 的变化。当主、副控制器均为比例积分作用时，整个系统可以达到稳态无余差。

观测补偿器控制方案仅适用于随动控制系统，不适用于定值控制系统。

2.5　自适应控制

实际工业生产过程往往由于其机理复杂，不能准确地描述它的动态特性，尤其是动态特性是不断变化的，不能确切地描述其变化规律，同时存在着大量的扰动因素，这类生产过程采用通常的反馈控制方法，很难达到预期目标。为此可采用自适应控制方法，对模型或控制规律进行自动调整与修正，保证预期的目标能实现。

自适应控制系统能够辨识过程参数与环境条件的变化，并在此基础上自动地校正控制规律。它是一个具有适应能力的系统，因此自适应控制是辨识与控制的结合。自适应控制系统的控制框图如图 2-22 所示。

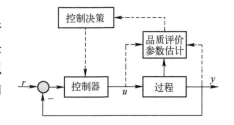

图 2-22　自适应控制系统的控制框图

自适应控制的结构可以非常简单，也可以相当复杂。一般有：简单自适应控制系统；模型参考型自适应控制系统；自校正控制系统。

2.5.1　自整定控制器

随着计算机技术、人工智能、专家系统技术的发展，自整定控制器发展相当迅速。目前许多集散控制系统具有自整定控制器的功能，并采用多种方法实现 PID 参数自整定。

美国 FOXBORO 公司的 EXACT 自整定控制器的主要原理是：通过对系统误差的模式识别，分别识别出过程响应曲线的超调量、衰减比、振荡周期等，然后与所期望曲线形状比较，在线调整 PID 参数，直至过程的响应曲线被调整成为某种指标下的最优曲线。

当测量值与设定值间的偏差小于预先设定的噪声带的二倍时，被自整定控制器认为是静止状态，超过静止状态值时才启动。启动后开始测量第一、二、三个峰值，并用超调量、衰减比、积分时间/周期、微分时间/周期等来表征响应曲线，在满足衰减比和超调量要求的条件下，达到最优参数整定。

Honeywell 公司 TDC 3000 SCC 系统中的自整定控制器采用临界比例度法，其原理框图如图 2-23所示。

利用非线性环节 $N(x)$ 产生临界振荡，由观测器测试极限环振幅和振荡周期，再根据有关公式计算临界灵敏度和振荡周期，最后由校正器按预定的指标整定计算控制器参数。

YEWSERIES-80 的专家自整定控制器的框图如图 2-24 所示。在知识库内存有典型的响应曲线；各类控制目标：超调量为零、ISE 最小、IAE 最小、IAT 最小等；还有可选用的 100 多种的整定规律。通过判断测量信号的波形与目标整定的波形的一致程度来决定是否要重新整定。如要重新整定，则控制器根据观测到的响应特性选择适当的 PID 整定规律，进行自整定以满足要求。

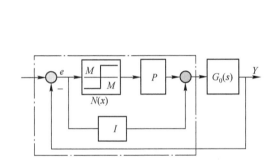

图 2-23　自整定控制器原理框图

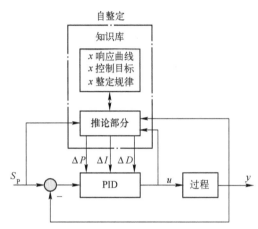

图 2-24　专家自整定控制器的框图

2.5.2　模型参考型自适应控制系统

典型的模型参考型自适应控制系统如图 2-25 所示。图中参考模型表示了控制系统的性能要求。输入 $r(t)$ 一方面送到控制器，产生控制作用，对过程进行控制，使系统的输出为 $y(t)$；另一方面，$r(t)$ 送往参考模型，其输出为 $y_m(t)$，体现了预期的品质要求。把 $y(t)$ 和 $y_m(t)$ 进行比较，偏差送往自适应机构，进而改变控制器参数，使 $y(t)$ 能更好地接近 $y_m(t)$。

设计控制规律的方法主要有三种：

1.　参数最优化方法

参数最优化方法利用最优化技术搜索到一组控制器的参数，使某个性能指标 $\left[例如 J = \int_0^t e^2(t)\,\mathrm{d}t \right]$ 达

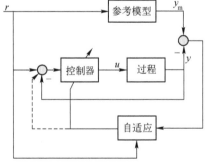

图 2-25　模型参考型自适应控制系统

到最小，其优化的方法常用梯度法。这种设计方法的主要缺点是系统可能不稳定。

2.　基于李雅普诺夫稳定性理论的方法

这种方法的基本思想是保证闭环系统是稳定的，使广义误差 $e(t)$ 趋向于零，用这种方法设计的系统一定是稳定的。但对于一个实际系统而言，仅仅稳定是不够的，还要考虑偏差

$e(t)$ 趋向于零的速度，另外求李雅普诺夫函数也是一个困难问题。

3. 利用超稳定性来设计自适应控制系统的方法

首先把系统变成等价的非线性时变反馈控制系统，即系统由一个线性前向环节和非线性反馈环节构成，前向环节应是线性的，且是正定的。反馈环节是非线性时变的，满足波波夫积分不等式，由此解出自适应控制规律。

模型参考型自适应控制方法的应用关键是如何将一类实际问题转化为模型参考型自适应的问题。

2.5.3　自校正控制系统

自校正控制系统是自适应控制系统中一个相当活跃的分支，它基本上从两个方面发展。一个是基于随机控制理论和最优控制理论的发展，最早是由卡尔曼（Kalman，1958）提出的，后来 Peterka（1970）把自校正思想引入随机系统，Astrom 和 Wittenmark（1973）针对参数未知的定常系统正式提出"自校正调节器"（Self-Tuning Regulator，STR），把系统的在线辨识技术和最小方差控制相结合，构成了自校正的基本思想。Clark 和 Gawthrop（1975，1979）推广了 Astrom 的思想，在一般最优指标下给出适应控制——"自校正控制器"（Self-Tuning Controller，STC）。自校正控制系统另一方面发展是基于极点或极、零点配置理论的自校正控制。

自校正调节器是典型的辨识与控制的结合体，其框图如图 2-26 所示。

辨识部分采用最小二乘法，依据过程的输入输出数据，得到数学模型的各个参数

$$\theta'(a_i;b_i):y(k)+a'_1y(k-1)+\cdots+a'_ny(k-n)=b'_0u(k-d)+$$
$$b'_1u(k-d-1)+\cdots+b'_mu(k-d-m) \qquad (2-45)$$

式中，y 为输出变量；u 为控制变量；d 为以采样周期表示的时滞数值。

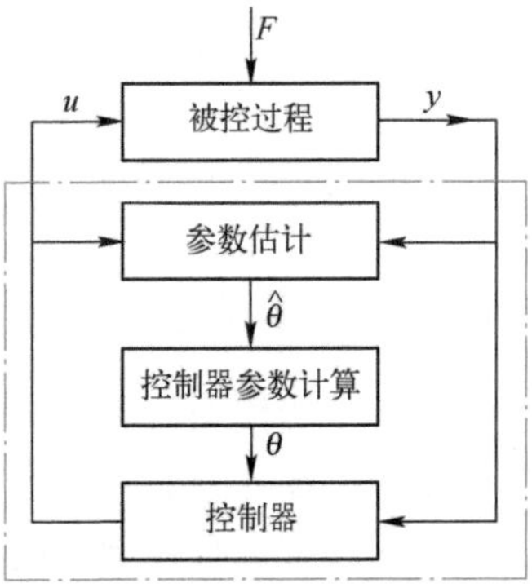

控制部分采用最小方差控制。目标是求 u 使 $J=E[y^2(k+1)]$ 达到最小。首先是按参数已知情况下求控制律，然后用参数的

图 2-26　自校正调节器框图

估计值代替未知参数，如果参数估计是随着系统的变化而实时进行的，那么系统就是自校正的。

实践上，自校正调节器在国内外不少场合取得了成功，并且也出现了工业产品，例如 ABB 公司的 Novatune 自校正调节器。

自校正调节器还有一些问题，如：过程趋向平稳后，辨识与控制的矛盾会出现，并趋向尖锐。此时控制器对系统不再有充分的激励，辨识算法的进行遇到困难。对此 Astrom 认为应该在系统开始投入运行时辨识，到接近平稳时则宜暂停，隔一段时间再进行辨识。另外由算法得到的控制作用 $u(k)$ 会大起大落，因为在目标函数中未考虑 $u(k)$ 的平稳程度。由 Clarke 提出的自校正控制器，在目标函数中考虑了 $u(k)$，与线性二次型最优控制的做法相似，这样即可克服上述缺点。

2.6　顺序控制

集散控制系统除了可以实现上述各节介绍的控制算法外，还可以实施顺序、逻辑和批量控制。批量控制又称诀窍控制或配方控制，它是对不同牌号的产品按不同的配方和生产过程运行的批处理控制过程。对于其中任一个产品的控制过程，它仍是顺序控制和连续控制相结合的控制过程。

2.6.1　顺序控制的基本概念

1. 顺序控制及其分类

顺序控制是按照预先规定的顺序（逻辑关系），逐步对各阶段进行信息处理的控制方法。顺序控制以逻辑关系为前提，运算过程也是以逻辑运算为主，输出信息也是二进制的开、关或者通断等逻辑值，因此，顺序控制又称逻辑控制。顺序控制系统可分为时间顺序、逻辑顺序和条件顺序控制三类。

时间顺序控制系统又称固定程序控制系统，它的执行指令是按时间排列的，固定不变。例如，在物料输送过程中，各传输带电动机的起动和停止的控制系统。通常，为防止同时起动时，电流过大，电动机的起动是先后级再开前级。其开启时间有一定延时。而停止输送时，电动机的停止是先停前级再停后级。这种顺序控制系统由于各阶段的执行条件是时间，且时间是事前确定的和不变的，因此，称为时间顺序控制系统。

逻辑顺序控制系统的执行指令是按先后顺序排列的，和时间无严格关系。如在反应器进料系统中，当进料使反应器内料位达到某一值时，才能开启搅拌电动机。这里进料量的变化会影响达到预定料位的时间，而开启搅拌电动机的条件是料位达到预定值。逻辑顺序控制系统在工业生产过程中应用较多，它们通过条件测定来决定下一步是否执行。

条件顺序控制系统是以条件成立与否为前提，但其条件不同时有不同的执行过程。最常用的系统是电梯系统。电梯是升还是降，取决于电梯现在的位置以及外界给予的指令的综合判定结果。在工业生产过程中的成品分拣系统也是条件顺序控制系统。它通过对产品条件的检查结果来决定产品的去向。

顺序控制系统按所用的器件可分为继电器式、无触点式及可编程序式顺序控制系统。继电器式采用继电器等电气机械式的触点和线圈来完成顺序控制功能。无触点式常采用晶体管等半导体器件。而可编程序式则采用微处理器。可编程序式对接线方式作了重大改进，采用软接线使得系统调试和修改更为方便。

集散控制系统及可编程序逻辑控制器都采用可编程序式。其主要优点是：

1) 只有外接线，省去内部接线，安装方便，体积小；缩短系统设计、制造、安装和施工周期。

2) 程序修改、系统调试方便；采用标准化模块和编程语言。

3) 采用数字通信技术，有利于与上位机通信；平均故障间隔时间高。

4) 能适用于恶劣工作环境。

2. 顺序控制系统的组成

图 2-27 是典型的顺序控制系统框图，它主要由以下五部分组成：

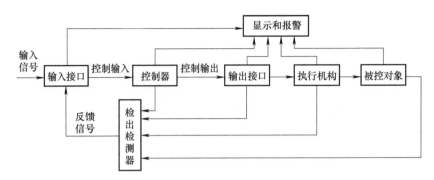

图2-27 典型的顺序控制系统框图

1）控制器：指令形成装置，它接收控制输入信号，经处理，产生完成各种控制作用的控制输出信号。系统输出 y_k 与系统状态 s_k 和输入 x_k 之间有下列关系：

$$y_k = f(s_k, x_k) \tag{2-46}$$

而系统下一时刻的状态 s_{k+1} 也是 s_k 的函数，即

$$s_{k+1} = g(s_k, x_k) \tag{2-47}$$

由于具有记忆功能，使控制器能实现时序逻辑关系。

2）输入接口：完成输入信号的电平转换。

3）输出接口：完成输出信号的功率变换。

4）检出和检测装置：用于检出和检测被控对象的一些状态信息。

5）显示和报警装置：用于显示系统输入、输出、状态和报警等信息，以利于调试和操作。

3. 逻辑运算

顺序控制中的基本量是离散的数字量，其运算是逻辑运算。对逻辑运算关系，常用布尔代数、真值表或卡诺图（Karnaugh Map）的方法进行描述。

顺序控制系统中除了采用基本逻辑运算关系外，还采用一些复杂的逻辑运算关系，如闩锁、触发器、整形等，其中，有些与时间有关的运算还要用计时器或计数器。

4. 顺序控制系统的实现

集散控制系统中，顺序控制系统通过分散过程控制装置、可编程序逻辑控制器以及批量控制器等来实现，控制任务的实现通过程序的执行来完成。由于被控对象的控制条件被满足的时间和程序顺序执行的不协调，在集散控制系统中采用两种有效的方法来解决。

1）巡回扫描。当CPU在运行状态时，它将反复自动地执行用户程序，更新输入输出映象区。执行一次用户程序的时间称为扫描时间，或扫描周期。在一个扫描周期内，CPU对顺序控制系统的一个逻辑回路进行输入扫描、执行程序（逻辑运算），并把输出送到输出映象区。巡回扫描时，定时对输入、输出接口进行采集和输出，数据放在输入和输出映象区。而程序的巡回扫描仅对输入输出映象区进行。

2）实时采集和输出。为了提高实时性，在巡回扫描中，当需要某一过程变量的信息时，就中断程序，实时采集该数据并存入输入映象区，然后执行后继程序步。当需要输出某一变量时，也立即执行相应的输出任务。这样，可以较好地解决实时性。

由于扫描周期很短，可以认为系统采集的信息是当时的工作状态。扫描周期与程序执行指令的执行时间、指令类型、指令数量有关。指令的执行时间与时钟频率有关，指令类型和数量不仅与集散系统能提供的指令类型有关，还与控制系统的编程水平有关。集散控制系统为适应不同的应用要求，有些类型还提供可选的扫描周期。最短时间为 ms 数量级，一般在几十到几百毫秒。有些系统为了得到实时数据，采用中断方式，但由于程序管理复杂，在一般情况下都不采用。

2.6.2　梯形逻辑图及其编制方法

集散控制系统中顺序控制系统的编程有多种方法，如梯形逻辑图、功能模块、助记符及编程语言等。功能模块法把逻辑运算作为功能块处理，按功能块组态的连接方法来完成编程。编程语言采用集散系统提供的语言或者通用的高级语言。

1. 梯形逻辑图的基本概念

梯形逻辑图编程采用梯形逻辑图来描述顺序控制系统的逻辑顺序关系，它是由继电器梯形图演变而来，与电气操作原理图相对应，具有直观、易懂、能为广大电气技术人员所熟知等特点，在集散控制系统和可编程序逻辑控制器的编程中得到广泛应用。

梯形逻辑图以输出元素为单位，组成梯级，每个梯级由若干支路组成。根据系统的不同，每个支路允许配置的编程元素有一定限制（可编程序逻辑控制器采用助记符时可不受此限制）。支路的最右边元素称为输出元素。

梯形逻辑图通常显示在编程器或操作站的屏幕上。梯级的上下行表示程序执行的先后顺序。编制时从上向下进行，其两侧的竖线相当于电源线。编程元素有唯一的标志号，但描述字符可以不是唯一的（有些系统把描述字符也作为可寻址符时才需有唯一的字符）。支路中不允许有断开，但允许有连线连接。输出元素可以是内部线圈、存储器、计数器等，输入元素也可以是它们的相应触点。图 2-28 是一个典型的梯形逻辑图。

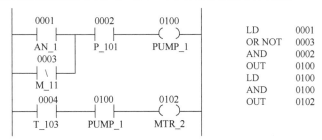

图 2-28　一个典型的梯形逻辑图

可以看到，图 2-28 右边的程序是用助记符列出的相应逻辑关系。助记符方法类似于助记码编程，在可编程序逻辑控制器的编程时常被采用。它通常由操作码、标识符和元素参数表示。

2. 梯形逻辑图控制语言编程

用于顺序控制的梯形逻辑图控制语言包括一些操作指令，有些系统用功能块来描述。这些操作指令有基本逻辑运算指令、分支和分支终止（主控或主控终止）指令、跳转和跳转终止指令、置位和复位指令、闪锁指令（RS 触发）、微分（脉冲发生）指令、定时和计数器指令、数据移位和传送指令、数据比较和类型转换指令、步进（顺序执行）指令、输出禁止和允许指令及报警和显示指令等。一些算术和逻辑运算的指令和功能块也正被引入到顺序控制系统中。模拟量的输入输出及其转换的功能也下伸到可编程逻辑控制器，从而扩展了顺序控制的功能。

梯形逻辑图控制语言编程的步骤如下：

1）根据工艺过程对顺序控制系统的要求，经过分析、比较，列写程序条件表或图。

2）对输入输出单元进行地址分配，并完成输入输出模块的组态工作。根据工艺的需要，要对可能添加的手动/自动开关、电源开关等也分配相应的地址。

3）画出梯形逻辑图，并对添加的内部继电器、计数器等分配地址。

4）程序输入和调试，有时为了验证程序的正确性，也可采用仿真的方法，可以用物理或数字仿真，来离线调试。

在编程时应注意下列几点：

1）灵活性。由于顺序逻辑关系的实现不是唯一的，因此，可采用灵活的编程方法，应用已有的结果来减小程序长度。

2）正确性。要能够正确反映顺序的控制关系，主要是因与果的关系。

3）实时性。要根据控制的先后顺序安排梯级，控制发生的条件应安排在上一级，控制的目标应安排在下一级，减少由于程序安排不当引起的执行滞后。

4）初始化和报警、显示。为了使故障发生后能再启动，通常对各变量状态需设置初始值，以便再启动时能正确执行。有些系统还需要设置保持特性的记忆装置，以便故障恢复后能从故障发生时的状态再执行。此外，需设置相应的报警，为了调试和操作的需要，需设置程序步和各变量状态、报警状态等显示。

5）可扩展性。为了调试方便，在编程时，应留有一定的余地，以便程序的扩展。例如，对于"与"操作的指令，可送入一个置位（1）的信号用于扩展，对于"或"操作的指令，送入一个复位（0）的信号用于扩展。有些集散控制系统若有允许插入的功能，可以不考虑程序的预留扩展口。

2.6.3　程序条件的编制

程序条件的编制应根据工艺提出的顺序控制要求来进行。通常，自控设计人员应先熟悉工艺过程，了解工艺对顺序控制系统的要求，用文字记录下来。然后，根据系统的控制要求，确定优先级、必要的反馈信号及故障处理时的控制要求等。当发现控制条件有矛盾时，应与工艺设计人员商量，得出正确的控制关系。最后，用程序框图、流程表或者程序说明书的形式把程序条件反映出来。软件编制人员根据程序条件的有关图表转化为梯形逻辑图、功能模块或其他编程形式，并完成最后的调试。

1）程序框图。这是与计算机的程序框图相类似的框图。它用一些执行框来表示执行某些操作，用判断框来判断条件是否满足，当符合判断框的要求，则执行某一操作任务，否则就执行另一操作任务。在集散控制系统中，这种方法常用于逻辑顺序或条件顺序控制系统的程序条件编制。它具有步骤清晰、修改方便、易于操作的特点。

2）流程表。流程表用于时间顺序或步进型的控制系统中，它用流程的步来表示相应步内各仪表、电气设备和阀门的开启或关闭的状态。这种方法具有简单明了、每一步的各设备状态容易检查、修改和调试比较方便等优点。

3）程序说明书。一些顺序逻辑关系不太复杂的控制系统，可以采用文字说明的形式来描述程序条件。这些文字说明称为程序说明书。由于它不像上述两种方法那样直观，也常用于作为上述两种编制方法的补充。

4）功能表。功能表是用图形符号和文字说明相结合的方法来描述程序条件的。功能表又称顺序功能表（Sequential Function Charts，SFC）。它由步、转换和有向连线三种元素组成。步用长方框表示，相当于一个状态。在一个状态下与控制部分的 I/O 有关的系统行为全部或部分维持不变。步分为活动步和非活动步。处于活动步的相应命令被执行，处于非活动步的命令不被执行。转换分为使能转换和非使能转换，转换符号前级步是活动步时，转换是使能转换，否则是非使能转换。转换的实现指转换是使能转换且满足相应转换条件。转换条件用文字、布尔代数、梯形图或逻辑图表示。有向连线是垂直的或是水平的，通常从上向下或者从左向右。

一个控制系统可分为互相依赖的两部分：被控系统和施控系统。对于施控系统，活动步导致一个或数个命令。对于被控系统，活动步导致一个或数个动作。命令和动作用长方框内的文字或符号表示，长方框应与步的方框相连。命令或动作有非存储型和存储型之分。存储型命令或动作只有被后继步激励复位才能消除记忆。按命令和动作的持续时间分为延迟（D）、时限（L）及脉冲（P）三类。存储型用 S 表示，非存储型不用字母表示。功能表图是近年推出的程序条件编制方法，它具有逻辑关系清晰、严格，描述关系明确等优点。

2.7　神经网络控制

人工神经网络（简称神经网络）是一种重要的人工智能（Artificial Intelligence，AI）技术。随着国务院《新一代人工智能发展规划》的印发，人工智能已上升到国家战略层面。

近几十年来计算机技术的发展日新月异，计算机在运算能力、存储能力上都有了质的飞跃，使很多原来无法实现的技术成为可能，为基于神经网络的控制技术的实现和应用做了重要铺垫，涌现出各种创新的技术，推动了人工智能技术的进一步发展。我国的科研人员也表现突出，抢占了多个前沿领域制高点，对神经网络控制技术的发展做出了重要贡献。但目前我国在高端核心技术方面还存在短板，例如神经网络芯片等尖端技术仍然掌握在欧美发达国家手中。需要我们迎头赶上，通过不懈努力，在这些核心技术上取得突破。

本节旨在通过各种典型的神经网络控制技术，让读者了解神经网络控制的基本原理和基本方案。本节最后将逆系统解耦控制与神经网络相结合，给出了一种神经网络逆系统控制方法。这是由我国科学家提出的一种先进的神经网络控制方案，在电力系统、生物发酵等领域有着广泛的应用。

2.7.1　人工神经网络

人工神经网络是由一些简单的元件分层次组织的大规模并行联接构造的网络，它致力于按照生物神经系统的方式处理真实世界的客观事物。通俗地讲，人工神经网络是由大量简单的基本处理单元构成的一种信息处理系统。这些基本处理单元称为神经元，神经元之间广泛互连,实现并行分布式处理,从而模仿生物大脑的结构与功能。其基本原理主要涉及神经元模型、神经元连接方式、学习规则等方面。

图 2-29 给出了动态神经元的一种模型结构,可视作一个多输入单输出的动态系统。图中动态神经元的输出为 $y_i(t)$($ 下标 i 表示这是第 i 个神经元的输出),而动态神经元的多个输入中同样含有 $y_i(t)$,说明动态神经元可以实现自反馈。动态神经元一般由三部分组成:①输入处理环节,完成加权求和;②状态处理环节,为一个线性动态单输入单输出(SISO)系统;③输出处理环节,实现非线性函数映射(非线性输入输出关系)。下面分别讨论其功能与作用。

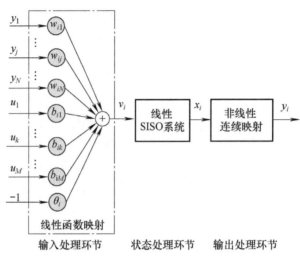

图 2-29 动态神经元模型——信息处理单元

(1)输入处理环节

通过对输入信号的加权求和,完成神经元输入信号的空间综合功能,其信息处理表达式为

$$v_i(t) = \sum_{j=1}^{N} w_{ij} y_j(t) + \sum_{k=1}^{M} b_{ik} u_k(t) - \theta_i \tag{2-48}$$

其中,$v_i(t)$ 为第 i 个神经元空间综合的输出信号;$y_j(t)$($j = 1, \cdots, N$)为来自其他神经元(包括来自第 i 个神经元本身)的输出信号;w_{ij} 为反映第 j 个神经元对第 i 个神经元施加影响的大小的系数,在人工神经网络中将 w_{ij} 称为第 j 个神经元与第 i 个神经元之间的连接权系数,这是人工神经网络中一个十分重要的量;$u_k(t)$($k = 1, \cdots, M$)为来自外部的输入信号(控制信号);b_{ik} 是相应的系数;θ_i 为一常数,其作用是控制神经元处于某一状态。θ_i 的作用很重要,仅当神经元对来自其他神经元的输出信号和外部输入信号加权求和后的值(式(2-48)的前两项之和)大于 θ_i 时,$v_i(t)$ 才大于 0。也就是说,式(2-48)是一个带阈值的线性函数。

(2)状态处理环节

这一环节对神经元的输入信号起着时间综合作用,一般为一个线性动态单输入单输出(SISO)系统,其输入输出关系可表示为

$$X_i(s) = H_i(s) V_i(s) \tag{2-49}$$

或

$$x_i(t) = \int_{-\infty}^{t} h(t-\tau) v_i(\tau) \mathrm{d}\tau \qquad (2-50)$$

$H(s)$ 的最简单形式为

$$H(s) = \frac{1}{a_0 s + a_1} \qquad (2-51)$$

对应的输入输出关系为

$$a_0 \dot{x}_i(t) + a_1 x_i(t) = v_i(t) \qquad (2-52)$$

注意到，当 $a_0 = 0$ 时，$H(s) = \dfrac{1}{a_1}$，SISO 系统退化为简单的线性映射，构成的神经元为静态神经元，不具有动态行为。

（3）输出处理环节

这是一个非线性激活函数，它将经过前面两个环节进行时间与空间综合后的信号，通过一个非线性作用函数，产生神经元的输出。一般要求非线性激活函数单调、递增、连续，其表达式为

$$y_i(t) = f[x_i(t)] \qquad (2-53)$$

常用的非线性激活函数有 Sigmoid 函数（见图 2-30）、对称型函数（见图 2-31）和双曲正切函数等。其输入输出关系分别为

$$y_i = \frac{1}{1 + \mathrm{e}^{-x_i}} \qquad (2-54)$$

$$y_i = \frac{1 - \mathrm{e}^{-x_i}}{1 + \mathrm{e}^{-x_i}} \qquad (2-55)$$

$$y_i = \tanh(x_i) \qquad (2-56)$$

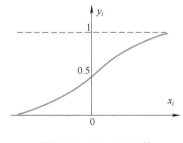

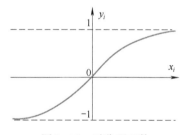

图 2-30　Sigmoid 函数　　　　　　　图 2-31　对称型函数

以上分析了图 2-29 所示的动态神经元的各个组成部分及其作用，在实际使用中，为了方便，往往要做进一步的简化。如前所说，可将神经元中间的状态处理环节简化为静态线性映射，从而构成静态神经元。静态神经元不具有动态行为，其常用的结构模型如图 2-32 所示，其输入输出关系可表示为

$$y_i^0 = f(s) = f\left[\sum_{j=1}^{N} w_{ij} y_j(t) - \theta_i \right] \qquad (2-57)$$

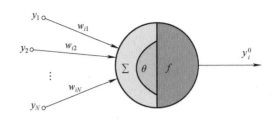

图 2 – 32　静态神经元的基本结构

由静态神经元构成的网络即为静态神经网络。静态神经网络的输入输出关系是静态非线性映射关系。

静态神经网络有许多种，其中多层前向网络（Multi-Layer Forward Neural Network）是一种受到人们特别重视的神经网络，原因是它结构简单并且具有有效的学习算法。

一个多层前向网络由输入层、输出层和若干隐含层组成，各层包含 1 个或多个图 2 – 32 所示的静态神经元（在图 2 – 33 中用"○"表示），相邻两层神经元间通过可调权值（连接权系数）相联接（在图 2 – 33 中用"→"表示），神经元之间没有反馈，因而其信息由输入层依次向隐含层传递，直至输出层，如图 2 – 33 所示。

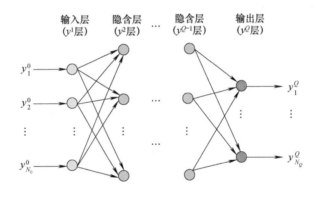

图 2 – 33　常用的静态神经网络——多层前向网络

多层前向网络属于映射型神经网络（其输入有 N_0 维，输出为 N_Q 维，参见图 2 – 33）。它的信息处理功能实际上是把 N_0 维欧氏空间中的某一子空间 A 映射成 N_Q 维欧氏空间中的另一子空间 $f(A)$，即 $f : A \subset \mathbf{R}^{N_0} \to \mathbf{R}^{N_Q}$。

多层前向网络具有的这种非线性映射特性（非线性输入输出映射关系），为它的广泛应用奠定了理论基础。

为使神经网络实现给定的输入输出映射关系，需对神经网络进行训练，或者说，神经网络需要进行学习。所谓对神经网络进行训练，也即对网络中神经元与神经元之间的连接权系数（图 2 – 29 中的 w_{ij}）进行学习和调整，使神经网络获得知识，并具有自适应能力。对多层前向网络来说，由于连接权系数的调整采用的是反向传播（Back Propagation）的学习算法，因此该网络也称为 BP 网络。

经训练的神经网络，对于未用于训练的样本集中的输入也能给出合适的输出。该性质称为泛化（Generalization）功能。从函数拟合的角度，它说明神经网络具有插值功能。

2.7.2 典型神经网络控制方案

神经网络功能具有逼近任意复杂的非线性映射的能力，它与各种其他技术相结合，就可以构成各种类型的神经网络控制器。

神经网络控制器的结构随其分类方法的不同而有所不同。本节将简要介绍神经控制结构的典型方案，包括 NN 学习控制、NN 直接逆控制、NN 内模控制、NN 自适应控制、NN 预测控制、CMAC 控制、多层 NN 控制和分级 NN 控制等。

1. NN 学习控制

当受控系统的动态特性是未知的或者仅有部分是已知时，需要寻找某些支配系统动作和行为的规律，使得系统能被有效地控制。在有些情况下，可能需要设计一种能够模仿人类作用的自动控制器。基于规则的专家控制和模糊控制是实现这类控制的两种方法，而神经网络（NN）控制是另一种方法，称为基于神经网络的学习控制、监督式神经控制或 NN 监督式控制。图 2-34 给出一个 NN 学习控制的结构，图中，包括一个监督程序和一个可训练的神经网络控制器（NNC）。在控制初期，监督程序作用较大。随着 NNC 训练的成熟，NNC 将对控制起到较大作用。控制器的输入对应于由人接收（收集）的传感输入信息，用于训练的输出对应于人对系统的控制输入。

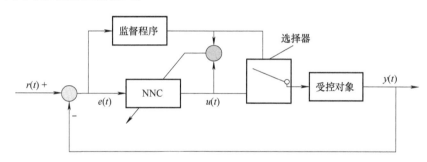

图 2-34　基于神经网络的监督式控制

实现 NN 监督式控制的步骤如下：

1）通过传感器和传感信息处理，调用必要的和有用的控制信息。

2）构造神经网络，选择 NN 类型、结构参数和学习算法等。

3）训练 NN 控制器，实现输入和输出之间的映射，以便进行正确的控制。在训练过程中，可采用线性律、反馈线性化或解耦变换的非线性反馈作为监督程序来训练 NN 控制器。

2. NN 直接逆控制

NN 直接逆控制，顾名思义，即采用受控系统的一个逆模型，它与受控系统串接以便使系统在期望响应（网络输入）与受控系统输出之间得到一个相同的映射。因此，该网络（NN）直接作为前馈控制器，而且受控系统的输出等于期望输出。这种方法在很大程度上依赖于作为控制器的逆模型的精确程度。

由于不存在反馈，所以本方法鲁棒性不足。逆模型参数可通过在线学习调整，以便把受控系统的鲁棒性提高至一定程度。

图 2 - 35 给出 NN 直接逆控制的两种结构方案。在图 2 - 35a 中，网络 NN1 和 NN2 具有相同的逆模型网络结构，而且采用同样的学习算法。NN1 和 NN2 的结构是相同的，二者应用相同的输入、隐含层和输出神经元数目。对于未知对象，NN1 和 NN2 的参数将同时调整，NN1 和 NN2 将是对象逆动态的一个较好的近似。图 2 - 35b 为 NN 直接逆控制的另一种结构方案，图中采用了一个评价函数（EF）。

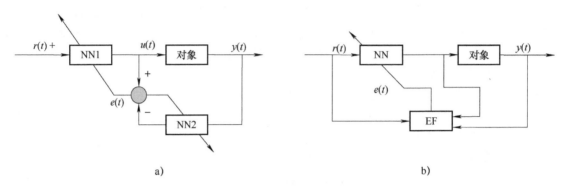

图 2 - 35　NN 直接逆控制

3. NN 内模控制

在常规内模控制（IMC）中，受控系统的正模型和逆模型用作反馈回路内的单元。IMC 经全面检验表明其可用于鲁棒性和稳定性分析，而且是一种新的重要的非线性系统控制方法，具有在线调整方便、系统品质好、采样间隔不出现纹波等特点，常用于纯滞后、多变量、非线性等系统。

图 2 - 36 表示基于 NN 的内模控制的结构。其中，系统模型（NN2）与实际系统并行设置。反馈信号由系统输出与模型输出间的差得到，然后由 NN1（在正向控制通道上一个具有逆模型的 NN 控制器）进行处理；NN1 控制器应当与系统的逆有关。其中，NN1 为神经网络控制器，NN2 为神经网络估计器。NN2 充分逼近被控对象的动态模型，神经网络控制器 NN1 不是直接学习被控对象的逆动态模型，而是以充当状态估计器的 NN2 神经网络模型作为训练对象，间接学习被控对象的逆动态特性。

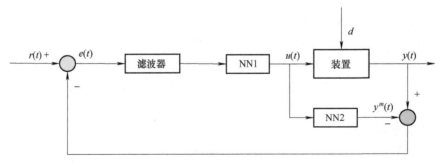

图 2 - 36　NN 内模控制

图 2 - 36 中，NN2 也是基于神经网络的但具有系统的正向模型。该图中的滤波器通常为线性滤波器，而且可被设计满足必要的鲁棒性和闭环系统跟踪响应。

4. NN 自适应控制

NN 自适应控制与常规自适应控制一样，也分为两类，即自校正控制（STC）和模型参考自适应控制（MRAC）。STC 和 MRAC 之间的差别在于：STC 根据受控系统的正/逆模型辨识结果直接调节控制器的内部参数，以期能够满足系统的给定性能指标；在 MRAC 中闭环控制系统的期望性能是由一个稳定的参考模型描述的，而该模型又是由输入/输出对 $\{r(t),$ $y^r(t)\}$ 确定的。本控制系统的目标是使受控装置的输入 $y(t)$ 与参考模型的输出渐近地匹配，即

$$\lim_{t \to \infty} \| y^r(t) - y(t) \| \leqslant \varepsilon \tag{2-58}$$

式中　ε——指定常数。

（1）NN 自校正控制（STC）

基于 NN 的 STC 有两种类型：直接 STC 和间接 STC。

1）NN 直接自校正控制。该控制系统由一个常规控制器和一个具有离线辨识能力的识别器组成，后者具有很高的建模精度。NN 直接自校正控制的结构基本上与直接逆控制相同。

2）NN 间接自校正控制。该控制系统由一个 NN 控制器和一个能够在线修正的 NN 识别器组成，如图 2-37 所示。

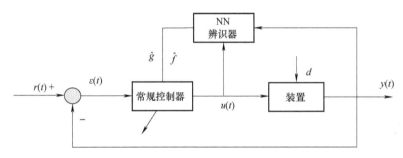

图 2 – 37　NN 间接自校正控制

一般，假设受控对象（装置）为下式所示的单变量非线性系统：

$$y_{k+1} = f(y_k) + g(y_k)u_k \tag{2-59}$$

式中　$f(y_k)$、$g(y_k)$——非线性函数。

令 $\hat{f}(y_k)$ 和 $\hat{g}(y_k)$ 分别代表 $f(y_k)$ 和 $g(y_k)$ 的估计值。如果 $f(y_k)$ 和 $g(y_k)$ 是由神经网络离线辨识的，那么能够得到足够近似精度的 $f(y_k)$ 和 $g(y_k)$，而且可以直接给出常规控制律

$$u_k = [y_{d,k+1} - \hat{f}(y_k)]/\hat{g}(y_k) \tag{2-60}$$

式中　$y_{d,k+1}$——在 $(k+1)$ 时刻的期望输出。

（2）NN 模型参考自适应控制

基于 NN 的 MRAC 也分为两类，即 NN 直接 MRAC 和 NN 间接 MRAC。

1）NN 直接模型参考自适应控制。从图 2 – 38 的结构可知，直接 MRAC 神经网络控制器力图维持受控对象输出与参考模型输出之间的差 $e_c(t) = y(t) - y^m(t) \to \infty$。由于反向传播需要知道受控对象的数学模型，因而该 NN 控制器的学习与修正存在很多问题。

2）NN 间接模型参考自适应控制。该控制系统结构如图 2 – 39 所示，图中，NN 识别器

（NNI）首先离线辨识受控对象的前馈模型，然后由 $e_i(t)$ 进行在线学习与修正。显然，NNI 能提供误差 $e_c(t)$ 或者其变化率的反向传播。

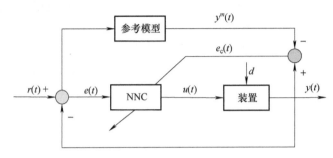

图 2 – 38　NN 直接模型参考自适应控制

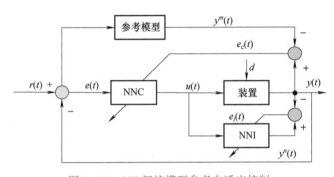

图 2 – 39　NN 间接模型参考自适应控制

5. NN 预测控制

预测控制是 20 世纪 70 年代发展起来的一种新的控制算法，是一种基于模型的控制，具有预测模型、滚动优化和反馈校正等特点。已经证明本控制方法对于非线性系统能够产生很好的稳定性。

图 2 – 40 表示 NN 预测控制的一种方案。图中，神经网络预测器（NNP）为一神经网络模型，NLO 为一非线性优化器。NNP 预测受控对象在一定范围内的未来响应为

$$y(t + j|t), \ j = N_1, N_1 + 1, \cdots, N_2 \tag{2-61}$$

式（2 – 61）中的 N_1 和 N_2 分别称为输出预测的最小和最大级别，是规定跟踪误差和控制增量的常数。

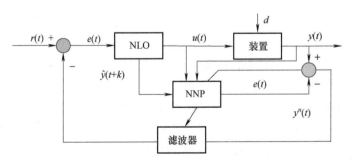

图 2 – 40　NN 预测控制

如果在时刻 $(t+j)$ 的预测误差定义为

$$e(t+j) = r(t+j) - y(t+j|t) \tag{2-62}$$

那么非线性优化器（NLO）将选择控制信号 $u(t)$ 使二次性能判据 J 为最小，即

$$J = \sum_{j=N_1}^{N_2} \left[e(t+j) \right]^2 + \sum_{j=1}^{N_2} \lambda_j \left[\Delta u(t+j-1) \right]^2 \tag{2-63}$$

式中，$\Delta u(t+j-1) = u(t+j-1) - u(t+j-2)$；$\lambda$ 为控制权值。

基于神经网络的预测控制算法步骤如下：

1）计算期望的未来输出序列 $r(t+j)$，$j = N_1, N_1+1, \cdots, N_2$。

2）借助 NN 预测模型，产生预测输出 $y(t+j|t)$，$j = N_1, N_1+1, \cdots, N_2$。

3）计算预测误差 $e(t+j) = r(t+j) - y(t+j|t)$，$j = N_1, N_1+1, \cdots, N_2$。

4）求性能判据 J 的最小值，获得最优控制序列 $u(t+j)$，$j = 0,1,2\cdots, N$。

5）采用 $u(t)$ 作为第一个控制信号，然后转至第 1）步。

需要说明的是，NLO 实际上为一最优算法，因此可用动态反馈网络来代替由本算法实现的 NLO 和由前馈神经网络构成的 NNP。

6. 基于 CMAC 的控制

由阿尔巴斯（Albus）开发的 CMAC 是近年来获得应用的主要神经控制器之一。把 CMAC 用于控制有两种方案。第一种方案的结构如图 2–41 所示。在该控制系统中，指令信号和反馈信号均用作 CMAC 控制器的输入。控制器输出直接送至受控装置（对象）。控制器的训练是以期望输出和控制器实际输出间的差别为基础的。系统工作分两阶段进行。第一阶段为训练控制器。当 CMAC 接收到指令和反馈信号时，它产生一个输出 u，此输出与期望输出 $\bar{u}$ 进行比较；如果两者存在差别，那么调整权值以消除该差别。经过这阶段的竞争，CMAC 已经学会如何根据给定指令和所测反馈信号产生合适的输出，用于控制受控对象。第二阶段为控制。当需要的控制接近所训练的控制要求时，CMAC 就能够很好地工作。这两个阶段工作的完成都无须分析装置的动力学和求解复杂的方程式。不过，在训练阶段，本方案要求期望的装置输入是已知的。

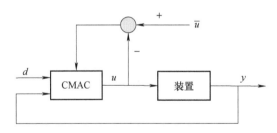

图 2–41　基于 CMAC 的控制方案一

另一种控制方案如图 2–42 所示。在本方案中，参考输出模块在每个控制周期产生一个期望输出。该期望输出被送至 CMAC 模块，提供一个信号作为对固定增益常规偏差反馈控制器控制信号的补充。在每个控制周期之末，执行一步训练。在前一个控制周期观测到的装置输出用作 CMAC 模块的输入。用计算装置输入 u^* 与实际输入 u 之间的差来计算权值判断。当 CMAC 跟随连续控制周期不断训练时，CMAC 函数在特定的输入空间域内形成一个近似的

装置逆传递函数。如果未来的期望输出在域内与前面预测的输出相似，那么，CMAC 的输出也会与所需的装置实际输入相似。由于上述结果，输出误差将很小，而且 CMAC 将接替固定增益常规控制器。

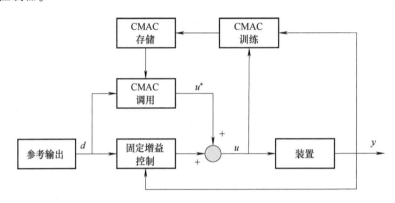

图 2-42　基于 CAMC 的控制方案二

　　根据上述说明，方案一为一闭环控制系统，因为除了指令变量外，反馈变量也用作 CMAC 模块的输入加以编码，使得装置输出的任何变化能够引起装置接收到的输入的变化。方案一中权值判断是以控制器期望输出与控制器实际输出间的误差（而不是装置的期望输出与装置的实际输出间的误差）为基础的。如前所述，这就要求设计者指定期望的控制器输出，这也可能出现问题，因为设计者通常只知道期望的装置输出。方案一中的训练可看作对一个适当的反馈控制器的辨识。在方案二中，借助于常规固定增益反馈控制器，CMAC 模块用于学习逆传递函数。经训练后，CMAC 成为主控制器。本方案中，控制与学习同步进行。本控制方案的缺点是需要为受控装置设计一个固定增益控制器。

7. 多层 NN 控制和深度控制

　　多层神经网络控制器基本上是一种前馈控制器。考虑图 2-43 所示的一个普通的多层神经控制系统。该系统存在两个控制作用，前馈控制和常规控制。前馈控制由神经网络实现。前馈部分的训练目标在于使期望输出与实际装置输出间的偏差最小。该误差作为反馈控制器的输入。反馈作用与前馈作用被分别考虑，特别关注前馈控制器的训练而不考虑反馈控制的存在。

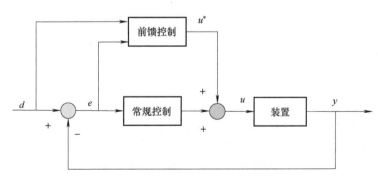

图 2-43　多层 NN 控制的一般结构

多层 NN 控制器有三种结构：间接结构、通用结构和专用结构。

图 2-44 表示一种三层 NN 控制的通用结构，这是一个深度模糊控制网络系统，其目标是开发一种基于模糊逻辑和神经网络实现拟人控制的方法。该系统包含 3 类子神经网络：模式识别神经网络（PN）、模糊推理神经网络（RN）和控制合成神经网络（CN）。

PN 实现输入信号的模糊化，将输入信号通过隶属度函数映射为模糊语义项的隶属度。图 2-44 中，有两个输入信号，每个信号分别对应 3 个模糊语义项。模糊语义项描述了信号模式，语义项的隶属度为 0~1，表示输入信号符合语义项描述的程度。PN 被训练以替代隶属度函数。输入信号的模糊化完成后，语义项及其隶属度作为输入进入 RN，并运用知识库内的规则集进行模糊推理。具体地，利用满足输入信号模糊语义项的规则进行推理，计算出每条决策规则的耦合强度。图 2-44 的示例有 9 条 if-then 的决策规则，每条规则对应一个RN。对于一个输入信号，每条规则的条件只含有其中一个模糊语义项，所以对于此示例，每个 RN 的输入是两个模糊语义项，分别来自两个不同的 PN。每个 RN 被训练以替代规则集中的决策规则。RN 输出规则的耦合度作为控制合成神经网络的输入。神经网络系统利用一系列步骤和控制模糊语义项的隶属度函数输出最终的控制量。这些步骤包括单个规则的推理、产生模糊控制量和解模糊。这些步骤都使用 CN 网络替代完成。PN、RN 和CN 网络构造完成后，即可连成如图 2-44 所示的深度模糊控制网络，在 3 个子网络分别训练的基础上进行全局训练，进一步优化控制效果，实现从采集状态信号到输出控制变量的全过程。

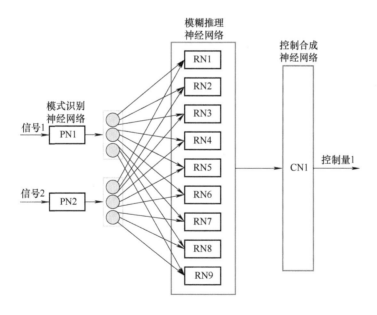

图 2-44　深度模糊控制网络系统结构实例

8. 分级 NN 控制

图 2-45 表示一种基于神经网络的分级控制模型。图中，d 为受控装置的期望输出；u为装置的控制输入；y 为装置的实际输出；u^* 和 y^* 为由神经网络给出的装置计算得到的输入与输出。该系统可视为由 3 部分组成。

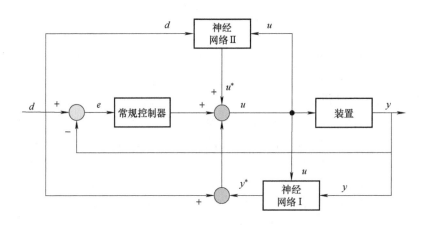

图 2 - 45　分级控制模型

　　第一部分为常规外反馈回路。反馈控制是以期望装置输出 d 与由传感器测量的实际装置输出 y 之间的误差 e 为基础的，即以 $e = (d - y)$ 为基础。通常，常规外反馈控制器为比例微分控制器。

　　第二部分是与神经网络 I 连接的通道，该网络为一受控对象的内动力学模型，用于监控装置的输入 u 和输出 y，且学习受控对象的动力学特性。当接收到装置的输入 u 时，经过训练，神经网络 I 能够提供一个近似的装置输出 y^*。从这个意义上看，这部分起到系统动态特性辨识器的作用。以误差 $d - y^*$ 为基础，这部分提供一个比外反馈回路快得多的内反馈回路，因为外反馈回路一般在反馈通道上有传感滞后作用。

　　系统的第三部分是神经网络 II，它监控期望输出 d 和装置输入 u。这个神经网络学习建立装置的内动力学模型，当它收到期望输出指令 d 时，经过训练，能够产生一个合适的装置输入分量 u^*。

　　常规反馈主要在学习阶段起作用，此回路提供一个常规反馈信号到控制装置。由于传感延时作用和较小的可允许控制增益，因而系统的响应较慢，从而限制了学习阶段的速度。在学习阶段，神经网络 I 学习系统动力学特性，而神经网络 II 学习逆动力学特性。随着学习的进行，内反馈逐渐接替外反馈的作用，成为主控制器。然后，当学习进一步进行时，该逆动力学部分将取代内反馈控制。最后的结果是，该装置主要由前馈控制器进行控制，因为装置的输出误差与内反馈都几乎不复存在，从而提供处理随机扰动的快速控制。在上述过程中，控制与学习同步执行。两个神经网络起到辨识器的作用，其中一个用于辨识装置动力学特性，另一个用于辨识逆动力学特性。

　　综上所述，基于分级神经网络模型的控制系统具有下列特点：

　　1）该系统含有两个辨识器，其中一个用于辨识装置的动力学特性，另一个用于辨识装置的逆动力学特性。

　　2）存在一个主反馈回路，它对训练神经网络很重要。

　　3）当训练进行时，逆动力学部分变为主控制器。

　　4）控制效果与前馈控制的效果相似。

2.7.3　神经网络逆系统控制

2.2.3 节给出的逆系统方法一种比较形象直观且易于理解的非线性控制方法。逆系统方法的基本思想是：首先，利用被控对象的逆系统（通常可用反馈方法来实现），将被控对象补偿成为具有线性传递关系的系统；然后，再用线性系统的理论来完成系统的综合，实现在线性系统中能够实现诸如解耦、极点配置、二次型指标最优、鲁棒伺服跟踪等目标。逆系统方法的特点是物理概念清晰，既直观又易于理解，不需要高深的数学理论知识。

显然，逆系统方法要求被控对象的数学模型和具体的系统参数必须预先知道，这在实际中是很困难的（实际被控对象或过程往往非常复杂或根本无法精确建模）。除此之外，采用逆系统方法，还要求能获得原系统的逆系统，即求解出逆系统的解析表达式，这就给逆系统方法的实现带来许多难以解决的困难。

而神经网络是一个具有自适应能力的高度非线性的动力学系统，对未知非线性函数具有出色的逼近与学习功能，可以用来描述认知、决策和控制等智能行为，已形成了许多种基于神经网络的控制器设计方法。但与其他智能控制方法一样，神经网络控制作为一种独立的控制方法尚有其不足之处，成为一种自成体系的控制方法还有待时日。重要原因之一是神经网络自身的高度非线性使神经网络自身的数学模型难以获得，再加上被控对象的数学模型未知，使从理论上难以对整个控制系统进行稳定性与收敛性分析。

综上分析，逆系统方法理论严谨，但要求被控对象的数学模型和系统参数精确已知，实际应用很困难；而神经网络控制方法恰好相反，不依赖或不完全依赖被控对象的数学模型，应用方便，但理论分析很困难。若能将模型论与无模型论的优点互补，即将逆系统方法理论严谨与智能控制方法不完全依赖被控对象的数学模型（应用方便）相结合，则有望发挥两者各自的长处，解决模型不精确已知的复杂非线性系统的控制问题。

神经网络逆系统控制的基本原理是：采用由静态神经网络和若干积分器组成的动态神经网络来构造被控多输入多输出（MIMO）连续非线性系统的逆系统，对被控系统进行"线性化"并解耦，然后对线性化解耦后的各线性子系统设计闭环控制器，从而获得优良的静、动态特性与抗干扰能力。

神经网络逆复合控制器具体设计步骤如下：

1）根据原系统"构造"出其神经网络逆系统，作为复合控制器的一部分。

2）将构造的神经网络逆系统与原系统复合成伪线性系统，实现被控原系统的线性化和解耦；然后将伪线性系统的各子系统作为被控对象，根据设计目标，运用各种成熟的控制器设计方法（如线性闭环控制、最优控制、内模控制、预测控制等）设计出附加控制器，从而与神经网络逆系统一起构成复合控制器。图 2-46 针对一个两输入两输出非线性系统，采用线性系统控制理论，设计了闭环控制器。

由上可知，神经网络逆系统控制方法的关键在于神经网络逆系统的构造，一旦神经网络逆系统构造成功，一个复杂的非线性系统控制器的设计问题就简化为线性系统控制器的设计问题，特别是对于 MIMO 非线性系统，通过构造神经网络逆系统能实现对原系统的线性化和解耦，从而可以分别对各解耦伪线性子系统设计附加线性控制器，使控制器的设计大为简化。

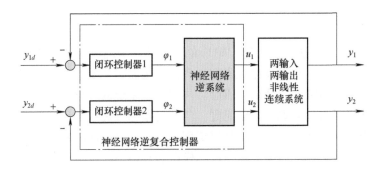

图2-46　两输入两输出非线性系统的神经网络逆复合控制器示意图

2.8　习题

1. 集散控制系统中采用的PID控制算法与常规模拟仪表中采用的控制算法有什么区别？
2. 为什么前馈控制常与反馈控制结合起来使用？
3. 前馈控制系统的控制规律如何确定？在实施前馈控制时要注意什么问题？
4. 为什么要实现解耦控制？具体有哪些方法？
5. 试述Smith预估补偿控制系统的设计思想。
6. 自适应控制有哪几类？在集散控制系统中如何实施自适应控制？
7. 顺序控制分为哪几类？
8. 神经网络逆系统控制的基本原理是什么？

第3章　集散控制系统的通信网络与系统特性

3.1　数据通信的基本概念

第 3 章微课视频

3.1.1　基本概念

通信就是信息从一处传输到另一处的过程。任何通信系统都是由发送装置、接收装置、信道和信息四大部分组成的。发送装置将信息送上信道，信息由信道传送给接收装置。

例如，本书的作者通过书页上的文字把信息传输给读者，作者即发送者，读者即接收者，书页是信息的载体，即信道，而信息就是由文字所表达的内容。作者和读者必须对书中的文字种类、语法、名词术语等有一个统一的认同，因此，信息的传输必须遵守一定的规则，这些规则就是我们后面要讨论的通信协议。

在作者通过书稿表达自己的思想意图并由出版社把它最终转化成书页上的文字这一过程中，可能会出现差错，因此，出版社要对书稿进行校对，同样，信息的传输过程也需要发现和纠正错误，这就是所谓的差错控制。

数据通信中的许多概念和术语对于理解数据通信系统的工作原理是非常重要的，这里首先给出它们的定义。

1. 数据信息

具有一定编码、格式和字长的数字信息被称为数据信息。

2. 传输速率

传输速率指信道在单位时间内传输的信息量，一般以每秒钟所能够传输的位数来表示，单位为 bit/s。大多数集散控制系统的数据传输速率为 0.5 ~ 100 Mbit/s 左右。

3. 传输方式

通信方式按照信息的传输方向分为单工、半双工和全双工三种方式：

1）单工（Simplex）方式：信息只能沿单方向传输的通信方式称为单工方式，如图 3-1a 所示。

2）半双工（Half duplex）方式：信息可以沿着两个方向传输，但在某一时刻只能沿一个方向传输的通信方式称为半双工方式，如图 3-1b 所示。

3）全双工（Full duplex）方式：信息可以同时沿着两个方向传输的通信方式称为全双工方式，如图 3-1c 所示。

4. 基带传输、载带传输与宽带传输

计算机中的信息是以二进制形式存在的，这些二进制信息可以用一系列的脉冲信号来表示，所谓基带传输，就是直接将这些脉冲信号通过信道进行传输。

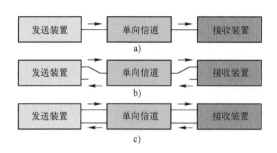

图 3-1　单工、半双工和全双工通信方式

基带传输不适用于远距离数据传输。当传输距离较远时，需要进行调制。用基带信号调制载波之后，在信道上传输调制后的载波信号，这就是载带传输。

如果要在一条信道上同时传送多路信号，各路信号可以用不同的载波频率加以区别，每路信号以载波频率为中心占据一定的频带宽度，整个信道的带宽为各路载波信号所分享，实现多路信号同时传输，这就是宽带传输。

5. 异步传输与同步传输

在异步传输中，信息以字符为单位进行传输，每个信息字符都具有自己的起始位和停止位，一个字符中的各个位是同步的，但字符与字符之间的时间间隔是不确定的。

在同步传输中，信息不是以字符而是以数据块为单位进行传输的。通信系统中有专门用来使发送装置和接收装置保持同步的时钟脉冲，使两者以同一频率连续工作，并且保持一定的相位关系。在这一组数据或一个报文之内不需要启/停标志，所以可以获得较高的传输速度。

6. 串行传输与并行传输

串行传输是把构成数据的各个二进制位依次在信道上进行传输的方式；并行传输是把构成数据的各个二进制位同时在信道上进行传输的方式。串行传输与并行传输示意图如图 3-2 所示。在集散控制系统中，数据通信网络几乎全部采用串行传输方式，因此本章主要讨论串行通信方式。

7. 载带传输中的数据表示方法

如上所述，载带传输是指用基带信号去调制载波信号，然后传输调制信号的方法。载波信号是正弦波信号，它有三个描述参数，即振幅、频率和相位，所以相应地也有三种调制方式，即调幅方式、调频方式和调相方式。

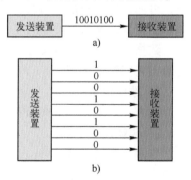

图 3-2　串行传输与并行传输示意图

a）串行传输　b）并行传输

1）调幅方式（AM），又称为幅移键控法（ASK）。它是用调制信号的振幅变化来表示二进制数的，例如用高振幅表示 1，用低振幅表示 0，如图 3-3a 所示。

2）调频方式（FM），又称为频移键控法（FSK）。它是用调制信号的频率变化来表示二进制数的，例如用高频率表示 1，用低频率表示 0，如图 3-3b 所示。

3）调相方式（PM），又称为相移键控法（PSK）。它是用调制信号的相位变化来表示二进制数的，例如用 0 相位表示 0，用 180°相位表示 1，如图 3-3c 所示。

8. 数据交换方式

在数据通信系统中通常采用三种数据交换方式：线路交换方式、报文交换方式、报文分组交换方式。其中报文分组交换方式又包含虚电路和数据报两种交换方式。

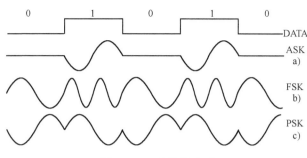

图 3-3　三种调制方式

（1）线路交换方式

所谓线路交换方式是在需要通信的两个节点之间事先建立起一条实际的物理连接，然后再在一条实际的物理连接上交换数据，数据交换完成之后再拆除物理连接。因此，线路交换方式将通信过程分为 3 个阶段：线路建立、数据通信和线路拆除阶段。

（2）报文交换方式

报文交换方式以及下面要介绍的报文分组交换方式不需要事先建立实际的物理连接，而是经由中间节点的存储转发功能来实现数据交换。因此，有时我们又将其称为存储转发方式。

报文交换方式交换的基本数据单位是一个完整的报文。这个报文是由要发送的数据加上目的地址、源地址和控制信息所组成的。

报文分组交换方式交换的基本数据单位是一个报文分组。报文分组是一个完整的报文按顺序分割开来的比较短的数据组。由于报文分组比报文短得多，传输时比较灵活。特别是当传输出错需要重发时，它只需重发出错的报文分组，而不必像报文交换方式那样重发整个报文。它的具体实现有以下两种方法：

1）虚电路方法。虚电路方法在发送报文分组之前，需要先建立一条逻辑信道。这条逻辑信道并不像线路交换方式那样，是一条真正的物理信道。因此，我们将这条逻辑信道称为虚电路。虚电路的建立过程是：首先由发送站发出一个"呼叫请求分组"，按照某种路径选择原则，从一个节点传递到另一个节点，最后到达接收站。如果接收站已经做好接收准备，并接受这一逻辑信道，那么该站就做好路径标记，并发回一个"呼叫接受分组"，沿原路径返回发送站。这样就建立起一条逻辑信道，即虚电路。当报文分组在虚电路上传送时，它的内部附有路径标记，使报文分组能够按照指定的虚电路传送，在中间节点上不必再进行路径选择。尽管如此，报文分组也不是立即转发，仍需排队等待转发。

2）数据报方法。在数据报方法中把一个完整的报文分割成若干个报文分组，并为每个报文分组编好序号，以便确定它们的先后次序。报文分组又称为数据报。发送站在发送时，把序号插入报文分组内。数据报方法与虚电路方法不同，它在发送之前并不需要建立逻辑连接，而是直接发送。数据报在每个中间节点都要处理路径选择问题，这一点与报文交换方式是类似的。然而，数据报经过中间节点存储、排队、路由和转发，可能会使同一报文的各个数据报沿着不同的路径，经过不同的时间到达接收站。这样，接收站所收到的数据报顺序就可能是杂乱无章的。因此，接收站必须按照数据报中的序号重新排序，以便恢复原来的顺序。

9. 通信协议

网络结构问题不仅涉及信息的传输路径，而且涉及链路的控制。对于一个特定的通信系统，为了实现安全可靠的通信，必须确定信息从源点到终点所要经过的路径，以及实现通信所要进行的操作，在计算机通信网络中，对数据传输过程进行管理的规则被称为协议。

协议一般分为若干个层次，为了理解这一点，先看看人类彼此之间交流思想的情况。为了进行思想交流，首先要具备传播思想的媒介、机构和控制手段。例如，声带振动，振动通过空气传送至他人的耳膜而产生声音；把文字写在纸上传递给对方等。这些物质的存在是交流思想的基础，称之为信号层。在这个基础上，人们还必须遵守某种规则，例如，语言的种类、词意、语法等，否则人们就不能正常交流思想，这一层称之为语言层。有这两层并不能保证人们在任何情况下都能够顺利地交流思想。比如，当某个专家做专业性很强的学术报告时，非专业人员听起来会感到十分困难，甚至根本不懂，这说明他们之间缺乏共同的专业知识背景，这时需要更高的层次，在这一层次中包括一个人所具有的专业知识、基本概念以及理解能力等，称之为知识层。

从上面的介绍可以看出：第一，人们为了彼此能够交流思想，需要有一个有层次的通信功能；第二，上一层的功能建立在下一层的功能基础之上，而且在每一层内都必须遵守一定的规则。

对于一个计算机通信网络来说，接到网络上的设备是各种各样的，有的出自不同的厂家，它们在硬件和软件上的差异使其相互间的通信具有一定的困难，这就需要建立一系列有关信息传递的控制、管理和转换的手段和方法，并要遵守彼此公认的一些规则，这就是网络协议的概念。同人们交流思想一样，这些协议在功能上应该是有层次的。为了便于实现网络的标准化，国际标准化组织（ISO）提出了一个开放系统互连（Open System Interconnection，OSI）参考模型，简称 ISO/OSI 模型（该模型将在下节详细介绍）。

3.1.2　通信介质

通信介质又称传输介质或信道，是连接网上站点或节点的物理信号通路，主要有双绞线、同轴电缆和光缆 3 种。

1. 双绞线

由两条相互绝缘的导体扭绞而成的线对。在线对的外面常有金属箔组成的屏蔽层和专用的屏蔽线，如图 3-4a 所示。双绞线的成本比较低，但在传输距离比较远时，它的传输速率受到限制，一般不超过 10 Mbit/s，参见表 3-1。

表 3-1　几种传输介质的参数

通信媒体	信号技术	最大传输率 /（Mbit/s）	最大传输距离 （最大传输率条件下）	可连接设备数
双绞线	数字	1～2	几千米	几十
同轴电缆（50Ω）	数字	10	几千米	几百
同轴电缆（75Ω）	数字	50	1 km	几十
同轴电缆（75Ω）	FDM 模拟	20	几十千米	几千
同轴电缆（75Ω）	单信道模拟	50	1 km	几十
光导纤维	模拟	10	1 km	几十

2. 同轴电缆

同轴电缆的结构如图 3-4b 所示。它是由内导体、中间绝缘层、外导体和外绝缘层组成的。信号通过内导体和外导体传输。外导体总是接地的，起到了良好的屏蔽作用。有时为了增加机械强度和进一步提高抵抗磁场干扰的能力，还在其外面加上两层对绕的钢带。同轴电缆的传输特性优于双绞线。在同样的传输距离下，它的数据传输速率高于双绞线，但同轴电缆的成本高于双绞线。

3. 光缆

光缆的结构如图 3-4c 所示。它的内芯是由二氧化硅拉制成的光导纤维，外面敷有一层玻璃或聚丙烯材料制成的覆层，由于内芯和覆层的折射率不同，以一定角度进入内芯的光线能够通过覆层折射回去，沿着内芯向前传播以减少信号的损失。在覆层的外面一般有一层被称为 Kevlar 的合成纤维，用以增加光缆的机械强度，它使直径为 100 μm 的光纤能承受 300 N 的拉力。

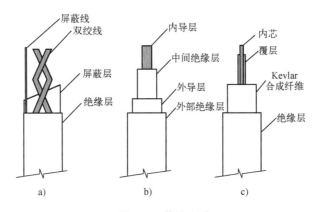

图 3-4　传输介质

光缆不仅具有良好的信息传输特性，而且具有良好的抗干扰性能，因为光缆中的信息是以光的形式传播的，所以，电磁干扰几乎对它毫无影响。这一点在具有强电磁干扰的环境中尤为重要。光缆可以在更大的传输距离上获得更高的传输速率。但是，在集散控制系统中，由于其他配套通信设备的限制，光缆的实际传输速率要远远低于理论传输速率。尽管如此，光缆在许多方面仍然比前两种传输介质具有明显的优越性，因此，光缆是一种很有前途的传输介质。光缆的主要缺点是分支比较困难。

3.1.3　数据通信系统网络结构

为了把集散控制系统中的各个组成部分连接在一起，常常需要把整个通信系统的功能分成若干个层次去实现，每一个层次就是一个通信子网，通信子网具有以下特征：

1）通信子网具有自己的地址结构。

2）通信子网相连可以采用自己的专用通信协议。

3）一个通信子网可以通过接口与其他网络相连，实现不同网络上的设备相互通信。

一般情况下，集散控制系统有以下几种通信：

1）过程控制站中基本控制单元之间的通信。

2）中央控制室中的人机联系设备与电子设备室高层设备之间的通信。

3）现场设备和中央控制室设备之间的通信。

通信系统的结构确定后，要考虑的就是每个通信子网的网络拓扑结构问题。所谓通信网络的拓扑结构就是指通信网络中各个节点或站相互连接的方法。

在集散控制系统中应用较多的拓扑结构是星形、环形和总线型。

在星形结构中，每一个节点都通过一条链路连接到一个中央节点上去。任何两个节点之间的通信都要经过中央节点。在中央节点中，有一个"智能"开关装置来接通两个节点之间的通信路径。中央节点的构造是比较复杂的，一旦发生故障，整个通信系统就要瘫痪。因此，这种系统的可靠性比较低，在集散控制系统中应用较少。

在环形结构中，所有的节点通过链路组成一个环形。需要发送信息的节点将信息送到环上，信息在环上只能按某一确定的方向传输。当信息到达接收节点时，该节点识别信息中的目的地址与自己的地址相同，就将信息取出，并加上确认标记，以便由发送节点清除。

由于传输是单方向的，所以不存在确定信息传输路径的问题，这可以简化链路的控制。当某一节点发生故障时，可以将该节点旁路，以保证信息畅通无阻。为了进一步提高可靠性，在某些集散控制系统中采用双环，或者在故障时支持双向传输。环形结构的主要问题是在节点数量太多时会影响通信速度，另外，环是封闭的，不便于扩充。

与星形和环形结构相比，总线型结构采用的是一种完全不同的方法。这时的通信网络仅仅是一种传输介质，它既不像星形网络中的中央节点那样具有信息交换的功能，也不像环形网络中的节点那样具有信息中继的功能。所有的站都通过相应的硬件接口直接接到总线上。由于所有的节点都共享一条公用的传输线路，所以每次只能由一个节点发送信息，信息由发送它的节点向两端扩散。这就如同广播电台发射的信号向空间扩散一样。所以，这种结构的网络又称为广播式网络。某节点发送信息之前，必须保证总线上没有其他信息正在传输。当这一条件满足时，它才能把信息送上总线。在有用信息之前有一个询问信息，询问信息中包含着接收该信息的节点地址，总线上其他节点同时接收这些信息。当某个节点从询问信息中鉴别出接收地址与自己的地址相符时，这个节点便做好准备，接收后面所传送的信息。总线型结构突出的特点是结构简单，便于扩充。另外，由于网络是无源的，所以当采取冗余措施时并不增加系统的复杂性。总线型结构对总线的电气性能要求很高，对总线的长度也有一定的限制。因此，它的通信距离不可能太长。

在集散控制系统中用的比较多的是后两种结构。

3.1.4　通信控制方式

1. 差错控制

集散控制系统的通信网络是在条件比较恶劣的工业环境下工作的，因此，在信息传输过程中，各种各样的干扰可能造成传输错误。这些错误轻则会使数据发生变化，重则会导致生产过程事故。因此必须采取一定的措施来检测错误并纠正错误，检错和纠错统称为差错控制。

2. 传输错误及可靠性指标

在通信网络上传输的信息是二进制信息，它只有0和1两种状态，因此，传输错误或者是把0误传为1，或者是把1误传为0。根据错误的特征，可以把它们分为两类，一类称为突发错误，突发错误是由突发噪声引起的，其特征是误码连续成片出现；另一类称为随机错误，随机错误是由随机噪声引起的，它的特征是误码与其前后的代码是否出错无关。

在集散控制系统中，为了满足控制要求和充分利用信道传输能力，传输速率一般在

0.5 ~ 100 Mbit/s 左右。传输速率越大，每一位二进制代码（又称码元）所占用的时间就越短，波形就越窄，抗干扰能力就越差，可靠性就越低。传输可靠性用误码率表示，其定义式如下：

$$误码率 = 出错的码元数/传输的总码元数$$

由上式可见，误码率越低，通信系统的可靠性就越高。在集散控制系统中，常用每年出现多少次误码来代替误码率。对大多数集散控制系统来说，这一指标大约在每年 0.01 ~ 4 次左右。

3. 链路控制

在共享链路的网络结构中，链路控制是一个关键问题。由于网上连接着许多设备，它们彼此间要频繁地交换信息，这些信息都要通过链路进行传输，所以必须确定在什么时间里，在什么条件下，哪些节点可以得到链路的使用权，这就是链路的控制问题。

链路的控制方式分为集中式和分散式两种。集中式控制是指网络中有单独的集中式控制器，由它控制各节点之间的通信。星形结构的网络便采用这种控制方式，控制机构集中在星形网络的中央节点内。分散式是指网络中没有集中式链路控制器，各节点之间的通信由它们各自的控制器来控制，环形及总线型网络一般采用分散链路控制方式。

3.2　集散控制系统中的网络通信

3.2.1　集散控制系统中通信的特点

集散控制系统是以微型机为核心的 4C 技术竞相发展并紧密结合的产物，而通信技术在集散控制系统中占有重要的地位。所谓集散控制系统，即集散过程控制单元以达到对过程对象加以控制，而集中监视和操作管理单元，以达到综合信息全局管理的目的。计算机网络连接了这些过程控制单元（也称 I/O 站）、监视操作站（也称操作员站）和系统的管理单元（也称工程师站）。当 I/O 站、操作员站和工程师站分布在一个局部区域时，连接它们的网络称为局部网络（Local Area Network，LAN）。计算机局部网络技术的迅速发展极大地促进了集散控制系统的发展。然而集散控制系统所完成的是工业控制，因此其通信系统与一般办公室用局部网络有所不同。工业控制用通信系统有如下几个特点：

1. 快速实时响应能力

集散控制系统的通信网络是工业计算机局部网络，它能及时地传输现场过程信息和操作管理信息，因此网络必须具有很好的实时性，一般办公自动化计算机局部网响应时间可在几秒范围内，而工业计算机网的响应时间应在 0.01 ~ 0.5 s，高优先级信息对网络存取时间则不应超过 10 ms。

2. 具有极高的可靠性

集散控制系统的通信系统必须连续运行，通信系统的任何中断和故障都可能造成停产，甚至引起设备和人身事故。因此通信系统必须具有极高的可靠性。一般集散控制系统通信系统采用双网备份方式，以提高可靠性。

3. 适应恶劣的工业现场环境

集散控制系统的通信系统必须在恶劣的工业环境中正常工作，工业现场存在各种干扰，这些干扰一般可分为四类，它们是：

① 电源干扰：由电源系统窜入网络的上升时间约 $1\,\mu s$ 和不小于 $2.5\,kV$ 峰值的脉冲。

② 雷击干扰：雷击时，靠近传输线任意一点的干扰电位基本上是 $10\,\mu s$ 上升到 $5000\,V$，$20\,\mu s$ 下降到 $2500\,V$ 的脉冲，俗称 $10/20\,\mu s$ 脉冲。

③ 电磁干扰：如触点电弧、电力线上的浪涌电流、发动机不正常点火、大型机电设备的突然启动等，都会带来较强的电磁干扰。

④ 噪声干扰：热噪声是由分子热运动引起的随机噪声，它的强度分布在很宽的频谱范围。虽然这些脉冲持续的时间约为 $10\,ms$ 数量级，但对传输速率 $9600\,bit/s$ 的信息将意味着 96 位数据受干扰而出错，采用屏蔽和合理的调制可以改善冲击噪声的影响。

3.2.2　OSI 参考模型

1. OSI 参考模型

国际标准化组织（International Standard Organization，ISO）制订的国际标准 ISO 7498 "信息处理系统—开放系统互连—基本参考模型"（Information Processing Systems — Open Systems Interconnection—Basic Reference Model）是信息处理领域内的最重要标准之一。它为协调研制系统互连的各类标准提供共同的规范，同时，规定了研制标准和改进标准的范围，为保持所有相关标准的相容性提供了共同的参考。标准为研究、设计、实现和改造信息处理系统提供了功能上和概念上的框架。

在该标准中，提出了开放系统互连的理由，定义了连接的对象和互连的范围，描述了 OSI 中所使用的模型化原则。标准描述了参考模型体系结构的一般性质，即模型是分层的，分层的意义以及用于描述各层的规则。标准对参考模型体系结构的各层进行命名和描述。

标准引入了层的表示方法。用（N）层表示某一特定的层，用（N+1）、（N-1）层表示其相邻的高层和低层。它也适用于与层有关的其他概念，如协议、服务等。应用到具体的层时，如传输层（N），则（N+1）层是会话层，（N-1）层的服务是网络服务。

开放系统互连是指彼此"开放"的系统，通过共同使用适当的标准而实现信息的交换。因此，"系统是开放的"，并不隐含特殊的系统实现，也不隐含互连的技术和方法，它是指各系统互相识别并且支持适当的标准来实现信息交换。

国际标准化组织选择的结构化技术是分层（Layering），它已被人们广泛接受。在分层结构中，每一层执行一部分通信功能。它依靠相邻的比它低的一层来完成较原始的功能并且又和下一层的具体细节分隔开来。同样，它为相邻的较高层提供服务。这样的分层使得更换其中某一层时，只要它和上下两层之间的接口功能不变，那么上下两层可以完全不加变更。因此，它把一个问题分解成许多更便于管理的子问题。

确定分层结构时，层数越多每层要完成的功能就少，实现也就容易，但过多的分层，使层与层之间的处理时间加长。因此，分层的原则是：当必须要有不同层的抽象时，才设立一个新的层次。每一层的确定应使通过两层之间接口的信息流量为最少。按照这样的原则，参考模型共分为七层。表 3-2 是 OSI 模型的各层及其定义。两个相互通信的系统都有共同的层次结构。一方的 N 层和另一方的 N 层之间的相互通信遵循一套称为协议（Protocol）的规则或约定。协议的关键成分是：

1）语法（Syntax），包括数据格式、信号电平等规定。

2）语义（Semantics），包括用于调整和差错处理的控制信息。

3）时序（Timing），包括速度匹配和排序。

表 3-2　OSI 模型的各层及其定义

层　　次	定　　义
1. 物理	有关在物理链路上传输非结构的比特流，包括的参数有信号电压幅度和比特宽度，涉及建立、维修和拆除物理链路所需的机械的、电气的、功能的和过程的特性（RS-232、RS-449）
2. 数据链路	把一条不可靠的传输通道转变为一条可靠的通道，发送带有检查的数据块（帧）；使用差错检测和帧确认（HDLC、SDLC、BiSync）
3. 网络	通过网络传输数据分组，分组可以是独立传输的（数据报）或者是通过一条预先建立的网络连接（虚电路）传输的，负责路由选择和拥挤控制（X.25 第三层）
4. 传送	在端点之间提供可靠的、透明的数据传送，提供端到端的错误恢复和流控制
5. 会话	提供在两个进程之间建立、维护和结束连接（会话）的手段，可以提供检查点和再启动服务、隔离服务
6. 表示	通常完成有用的数据转换，提供一个标准的应用接口和公共的通信服务，例如加密、文本压缩和重新格式化
7. 应用	给开放系统互连 OSI 环境的用户提供服务，例如事务服务程序、文件传送协议、网络管理

图 3-5 中，两个系统相互通信应有共同的层次结构。用户 X 如果希望发送一个报文给用户 Y，它首先调用应用层，使用户 X 的应用层与用户 Y 的应用层建立同等层关系。这一同等层关系使用应用层通信协议。这个协议要求下一层即表示层提供服务。这样，在第 6 层即表示层又使用该层的通信协议，建立同等层服务。如此逐层下传，直到最底层即物理层。在物理层，通过通信媒体上实际传输的比特流传输。可以看到，除了在物理层进行实际的通信外，在其上面的各层，两个用户系统之间并不存在实际的通信。为了区分这两种不同性质的通信，把它们分别称为物理通信和虚拟通信。图 3-5 的右边表示了各层所对应的信息包装格式。当用户 X 向用户 Y 发送报文时，它把报文送入应用层。这一层采用的信息包装技术是在报文前端加上一个前导字头 H7，它包含了第 7 层协议所需的信息。然后，带有 H7

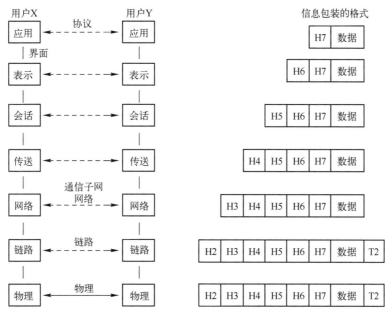

图 3-5　开发系统互连 OSI 模型：连接和封装

和原始信息的报文被送到第 6 层，并加上该层协议所需信息的前导字头 H6。这样的过程一直进行到第 3 层，即网络层，在该层加上前导字头 H3 就形成信息包（packet）。它是网络层中传输信息的基本组成单位。信息包送入链路层，加上前导字头和字尾 T2，形成在链路层传输信息的基本组成单位，称为信息帧（frame）。信息帧送入物理层，通过物理媒体送到用户 Y 的物理层。然后，进行与上述过程相反的拆装和传送，各层剥除外加的字头和字尾。按照该层的通信协议进行处理，逐层向上传送，直到用户 Y。

在上述过程中，每一层可把从高一层接收到的信息分成若干分组再向下传送，以适应该层的要求。而在接收端向上传送信息时，需把传送来的信息进行重组，恢复原来的报文。

在开放系统互连的参考模型中，各层所共有的功能如下：

（1）封装过程

封装处理是实现协议最通用的方法。采用封装技术，使高一层的数据不包含低层协议的控制信息。即相邻层之间保持了相对的独立性。这样，低层实现的方法发生变化将不影响高层功能的执行（接口关系不变）。相邻两层之间的接口或者界面（Interface）定义了本层的基本操作以及向上一层提供的服务。

（2）分段存储

通过信息的分组、传送、重组来进行信息的通信。

（3）连接建立

为了实现两个系统（N）层实体之间的连接，在每一个（N）实体的服务访问点（Service Access Points，SAP）内定义一个连接端点（Connection End Point，CEP）。每一层都可向上一层提供有连接或者无连接服务。有连接服务通过在发送端和接收端之间建立并保持虚电路实现。无连接服务在内部通信中采用数据报的方法。

（4）流量控制

当同等层的两个通信实体的发送和接收的速度不一致时，会造成信息的丢失或者网络死锁。数据流量控制是一种由（N）实体完成的功能，它限制从另一个（N）实体接收数据的数量和速率，这样，流量控制能保证接收端的（N）实体不至于发生数据溢出。

（5）差错控制

差错控制指用以检测和纠正两个同等层实体之间数据传输时产生差错的机制。

（6）多路复用

多路复用可以在两个方向上进行。向上（Upward）多路复用指单个（N-1）级连接多个（N）级连接复用。它是为了有效利用（N-1）服务或者在只有一个（N-1）级连接的环境下提供多个（N）级连接。向下（Downward）多路复用，又称分叉（Splitting），指一个（N）级连接建立在多个（N-1）级连接之上，以便将（N）级连接上的信息量分散在各个（N-1）级连接上。它常用于改善可靠性、性能或者效率。

2. PROWAY 工业过程控制用数据公路标准

根据 OSI 参考模型，为满足工业过程控制实时性的要求，由国际电工委员会的 WG6 工作委员会制订了用于集散控制系统数据通信的标准 PROWAY。它有三种结构，其中，PROWAY C 标准是以美国电气和电子工程师学会（IEEE）的局域网标准 IEEE 802.2 和 IEEE 802.4 为基础的。它规定了参考模型的第一层协议、第二层协议、接口和媒体。按照这个标准，不同集散控制系统制造厂商的集散控制系统，只要符合这个标准，就能进行相互通信。

　　PROWAY 具有三个基本功能层或者实体，即链路控制层（PLC）、媒体存取控制层（MAC）和物理接收发送层（PHY）。与 OSI 参考模型的分层比较，PLC 和 MAC 子层构成参考模型的数据链路层，PHY 子层对应于参考模型的物理层。

　　PLC 子层的功能在逻辑上分为本地状态机和远程状态机两个独立的状态机。本地状态机处理所有来自本地 PLC 用户的请求，并给予应答。本地请求导致请求帧的传输。远程状态机传输给远程 PLC 用户，管理共享的数据区，并将请求数据送回本地状态机。PLC 为用户提供三种基本服务：

　　① 由一个本地发送站使用应答（立即响应）协议向一个远程应答站发送数据。

　　② 由一个本地站无确认或重复地发送数据给一个、几个或者所有远程接收站。

　　③ 由一个本地站使用应答（直接响应）协议向一个远程站请求以提供信息。

　　MAC 子层的功能在逻辑上分为接口机（IFM）、存取控制机（ACM）、接收机（RxM）和发送机（TxM）4 个异步机构部分。每个机构处理 MAC 的某些功能。MAC 通过逻辑回路上一个站到另一个站媒体控制权的传送来提供对共享总线媒体的顺序存取。通过识别和接收前一个站的令牌，MAC 决定本站何时具有对共享媒体的存取权，以及何时把令牌传送给后继站。MAC 子层的功能包括：令牌丢失计时器、分散启动、令牌保持计时器、数据缓冲、节点地址识别、帧的封装和解装（包括令牌准备）、帧检测序列发生和校验、有效令牌的识别、回路单元的新增及节点故障和差错恢复等。

　　PHY 子层的通信媒体为单信道同轴电缆总线，采用 75 Ω 同轴干线电缆，电缆结构推荐使用半刚性的干线和柔性的分支电缆。数据传输速率为 1 Mbit/s。收发的信号是相位连续的移频键控方式的曼彻斯特编码数据。在数据高速公路系统不采用有源中断器和放大器。

　　与 IEEE 802.2 和 IEEE 802.4 标准相比较，PROWAY C 在实时性、可靠性方面补充了有关内容。例如，采用冗余的接口和冗余的通信媒体来提高系统可靠性，站间设有隔离装置，使得网络中任一数据站的故障不会影响整个网络的通信工作等。

3. MAP 制造自动化协议

　　由美国通用汽车公司（General Motor）发起的，现已有几千家公司参加的 MAP 用户集团建立了在工业环境下的局域网通信标准，称为制造自动化协议（Manufacture Automation Protocol）。参照 OSI 参考模型和 PROWAY 的分层模型，MAP 现已有三种结构：全 MAP（Full MAP）、小 MAP（Mini MAP）及增强性能结构 MAP（Enhanced Performance Architecture，MAP EPA MAP）。

　　全 MAP 采用宽带同轴电缆，即 75 Ω 的共用电视同轴电缆，可以连接计算机、应用计算机以及通过网桥与 MAP 的载带网相连。它的通信协议采用 IEEE 802 的有关协议以及 ISO 的有关标准，与 OSI 参考模型的分层一一对应。为了减小封装和解装，以及接口的服务时间，参照 PROWAY 的标准，建立了小 MAP，它只有物理层、链路层及应用层，称为塌缩结构。由于它有较好的实时响应，因此，在实际集散控制系统的现场控制级和操作员级的通信系统中得到广泛应用。增强性能结构的 MAP 介于全 MAP 与小 MAP 之间。其结构如图 3-6 所示。它的一边采用全 MAP，另一边支持小

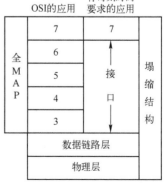

图 3-6　MAP 结构图

MAP，两边可以相互通信。因此，它应用于 MAP 与小 MAP 连接的操作员级、车间级的通信系统中。

MAP 网络以节点为核心，通过网桥可以与 MAP 载带网相连，通过网间连接器可以与其他网络相连。理论的可带节点数可达 2^{48} 个，实际应用在成百个。MAP 的宽带频率范围从 59.75 ~ 95.75 MHz，采用频分多路复用方式，数字信息经调制后由较低频道频率发送，以较高频道频率接收。依据 IEEE 802.4 的标准，MAP 采用令牌传送方式进行信息管理。数据传输速率为 10 Mbit/s。表 3-3 是 MAP 协议及其对应的标准。

表 3-3　MAP 协议及其对应的标准

层名称	MAP 协议	对应的标准	层名称	MAP 协议	对应的标准
应用	公共应用服务规范（CASE） 制造信息服务（MMS） 文件传送和管理（FTAM） 网络管理 目录服务	ISO8650/2（DP） RS-511 ISO 8571（DP） IEEE 802.1 GM 工作草案	会话	会话协议	ISO 8237（IS）
			传送	OSI 传送层	ISO 8073（IS）
			网络	无连接方式网络协议	ISO8473（DIS）
			链路	无确认无连接链路控制 令牌总线媒体存取	IEEE 802.2 IEEE 802.4
表示	OSI 表示层	ISO8823（DP）	物理	10 Mbit/s 宽带媒体	IEEE 802.4

MAP 节点把高层功能的实现安排在节点智能部分来完成。在 MAP 节点中有节点微处理器与节点的本地总线相连接。总线带有存储器、外部设备和 MAC 子层的接口，使 LLC 子层及其上面各层的通信由软件实现。MAC 子层及物理层的实现采用大规模集成芯片完成。

3.2.3　现场总线标准

当微处理器进入过程控制系统的检测、变送及执行机构等现场设备时，提出了现场总线标准的问题。1994 年，由 ISASP50 与 WorldFIP 北美分部合并成立了非营利的现场总线基金会，1995 年，WorldFIP 欧洲分部也加入基金会组织。1995 年 12 月，进行现场总线的工厂试验，1996 年 3 月，完整的基金会现场总线的低速总线（H1）标准公布。同年 10 月，高速总线标准公布。

现场总线标准的结构分层采用了 OSI 模型的第一、二和七层。与 EPA MAP 结构相似，但在应用层分为现场总线访问子层（FAS）和现场总线信息规范（FMS）两个子层。在现场总线标准中，把第二层和第七层合并，称为通信栈。

按传输速率，现场总线可分为低速（传输速率为 31.25 kbit/s）和高速（传输速率为 1 Mbit/s 和 2.5 Mbit/s）两类；按是否可使用于本安场所，现场总线可分为本安型和非本安型两类；按供电来源，现场总线可分为独立电源总线和自带电源总线两类；也可按电源类型分为交流和直流，按电平类型分为电压和电流等。

基金会现场总线的物理层符合 ISA50.02 物理层和 IEC 1158-2 物理层的标准。物理层从通信栈接受信息，并将它转换成物理信号后送到现场总线媒体。物理层也完成上述过程的逆过程，把接收到的物理信号解装，然后，把该信息送到通信栈。数字数据采用数字传输时，采用曼彻斯特编码方式，在现场总线标准中，对开始定界码和结束定界码采用了不带同步跳变的特殊编码 N。其中，N + 表示在该周期内全部是高电平，N - 表示在该周期内全部是低电平。

通信栈内的数据链路层（DLL）通过层内的链接活动调度器（LAS）对现场总线的访问进行控制。现场总线访问子层（FAS）根据数据链路层对访问的通信特性，为现场总线信息规范子层（FMS）提供服务，服务的类型由虚拟通信关系（VCR）来描述。现场总线信息规范子层描述了建立用户程序信息所需的通信服务、信息规范和协议行为。用户程序采用模块来描述，有多种模块，分别表示不同的功能。

图 3-7 是现场总线的拓扑结构图。图中，H1 和 H2 分别是低速和高速现场总线。变送器和控制阀泛指现场总线设备。可以看到，现场总线可采用点到点型、带节点总线型、菊花链形和树形等拓扑结构。

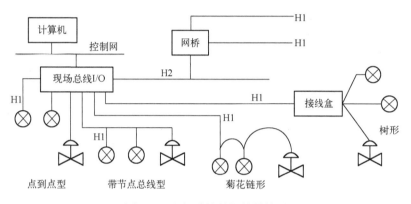

图 3-7　现场总线的拓扑结构图

现场总线电缆的标准已制订。表 3-4 是所规定的四种电缆及最大长度。在计算电缆最大长度时，要根据所用电缆类型、主线和支线长度等计算出实际的折算长度比值，然后，其总和应小于 1。对已安装的电缆，优先选择 B、C、D 型电缆。

表 3-4　电缆类型及允许的最大长度

电缆类型	H1/(31.25 kbit/s)		H2/(1.0 Mbit/s)		H2/(2.5 Mbit/s)	
	规格	最大长度/m	规格	最大长度/m	规格	最大长度/m
A 型：屏蔽双绞线	18AWG	1 900	22AWG	750	22AWG	500
B 型：屏蔽多绞线	22AWG	1 200	—	—	—	—
C 型：无屏蔽多绞线	26AWG	400	—	—	—	—
D 型：多芯导线	16AWG	200	—	—	—	—

在使用现场总线时，在每段现场总线的两个终端必须连接终端器，它是由电容和电阻串联组成的。

3.2.4　现场总线通信协议

1995 年，国际上的两大组织 ISASP50 和 WorldFIP 合并组建了现场总线基金会以后，现场总线标准化工作有了新的起点。1995 年底，进行了工厂级低速总线的实验认证。1996 年，相继公布了低速（H1）和高速（H2）现场总线的规范，使现场总线的工作有了可喜的进展。到目前为止，对现场总线的研究和标准的完善工作尚在进行中。

　　按 ISO 参考模型，现场总线采用开放系统互连参考模型的第一、二和第七层，并把第二层和第七层合并称为通信栈。图 3-8 是数据在各层的封装格式及对应的字节数。

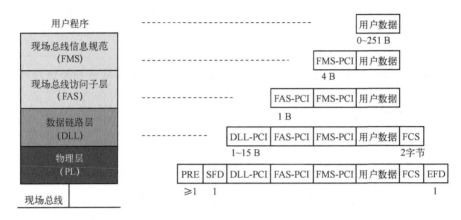

图 3-8　现场总线各层数据的封装格式

　　H1 现场总线采用的传输速率是 31.25 kbit/s。其前导码在不采用中继器时是一个字节，即 10101010。帧开始定界码和结束定界码是由加有特定的无同步跳变编码的 N + 和 N – 编码组成的。

　　现场总线采用曼彻斯特编码。当高电平跳变到低电平时表示数字 1，从低电平跳变到高电平表示数字 0。特殊码没有用于同步的跳变，在时钟周期内高电平表示 N +，低电平表示 N –。H1 现场总线允许存在支线，主线的长度在使用屏蔽双绞线时不得超过 1900 m。它的支线长度与所连接的现场总线设备的数量有关。表 3-5 是设备数与支线长度的关系。每根 H1 现场总线可最多连接 32 个现场总线设备。目前，现场总线的物理层有 6 种实施方案可选。表 3-6 是现场总线的 6 种物理层的实施方案。

表 3-5　设备数与支线长度的关系

所连接设备数/台	1 ~ 12	13 ~ 14	15 ~ 18	19 ~ 24	25 ~ 32
支持长度/m	120	90	60	30	1

表 3-6　现场总线的 6 种物理层的实施方案

传输速率	传输电平	网络拓扑	总线电源	类型	设备数	电缆长度/m	支缆长度/m
31.25 kbit/s	电压	总线型/树形	无		2 ~ 32	1 900	120
31.25 kbit/s	电压	总线型/树形	DC	本安	2 ~ 32	1 900	120
31.25 kbit/s	电压	总线型/树形	DC		2 ~ 32	1 900	120
1.0 Mbit/s	电压	总线型	无		2 ~ 32	750	
1.0 Mbit/s	电压	总线型	AC	本安	2 ~ 32	750	
1.0 Mbit/s	电压	总线型	无		2 ~ 32	750	

　　在表 3-6 中，传输速率 1.0 Mbit/s 是尚未推出的 H2 现场总线物理层的特性。由于传输速率高，因此，为防止信号失真，在 H2 现场总线中不允许存在支线，网络也只能是总线拓

扑。H2 现场总线的传输速率有 1.0 Mbit/s 和 2.5 Mbit/s 两种。对本安型 H2 现场总线，采用了交流电流的方式，即把现场总线的信号调制在 16 kHz 的交流信号上。

现场总线数据链路层中的链接活动调度程序（Link Active Scheduler，LAS）控制在现场总线上数据的传输。现场总线上数据的通信分为调度通信和非调度通信两类。在数据链路层中，LAS 周期地传送所有挂在该总线上设备的数据，数据存放在设备的缓存区。在 LAS 中有一份传送时间表，当某一设备的发送缓存数据时刻到达时，LAS 程序即向该设备发出强制数据信息（CD），该设备立即向现场总线上所有设备用广播方式发送在该设备缓存中的数据。如果把发送数据的设备比作是出版商，那么接收数据的设备可视为认购者。这种周期性的通信称为强制数据调度，这种通信是调度通信。在数据链路层中，还有一份活动表，它记录了在现场总线上所有能对 LAS 探询节点（PN）信息有应答的设备。LAS 发出传递令牌（PT）到活动表中登录的设备，当某一设备收到传递令牌 PT，它就可以发送数据，数据可向单个地址或多个目的地址发送。当达到令牌最大保留时间或数据已送完，则通信结束。这种通信称为非调度通信。调度通信的数据通常是输入和输出数据，非调度通信的数据包括报警信息、操作员对设定值的更改或手动输出等数据。为了使现场总线上的调度通信与用户程序中功能模块的执行时间同步，在数据链路层还定时发送时间分布（TD）的信息，使各现场总线设备能够同步工作。现场总线可以有多个链接活动调度程序，如果当前的 LAS 失效，冗余的 LAS 会接替，使现场总线能继续工作。因此，数据链路层的主要功能包括强制数据的通信、对活动表的维护、数据链路的时间同步、令牌的传递、LAS 的冗余和网桥的管理等。

现场总线访问子层（FAS）的服务有 3 类，它们用虚拟通信关系描述。虚拟通信关系（VCR）与电话系统的快速拨号相似。用一个快捷拨号来完成拨国际码、国家码、城市码和某一电话号是电话快速拨号的方法。现场总线通信时，总线上的设备也有它的 VCR 号。电话服务有私人、公用等。同样，VCR 的服务也有 3 种类型，它们是客户机/服务器、报告分布和出版商/认购者 VCR 服务。客户机/服务器 VCR 服务用于操作员发出请求的数据通信，它是非调度的通信。报告分布 VCR 服务用于向控制室发送远程报警、向数据库传送趋势报告等，它也是非调度通信。出版商/认购者 VCR 服务用于用户程序功能模块输入输出的定时发送，例如，采集现场过程变量的数据，把控制功能模块的输出送到执行器等，采用调度通信方式。在设备缓存中的数据是系统中的最新数据，新数据将覆盖以前存储的数据。

现场总线信息规范（FMS）采用对象描述（Object Description，OD）来表示在现场总线上传输的数据。用对象表描述各个对象的位置，即用相应的指针表示 OD 在对象表中的位置。零指针是对象表的首部，用户程序 OD 从指针号 256 开始，指针 1～255 用于对象表身描述、标准数据类型的定义和 OD 的数据结构等。FMS 通信服务包括环境管理服务、对象表服务、变量访问服务、事件服务、上传和下载服务、程序调用服务等。除了变量访问中信息报告的发送可使用出版商/认购者或报告分布 VCR 服务外，其他的所有 FMS 服务都使用客户机/服务器 VCR 服务。

一个现场设备一般至少包含两个虚拟现场设备（VFD）：一个用于用户程序，另一个用于网络与系统管理。VFD 用于远程访问本地设备数据。现场总线中的用户程序是采用模块（Block）来实现的，模块分为资源模块、功能模块和转换器模块 3 类。资源模块用于描述现场总线设备的特性,例如设备名称、制造商与系列号等,每台现场设备只有一个资源模块。功能模块用于提供控制系统的行为,为达到一定的功能,功能模块可内置于现场设备中。例如,在温度变送器中可包含一个 AI 功能模块,在控制阀中可包含一个 AO 功能模块和一个 PID 功能模块。转换器模块包含了一些信息,例如设备的标定日期、传感器类型等,它使功能模块读取传感器和向输出硬件设备发送指令的本地输入输出功能要求降低,每个输入或输出模块中一般需有一个转换器模块。

基金会现场总线定义了 10 种基本的功能模块,它们是模拟输入(AI)、模拟输出(AO)、偏差增益(BG)、控制选择(CS)、数字输入(DI)、数字输出(DO)、手动加载(ML)、比例微分控制(PD)、比例积分微分控制(PID)和比率(RA)。此外,还定义了用于高级控制的功能模块,它们包括脉冲输入、复杂输出、复杂数字输出、分离、超前滞后、纯滞后(死区)、算术运算、PID 控制的步进输出、装置控制、设定值程序发生、运算、累积、模拟报警、数字报警、输入选择、信号特征、定时、模拟接口和数字接口等。为了使现场设备的制造商能有更宽广的开发环境,标准只对模块的输入输出和控制参数作了定义。图 3-9 是基金会现场总线对现场设备描述的体系。它的第一层是通用参数,包括标志、版本、模式等,所有模块都有通用参数。第二层是功能模块参数,包括资源模块和功能模块的参数。第三层是转换器模块参数,包括模块定义参数,也能向资源模块添加参数。这三层用设备描述(Device Description, DD)定义。第四层是制造商参数,包括设备类型、版本和制造商标识符等。这种设备描述被称为加长的设备描述。其中,加长部分为制造商提供了扩展的余地。

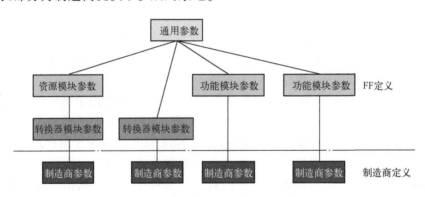

图 3-9　现场总线的设备描述体系

设备描述采用设备描述语言(DDL)编制。它向控制系统或主机提供必需的信息,使它们能理解虚拟现场设备(VFD)所提供数据的意义,包括标定、诊断功能的人机界面。因此,设备描述可理解为像打印机一类的设备驱动程序。某一设备的设备描述(DD)就是该设备的驱动程序,因此,主机和控制系统就能根据 DD 来对该设备进行操作。

对主机或控制系统来说,设备描述的服务(DDS)是读取设备的描述,而不是读取该设备的操作值。它的操作值是由 FMS 通信服务通过现场总线从现场的实际设备读取的。当设备支持上载服务并包含 DD 的虚拟现场设备(VFD)时,用户可以通过现场总线直接从设备中读取加长的设备描述。在现场总线上添加新的现场设备时,除了简单地把设备连接到现场总线外,还要向主机或控制系统提供该设备加长的设备描述。

现场总线中现场设备的组态与原在分散过程控制装置中的控制组态极为相似。图 3-10 是一个简单的单回路控制的组态连接图。图中，控制阀是带 PID 控制功能模块和模拟输出（AO）功能模块的现场设备，变送器是带模拟输入（AI）功能模块的现场设备。

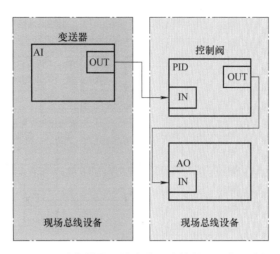

图3-10　功能模块连接成单回路控制的组态连接图

3.3　集散控制系统中应用的网络协议

在集散控制系统中，通信的实现需要相应的网络协议。在物理层和链路层，常用的网络协议是以太网的网络协议，在网络层采用 IP 的网络协议，在传送层采用 TCP（传送控制协议）。而 IEEE 802 协议提供了局域网的最小基本通信的功能。

3.3.1　以太网

以太网由 Zilog 公司的网络发展而来，1980 年由 DEC、Intel、Xerox 三家公司联合宣布了以太网的技术规范。以太网是著名的总线网，集散控制系统中采用 CSMA/CD 方式，处理数据的总线网大多采用以太网。

以太网的网络结构分 3 层：物理层、数据链路层和高层用户层。结构的实现如图 3-11 所示。控制器插件板完成数据链路层的功能，同轴电缆侧的收发器完成物理层的功能。图 3-12 详细说明了各层的功能。

1. 物理层

以太网的物理层采用 50 Ω 基带同轴电缆作为通信媒体，数据传输速率是 10 Mbit/s，工作站最多 1024 个，工作站间距离通过中继站可达 2.5 km。每个工作站由收发器、收发器电缆、以太网接口及主机接口等组成。若干个工作站挂接在一根同轴电缆上组成分支式无根树（Branching non-rooted tree）的一个段，段与段之间用中继器连接。每根同轴电缆的长度应小于 500 m，收发器电缆长度小于 50 m，可挂接 100 个工作站。实际集散控制系统中，挂接的工作站数目远小于该约束数目。图 3-13 为以太网构成的例子。

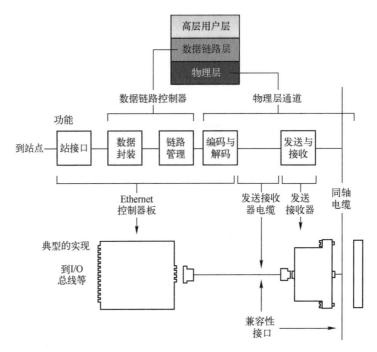

图 3-11　以太网的分层及物理实现

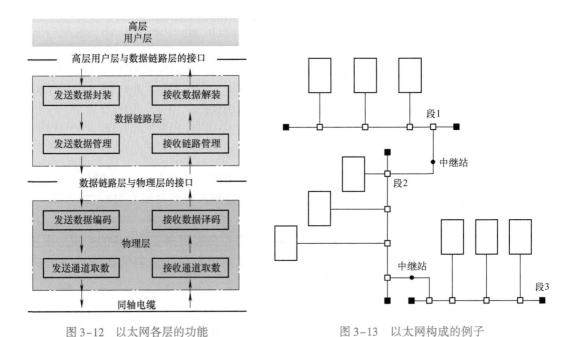

图 3-12　以太网各层的功能　　　　　　　图 3-13　以太网构成的例子

物理层的通信信道具有下列特点：

1）在同一网络上，两个以上的数据链路之间，具有收发信息的能力。

2）检测载波的能力。

3）检测冲突的能力。

4）最大往返传输的延迟时间是 45 μs。

物理层需要其硬件完成下列功能：

1）数据编码，采用曼彻斯特编码方式。

2）发送同步和时钟信号。

3）载波检出和冲突检出。

4）位传送和接收，在数据帧前加入 64 位的前同步信息。前同步信息是如下的 64 位模式：前七组均为 10101010，最后一组为 10101011。给予收发器电缆上的交流信号电平，在差动驱动时的标称值是 ±700 mV，（78 ±5 Ω）。

2. 数据链路层

以太网的数据链路层分为数据封装和链路管理两个子层。在每个子层中，发送和接收是两个互相独立的部分。数据链路中的帧采用图 3-14 所示的格式。以 8 位为一个位组，采取从左向右的顺序传送。目的地址共 6 个位组，当第一位是 "0" 时表示物理地址，是 "1" 表示送往几个站的多目的地址。当全部 48 位是 "1" 时，表示送往以太网所连接的所有站。除第一位以外的 47 位是实际地址。源地址是发送站的地址。以太网采用 32 位循环冗余码作为帧校验，因此，在数据帧的最后有 4 个位组存放相应的位元。传送的数据是透明的，任意数据都可以，它可以占用 46 ~ 1 500 个位组，因此，是可变长度的。

数据链路层的控制采用 CSMA/CD 方式。以太网得以广泛应用的原因，除了它具有结构简单、易扩充、传输速率高外，还得益于有现成的集成芯片来完成通信的功能。Intel 公司推出的局部通信控制器 82586 及以太网串行接口 82501，AMD 公司用于

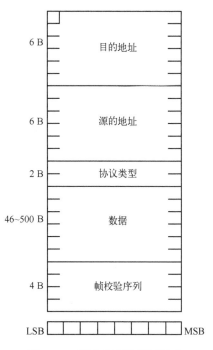

图 3-14 以太网的数据帧格式

以太网的局部网络控制器（LANCE）AM7990 及串行接口组件（SIA）AM7991，富士通公司的数据链路控制器 MB8795A 和编码译码器 MB502A 等硬件的问世，使以太网的实现十分方便。

82586 具有下列功能：

1）除全部支持以太网的物理层、数据链路层外，还支持高级数据链路控制 HDLC 的规程。

2）可配套 16 位或 32 位的循环冗余码校验。

3）0 ~ 6 个字节的地址生成和校验。

4）可变长度的引导程序。

5）传输速度从 100 kbit/s 到 10 Mbit/s。

6）具有 8 位及 16 位数据总线；具有 4 个 DMA 通道。

7）具有完整的诊断功能；可实现 CSMA/CD 的存取方式。

8）具有独立的 8 MHz 系统时钟输入。

图 3-15 是 82586 的引脚配置。它是双列 48 脚 LSI。在最小方式使用时，有 22 位地

址空间，最大方式时有 24 位地址空间。82586 的命令部件通过 CPU 与 82586 之间的提示通道，执行 CPU 的命令并发送帧。它的接收部件用于接收帧。命令表格和接收帧在存储器内存储。

3.3.2 常用物理层标准接口

在局域网的物理层，美国电子工业协会颁布的 EIA RS-232C 是最常用的标准接口。标准规定了 RS-232C 机械的、电气的、功能的和过程的特性。RS-232C 的电气特性如下：

（1）发送端

最大输出电压（无负载时）：25 V（绝对值）

最小输出电压（负载时）：5～15 V（绝对值）

电源切断时最小输出阻抗：300 Ω

短路时的最大输出电流：500 mA（绝对值）

转换速度：最大 30 V/μs

（2）接收端

输入阻抗：3～7 kΩ

输入临界值：3 V（绝对值）

输入电压：最大 25 V（绝对值）

A20	1	48	Vcc
A19/S6	2	47	A21
A18	3	46	A22(V-RD)
A17	4	45	A23(V-WR)
A16	5	44	V-BHE
AD15	6	43	HOLD
AD14	7	42	HLDA
AD13	8	41	V-SI(DT/V-R)
AD12	9	40	V-SO(DT/V-R)
AD11	10	39	READY(ALE)
AD10	11	38	INT
Vss	12	37	ARDY/SRDY
AD9	13	36	Vcc
AD8	14	35	CA
AD7	15	34	RESET
AD6	16	33	NM/V-MX
AD5	17	32	CLK
AD4	18	31	V-CRS
AD3	19	30	V-CDT
AD2	20	29	V-CTS
AD1	21	28	V-RTS
AD0	22	27	TXD
V-RXC	23	26	V-TXC
Vss	24	25	RXD

图 3-15 82586 的引脚

RS-232C 通信协议规定：能产生或接收数据的任一设备称为数据终端设备（DTE）；能将数据信号编码、解码、调制、解调，并能长距离传输数据信息信号的任一设备称为数据通信设备（DCE）。RS-232C 采用 25 脚的 D 型接插件作为通信设备之间的机械连接部件，其机械尺寸如图 3-16 所示。

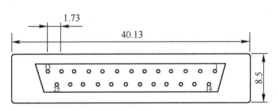

图 3-16 RS-232C 机械尺寸

RS-232C 没有规定通信方式，实际应用时有 3 种通信方式：只能向一个方向传送数据的单工通信方式；可以在两个方向传送数据，但不能同时进行的半双工通信方式；可以同时在两个方向传送数据的全双工通信方式。

RS-232C 控制链路使用标准的逻辑电平。5～25 V 电压电平表示逻辑"0"或数据位为 0。-25V～-5 电压电平表示逻辑"1"或者数据位为 1。这是一种非标准的逻辑电平标准，在应用时，应使硬件设备的电压电平与此相匹配。

RS-232C 的数据传送采用串行数据的格式。数据位组由 5～8 位组成。数据位组前有一个启动位（逻辑"0"），数据位组的后面紧接一个奇偶校验位，然后是 1 位、1.5 位或 2 位的停止位（逻辑"1"）。数据位组根据使用的通信码决定采用几位，大多数集散控制系统的应用中是采用 7 位 ASCII 码，例如字符"A"表示成 ASCII 码是 1000001（十六进制表示为41），如果采用奇校验，则校验位为 1，这样，为传送"A"就需发出如下的脉冲串：01000001111。其中，采用了 2 位停止位。

数据传送时，当接收器接收到启动位信号脉冲时，先触发接收器内部时钟，接收器接收启动位并舍去它，然后，接收数据位组，并进行信息的校验，收到停止位时调整内部时钟使其停振。RS-232C 提供的标准传输速率有 50 bit/s、75 bit/s、110 bit/s、150 bit/s、200 bit/s、300 bit/s、600 bit/s、1 200 bit/s、1 800 bit/s、2 400 bit/s、4 800 bit/s、9 600 bit/s。在集散控制系统中常用的传输速率有 300 bit/s、1 200 bit/s 及 9 600 bit/s。

选择传输速率应根据传输过程是否发生超限出错来决定。当两台设备之间的传输速率不匹配或者一台设备不能尽快处理传送来的数据时，就出现超限出错。通常采用降低传输速率的办法来克服超限出错。

RS-232C 的引脚虽然有 25 个，但最简单的通信方式只需三根引线，最多可以用到 22 根引线。绝大多数的实际应用场合只需九根引线。表 3-7 是九线制时的引脚及功能。

表 3-7　RS-232C 九线制时的引脚及功能

引脚号	信 号 名 称	功　能
1	保护接地	设备安全接地或电源接地
2	发送数据（TXD）	到数据通信设备的发送线路
3	接收数据（RXD）	来自数据通信设备的接收线路
4	请求发送（RTS）	指示数据通信设备输入发送操作方式
5	清除发送（CTS）	指示数据终端数据通信设备已准备好
6	数据备妥	指示数据终端数据通信设备已与另一调制解调器建立通信
7	信号接地	所有通信线路和信号的公用接地
8	载波检测	指示数据终端载波信号已被数据通信设备接收
20	数据终端备妥	指示数据通信设备数据终端已接好

当数据终端设备与数据通信设备之间距离较短时，可采用直接连接的方式，允许最大距离 15 m，距离较大时，采用调制解调器转接。由于 RS-232C 的传输率小于 20 kbit/s，传输距离短（15 m），没有规定连接器，使有些方案互不兼容，且因使用不平衡发送/接收器，引入干扰，因此，EIA 相继制定了 RS-449 及 RS-485。

RS-449 定义了 RS-232C 没有的 10 种电路功能，规定采用 37 脚连接器。而 RS-422A 和 RS-423A 是 RS-449 的标准子集。RS-422A 采用平衡驱动和差分接收法，从根本上消除信号地线，消除了干扰引入。它的最大传输距离可达 1 200 m，最大传输速率达 1 Mbit/s。

为了在工业环境下应用，要求用最少通信信号线来实施，RS-485 就由此引入。它是 RS-422 的变型，RS-422 是全双工，而 RS-485 为半双工。因此，只需一对平衡差分信号线。它用于多站互连十分方便，可连接 32 台发送器、32 台接收器，可以串行通信，也可组成环形数据链路系统。用 RS-485 互联时，某一时刻两个站中只有一个站可以发送数据，而另一站只用于接收。因此，其发送电路需由发送器的使能端来控制。由于它可以高速（1 Mbit/s）远距离（1 200 m）传送，因此，在许多智能仪器中用它作为现场总线接口，并经连网后组成集散系统的现场控制总线。

3.3.3 IEEE 协议族

电气和电子工程师协会（Institute Of Electrical and Electronics Engineers，IEEE）制订了局域网的标准，它相当于 OSI 参考模型的第一、二层，而高层与 OSI 参考模型兼容。考虑到局域网中传送数据的帧是带有地址的，不存在路由选择和中间交换，因此，IEEE 802 的局域网标准规定了物理层、逻辑链路控制层和媒体存取控制层。设置逻辑链路控制层（LLC）的原因是在 OSI 参考模型的数据链路层中，缺少对包含多个源和目的地址的链路进行访问管理所需的逻辑功能，为此，IEEE 802.2 对 LLC 做了规定。由于在同一 LLC 子层中，可以有多种媒体存取的方式，采用单一的结构不能满足各种应用场合的需要，因此，IEEE 802 委员会分别对带有冲突检测的载波侦听多路存取、令牌总线、令牌环等三种媒体存取方式规定了相应的协议，即 IEEE 802.3、IEEE 802.4 及 IEEE 802.5 协议。这样，OSI 参考模型的数据链路层就分成了 LLC 与 MAC 子层。

媒体存取控制子层（Medium Access Control，MAC）的任务是对通信媒体的使用进行管理。这就需要解决两个问题：在哪里进行控制，即控制定位（Location of Control）和如何进行控制，即存取方式（Type Of Access）。

控制来源有集中式和分布式控制。集中式控制有下列优点：

1）可实现高质量控制，如提供通信优先级服务、保证信道频带宽度等。

2）控制功能集中在中心控制站，其他站的控制逻辑可以大大简化。

3）避免了通信站之间互相协调的麻烦。

其缺点是：

1）中心控制站结构复杂，它的失效会导致整个系统的瘫痪。

2）中心控制站成为整个网络系统流量的潜在瓶颈，如处理不好，会降低数据传输的效率。

在 IEEE 802 的 MAC 协议中，采用分布式控制方法，它的特点是控制功能分散到各个通信站，控制的实现是随机的或者是有序的，因此，提高了系统的可靠性和灵活性。

通信媒体的存取方式和通信子网的拓扑结构有关，将在下面详细介绍。

逻辑链路控制子层（Logic Link Control，LLC）的任务是通过 MAC 提供 LLC 用户之间的数据交换。主要服务功能是差错控制和流量控制。在 IEEE 802 标准中，把网络层的一些服务功能并入 LLC 子层，它们是无确认无连接服务、面向连接服务、有确认无连接服务等。

1. IEEE 802.3 协议

IEEE 802.3 协议是带有冲突检测的载波侦听多路存取控制协议，常缩写为（Carrier Sense Multiple Access With Collision Detection，CSMA/CD）。它是总线网、树形网最常用的媒体存取控制协议。这种协议属于随机访问型，即争用型协议。这表明，为了在一个多点共享的通信媒体上进行数据交换，采用让各个站以随机的方式发送信息，争用通信媒体。

早期的争用方式控制通信媒体存取的网络是美国夏威夷大学的纯 ALOHA 网。它以 2 个 24kbit/s 的超高频信号分别传送数据和应答信号。各个通信站可根据需要随时进行发信。发送站发信后需对通信媒体进行侦听，侦听的时间等于信号传到网上最远的站再返回本站的时间。如果在侦听时间收到接收站用另一频率传输的应答信号，说明发送成功。否则，就重新发送，如反复发送几次都失败，就停止发送。接收站对收到的数据帧进行校验，如果正确则发出应答信号，否则，不发应答。这种纯 ALOHA 方式的信道吞吐率约 18%。信道吞吐率指发送成功的信息包数与实际发送的信息包数之比。

一种改进的 ALOHA 方法是采用分槽 ALOHA。它把信道的使用分为等长的时间片（Slot，或称时槽）。每个站发送的数据帧长度等于时间片的长度。采用同步的方式，使所有站都在同一时钟下工作，站的发送时间只能在各时间片的起始时刻，这样，两个站的发信只在同一瞬时发生，碰撞只能整个数据帧发生，而不会出现部分的碰撞，从而使信道吞吐率上升到 37%。

由于局域网的各站间信号传输延迟时间远小于数据帧长度，因此，产生了"先听后发送"的 CSMA 方式。它是采用要发送信息的站先对通信媒体进行侦听，如果没有数据传送，就开始发信，如果有，就按一定的时间算法等待一段时间再试。发信结束，如在应答信号返回所需最大时间内未收到应答信号，就重发该信息帧。这种媒体存取方法减少了碰撞的概率。

当通信媒体忙时，发信站可按下列 3 种算法工作。

（1）非坚持（non-persistent）协议

其规则是：

① 如果媒体空闲，则发送。

② 如果媒体忙，则等待一个随机分布的时间，再重复①。

（2）1—坚持（1-persistent）协议

其规则是：

① 如果媒体空闲，则发送。

② 如果媒体忙，则继续侦听，直到发现媒体空闲，就立即发送。

③ 如果有冲突（由没有应答信号来确定），等待一个随机分布的时间，再重复①。

（3）P—坚持（P-persistent）协议

其规则是：

① 如果媒体空闲，则以概率 P 发送信息，以（1-P）概率延迟一个时间单元发信。典型时间单元等于最大传输延迟时间。

② 如果媒体忙，则继续侦听，直到其空闲，再重复①。

③ 如果发送已被延迟一个时间单元，再重复①。

CSMA 协议的信道吞吐率虽有明显提高，但若两个信息帧发生冲突，则在两个帧发送的整个期间，通信媒体都无法正常使用。为此，采用了"边说边听"的 CSMA/CD 方式。其规则是：

① 如果在发送期间发现冲突（即侦听与发送不一致），立即停止发送该帧，并发一个简短的阻塞信号，通知网上各站。

② 发送阻塞信号后，等待一个随机分布的时间，然后按 CSMA 方式重发该帧。

采用 CSMA/CD 方式，浪费的时间减小到检测一个冲突所需的时间。它也有 3 种方式确定发送。在集散控制系统中，采用的是坚持式 CSMA/CD 方式。这种方式可使系统在很宽的负载范围内都有较高的信息吞吐量和较高的稳定性。

CSMA/CD 可以用于总线型或树形网，可用于基带网，也可用于宽带。宽带网常用的检测冲突方法是把正在发送的数据和发送后经传输再返回的接收数据进行逐位比较，例如比较前 16 位，如果两者不同，就表示发生冲突。由于返回的信号电平减弱，会被作为噪声处理而未能发现冲突，所以，另一种方法是在端头检测冲突，通过调整各站电平，使到电缆端头的信号电平相接近，这样，当端头检测器检测到被破坏的数据或者高于正常幅度的信号，就认为网上发生了冲突。集散控制系统中采用宽带网时常采用令牌总线媒体存取方式而不采用 CSMA/CD 方式。

CSMA/CD 应用于基带网时，因不存在载波侦听的问题，所以是采用了如下的检测冲突方法。两个数字信号任意叠加所得的信号幅度会超过单一信号幅度，规定一个冲突阈值，它稍大于每个发送器可能发出的最大信号幅值。当某站发送数据时，它的接收器同时侦听媒体，如果接收到的信号幅度大于冲突阈值，就认为发生冲突。由于信号传输引起衰减，当两个相距甚远的站同时发信时，它们发到对方的信号与接收到的被发送信号的叠加会小于冲突阈值。为此，在基带网采用 CSMA/CD 时对通信电缆的长度有限制。

IEEE 802.3 的 CSMA/CD 标准与以太网的 CSMA/CD 之间的很多差别已解决，人们希望作一些变更，使两者合并为一种标准。下面给出 IEEE 802.3 的数据帧格式，如图 3–17 所示。

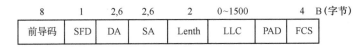

图 3–17　IEEE 802.3 的数据帧格式

各字段如下：

前导码（Preamble）：8 B（字节）的特殊格式，供接收器建立同步并寻找帧的第 1 位。

SFD（Start Frame Delimiter）：帧开始定界符，指示帧的开始，1 B。

DA（Destination Address）：目的地址，指定帧到达的站，可以是一个物理地址、一个多点广播组地址（一组站点）或者一个全程地址（局域网上所有站点）。

SA（Source Address）：指定帧发送的源地址。

Length：长度，指定 LLC 字节数。

LLC：在 LLC 子层准备好的字段。

PAD：填充区，用于填充一些字节，以保证帧足够长，使冲突检测的操作能正确执行。

FCS（Frame Check Sequence）：帧检验序列，32 位 CRC 码，检验的范围从目的地址到帧末。

与以太网的数据帧格式相类似，IEEE 802.3 的 MAC 数据帧中，前导码是 8 组 10101010，SFD 是 10101011，DA 可以 2 B，也可以 6 B。对于 16 位地址（2 B）时，第 1 位 I/G 表示是单地址(I/G=0)或组地址(I/G=1)。后面 15 位是目的地址。对于 48 位地址（6 B）时，第 1 位 I/G 与上述相同定义，第 2 位 U/L 表示全局(U/L=0)地址或局部(U/L=1)地址。后面 46 位是目的地址。源地址也可 2 B 或 6 B。由于 LLC 占用 0~1500 B，因此，长度占用 2 B。当帧长小于 64 B 时，填充字节到 64 B。因此，最大帧长是 1518 B，最小帧长是 64 B。

2. IEEE 802.4 通信协议

IEEE 802.4 通信协议是总线网的令牌总线媒体存取控制协议。令牌总线（Token-pass bus）网是一种较新的技术。它是从令牌环网借鉴而来。

令牌传递式总线网的物理结构是用总线把各个通信站连接起来的网络。这些站是被指定一个逻辑的顺序，在逻辑上这些站是环形连接的。各个站的逻辑顺序可以和它们的物理位置完全无关。

在令牌网中，媒体存取控制是通过传递一个称为"令牌"的特殊标志来实现的。令牌的传递是按照逻辑顺序，从第一个站开始，一直传到最后一个站，然后，再传给第一个站。接到令牌的站在指定的一段时间内就掌握网络的媒体存取权。它可以发送一个或多个信息帧，也可以探询其他站并得到响应。当这些工作完成或者指定的时间片用完时，它就把令牌传递给下一个逻辑顺序上的站。该下游站又重复上述动作。如此周而复始地在总线上进行着数据传输和令牌传递的交替动作。在总线上可以存在不使用令牌的站（无逻辑顺序号），它们只有在其他站对它探询或要求确认时才会响应。

相对于总线网的 CSMA/CD 技术，令牌总线技术在网络运行管理上比较复杂，IEEE 802.4 通信协议规定它应具有下列管理功能：

（1）添加通信站的功能

在逻辑环上的每一个站在接收到令牌后就可以接纳新的通信站进入逻辑环。由于在逻辑环上的每个站在逻辑上按地址数值递减顺序排列。因此，接收到令牌的站首先发一个"征求后继站"的帧。邀请逻辑地址在令牌持有站和它在逻辑序列中的下游站之间添加新的通信站到环中。在征询的控制帧发出后，要等待一个时间，长度等于信号从总线的一端到另一端所需时间的两倍。这个时间称为"响应窗口"时间，或称间隙时间、窗口时间。在这个窗口时间内，可能有下列结果：

1）没有响应。说明没有新的通信站要在它和它的下游站之间加入。

2）有一个站响应。令牌持有站把它的下游站地址改为响应的站，并把令牌传递给新站。新站得到令牌后，相应修改它的上、下游站。

3）有几个站响应。令牌持有站借助于一种基于地址数值大小的争用方案解决冲突。首先，它发出一个"解决争用"的控制帧，并等待 4 个窗口时间。每个要求加入的站根据各自地址的前两位的数值分别在 4 个窗口时间中的一个进行响应，发出"设置后继站"帧。例如，地址前两位是"00"表示第一个窗口时间，"01"表示第二个窗口时间等。如果某个提出请求的站在与它地址相对应的窗口时间到来前侦听到总线上有别的请求，它就撤销请求，不再发送。如果令牌持有站在窗口时间内只收到一个有效的"设置后继站"的帧，它就接收该站加入逻辑环。不然，它就发出第 2 个"解决争用帧"，这次的帧只有上次响应过的站才能响应，而且地址为各自地址的第 3、4 位，还是分别在 4 个窗口时间中响应。这个过程一直持续到接收到只有一个站响应，或者没有响应，或者重复发送规定的次数仍无法分辨出有效响应为止。后两种情况作为没有新的通信站添加处理，令牌持有站则向下游站传递令牌。

（2）减少通信站的功能

当媒体上的某个站失效或停止工作时，需要将它从逻辑环中退出。要退出的站在得到令牌后，发出一个"设置后继站"的帧给它的上游站，把它的下游站地址转告给上游站，上游站就相应改变它的下游站标志，使它指向新的下游站。这样，要退出的站就从逻辑环上删除了。

（3）逻辑环初始化功能

当总线网上电或者在发生故障以后，都会造成无令牌状态。这时，各个站上的计时器会产生超时信号，并发出"发布令牌"帧。当不止一个站发出"发布令牌"帧时，系统进入争用状态。与添加站相类似，每个参加争用的站发出的帧长度按该站地址的前两位数分别加上0、2、4、6个窗口时间，并在不同的窗口时间发送该帧。发送后，对媒体继续侦听。如果听到有信号，则该站退出争用。只有发送过的站再继续发出"发布令牌"帧。并按它们地址的第3、4位确定附加的响应窗口个数，一直发布到出现一个有效的令牌，或者一直重复发送到地址区的所有各位都用完，这时，最后一次重复中获得成功的站将获得令牌。

（4）错误排除功能

由令牌持有站完成错误排除。主要有下列两种错误：

1）多重令牌错。当令牌持有站侦听到总线上还有其他站发送信息时，表明令牌不止一个。这时，令牌持有站就立即取消它所持有的令牌，从而使该站进入监听状态，并使令牌数减至一个。但也可能因此而造成无令牌出错，这时，就进入逻辑环初始化过程。

2）下游站失效错。当某站完成通信并将令牌传递到它的下游站时，它要侦听一个窗口时间，以确定下游站是否处于正常工作状态。如果听到一个有效帧，则说明下游站工作正常。如果在窗口时间内听不到下游站发送的信息帧，它就再传递一次令牌。如果第二次未成功，它就发出"谁来接替"帧，并把响应该帧的站作为它的新下游站。如果连发两次"谁来接替"帧，都没有站来响应，就发出一个全局地址范围的"征求下游站"帧，邀请总线上任一站来响应，就如果有站响应，则先建立只有两个站的逻辑环，而其他站在以后过程中再添加进来。如果无站响应，则说明网络有故障或本站的接收器有故障，这时，它停止发送转入监听，等待逻辑环初始化过程。

（5）优先级控制功能

IEEE 802.4令牌总线标准提供了决定各类数据不同存取优先级权的服务，它们是同步通信（6级）、异步紧急通信（4级）、异步正常通信（2级）、异步插空通信（0级）。优先级别高的数据优先发送。

IEEE 802.4的MAC帧格式如图3-18所示。

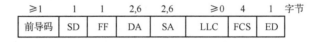

≥1	1	1	2,6	2,6	≥0	4	1	字节
前导码	SD	FF	DA	SA	LLC	FCS	ED	

图3-18　IEEE 802.4的MAC帧格式

符号意义如下：

前导码（Preamble）：一个或多个字节，建立位同步和定位帧的第一位。

帧开始定界符（Start Delimiter, SD）：表示帧开始，编码形式是NN00NN00，N是非数据符号，1个字节。

帧格式（Frame Format, FF）：表示帧是数据帧或控制帧。

DA、SA：与CSMA/CD相同，表示目的地址和源地址，可以是2B或6B。

LLC：LLC数据单元，由LLC下发的字段。

帧检验序列（FCS）32位，同CSMA/CD。

帧结束（End Delimiter, ED）：格式是NNINNIIE。I=0表示最后一帧。E是差错位。存在FCS错时E=1。N的含义和上述相同，取决于信号在媒体上的编码。

CSMA/CD和令牌传递媒体存取是总线网中应用较多的。在集散控制系统中大多数通信系统采用这两种存取协议。CSMA/CD 为各站提供均等的发信机会，算法简单，成本低，可靠性高。在负载小时，有较高信道吞吐量；在负载较大时，仍能稳定工作。但是，由于它可能发生冲突，因此，对信号幅度有较高要求，并且为检测冲突，需规定最小帧长度。令牌传递式总线的吞吐量很高，负荷变化的影响较小，对信号幅度要求不很苛刻，能支持优先级通信。但是，它的算法很复杂，有较大的延迟，尤其在轻负荷条件下，将会有许多无用的令牌传递时间。

3. IEEE 802.5 通信协议

IEEE 802.5 通信协议是令牌环形网络媒体存取控制协议。令牌环（Token-ring）技术可能是最早的环控制技术。在美国它已成为最普遍的环存取技术。在环形网络上，有一个叫作令牌的信号（其格式为 8 位 "1"）沿环运动。当令牌到达一个通信站时，若该站没有数据要发送，就把令牌转送到它的下游站，相当于发送了一个长度为 0 的帧。若该站要发送数据，则先把令牌信号转变成一个 "连接标志"（它把令牌的最后一个 "1" 改为 "0"）。并把本站的数据帧接在它的后面发送出去。数据帧的长度不受限制。数据帧发完后再重新产生一个令牌接到数据帧后面，这相当于把令牌传到下游站。

数据帧到达一个站时，环接口从地址字段识别出以该站为目的地的数据帧，把其中的数据字段复制下来，若经校验无误，则把数据送主机。但它并不将该数据帧从环网上去除，去除数据帧是由发送站完成的。因为，这样处理可以利用数据帧作捎带应答，并实现多址或广播通信。以上通信机制的简要说明如图 3-19 所示。

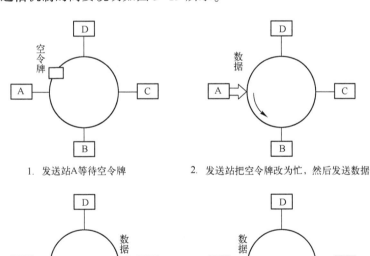

1. 发送站A等待空令牌　　　　　　2. 发送站把空令牌改为忙，然后发送数据

3. 接收站复制数据　　　　　　4. 发送站回收数据，并重新产生空令牌

图 3-19　令牌环协议机制

为了使令牌环上只有一个令牌绕环运动，不允许有两个站同时发送数据，令牌环的控制站应有下列功能：

（1）启动和令牌丢失

在环网上电启动或因干扰信号破坏令牌时会造成无令牌状态。环网采用定时器来记录令牌运行状态。当令牌通过控制站时，定时器置"0"，当定时器计时值大于全环巡回一周所需的最大时间时，就认为令牌丢失。这时，该站就向环上发一令牌。

（2）数据帧无休止循环

由于某些原因，一个站发出数据帧后如果不能从环上将其清除，就会造成数据帧的无休止循环。为此，在数据帧上设置监控位。数据帧发送时，该位置"0"，当它通过控制站时被置成"1"，这样，当第二次循环时，若控制器发现该位是"1"，就可确认发送该数据帧的站未能去除该数据帧。因此，控制站就吸收该帧并向环上发出一个令牌。

（3）多重令牌

由于干扰，在环上会出现新的令牌。这样多个站发送数据，互相冲突，谁也不能抵达目的地，最后导致令牌丢失。为此，得到令牌的站周期地向环上发送"持令牌站存在"帧，使别的站确信有站在发送数据。当有不止一个站持有令牌时，就会有一个站听到另一个令牌持有站的"持令牌站存在"帧，从而进入备用状态。

令牌环从其实质来看，是一个集中控制式的环，环上必须有一个中心控制站负责环网工作状态的检测和管理。令牌环在轻负荷时效率低，在重负荷时效率较高。它需要复杂的管理和优先级支持功能。在集散控制系统的应用中，令牌环媒体存取方式在高层，如管理、优化级有所应用。

4. IEEE 802.2 通信协议

IEEE 802.2 通信协议是逻辑链路层控制协议。逻辑链路控制层（LLC）是局域网结构中的最高层，它在 MAC 子层之上，为 LLC 用户，如 TCP/IP 等提供数据交换手段。

LLC 向高层 LLC 用户提供 3 种服务：

（1）无确认无连接服务

这是一种数据报服务，它允许简单地发送和接收帧，这种服务可以是点对点的，也可以是多点和广播式的。

（2）面向连接服务

即在服务访问点（SAP）之间提供虚电路的连接，从而提供流量控制、按序接收和差错恢复功能。

（3）有确认无连接服务

这也是一种数据报服务，它包括有确认的递送服务和有确认的探询服务，提供确认可以减轻高层的负担。这种服务也可以是点对点的，或者是多点和广播式的。

与 ISO 的参考模型中数据链路层相比较，IEEE 802.2 有下列不同点：

1）IEEE 802.2 所处理的链路由许多通信站共同访问。

2）由于有 MAC 子层，因此，对媒体存取的具体细节不予过问。

3）它还必须提供一些 ISO 的参考模型中网络层的功能。局域网不存在路由选择，因此，对 ISO 模型网络层功能可大大简化，并结合在 LLC 中。

LLC 的帧格式如图 3-20 所示。其含义如下：

存取控制（Access Control，AC）：8 位。

目的地址和源地址：DA、SA。

目的服务访问点（Destination Service Access Points，DSAP）：8 位。

源服务访问点（Source Service Access Points，SSAP）：8 位。

控制字段（Control，C）：8 位。

数据（DATA）。

帧校验序列（FCS）：32 位。

AC	DA	SA	DSAP	SSAP	C	DATA	FCS

图 3-20　LLC 的帧格式

3.3.4　TCP/IP

1. 网际通信协议（IP）

网络的互联包括局域网和远程网的互联及局域网之间的互联。对于局域网间的互联又分为不同局域网之间的互联和同类局域网之间的互联。在集散控制系统的应用中涉及上述两种局域网的互联。在它的发展应用中，涉及与远程网的互联。

（1）网络互联的基本要求

网络互联时应满足下列要求：

1）在网络之间提供数据传输的链路，至少应有物理通路、媒体存取控制、逻辑链路控制等功能。

2）不同网络上的用户进程之间提供数据的差错控制、流量控制、路由选择等服务。

3）尽量减小对各个网络的软件、硬件、通信协议、性能的影响。

4）尽量降低成本。

5）提供会计功能，记录状态信息。

（2）不同网络之间的差别

不同网络之间的差别主要表现在下列 9 个方面：

1）网络接口结构，即物理层的电气、机械等性能和连接的建立、维持和拆除等性能的区别。

2）媒体存取方式。

3）编址方式。

4）信息帧格式，帧的内容，即字段安排、长度等。

5）差错控制。

6）服务方式，虚电路或数据报服务。

7）超时机构。

8）状态报告，不同网络对网络状态、性能有不同的报告方式。

9）路由选择。

由于有上述不同，要求网络互连提供端对端（End to End）服务。这属于参考模型中传送层的功能。

（3）IP 网间通信协议

图 3-21 是网际通信协议（Internet Protocol，IP）的基本原理。表示在两个位于不同网络的用户进程之间进行通信的过程和相应的信息包交换。

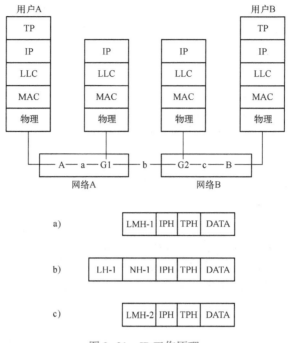

图 3-21　IP 工作原理

一个网络上的用户进程 A 要向另一个网络上的用户 B 发送一个信息包。首先在主机 A 的传送层（TP）形成信息包，它包括数据（DATA）与报头（TPH）两个字段，经网间通信协议 IP 时，加上全局地址（包含在 IPH 中），形成了数据报。数据报传到物理层时，又添加了 LLC 和 MAC 的报头（用 LMH—1 表示），变成图 3-21a 所示的数据帧。由于这个数据帧要送到其他网络，因此，该数据帧先送到该网的网间连接器（Gateway），为此，需把网间连接器的地址放入本网络的目的地址。网间连接器 G1 接收到这一数据帧，除去报头 LMH—1，得到数据报原来的形式。网间连接器分析 IPH 字段，确定该数据帧的去向。分下列几种情况：

1）如果该帧的目的地址是本网间连接器，就接受该帧，通常这样的帧里包含控制信息。

2）如果网间连接器不知道该帧的目的地址该走哪条路，则报告出错。

3）下列三种情况时，需进行路由选择：

① 目的站所在网络直接与本网间连接器相连。

② 目的站所在网络中有一个网间连接器和本网间连接器相连。

③ 还需要经过一个以上的网间连接器才能到达目的站。

在这三种情况下，本网间连接器要把中间站地址（常常是网络层地址 NH 或逻辑链路层地址 LH）附加到数据帧上，如图中 3-21b 所示。由于网络 1 的信息包和网间包格式不相同，必要时还可能把原来数据字段分成若干段，分成若干个数据报传送。图中，G1 把 G2 的地址附加在数据帧上，然后，选择通往 G2 的路由。信息包到达 G2 后，先解除报头 LH—1 和 NH—1，恢复原来的数据报，这时，根据 IPH 提供的目的地址，选择路由，并加上 LMH—2 的报头送到目的站。在目的站，随着数据帧层层向上传送，把 LMH—2、IPH 报头去除，最后由 IP 层把经分段送达的数据恢复、装配并传送到传送层。

对于两个同类局域网的互联，由于它们具有相同的网络拓扑结构、相同的地址格式和数据帧格式，加上它们采用相同的系统结构和通信协议，因此，可以用连接同类局域网的装置，即网桥（Bridge）。它是网间连接器的特殊形式。

两个同类网不合并成一个网络，而采用网桥使它们在逻辑上连成一体，这是因为下列原因：

1）地域上的分散。原已建立的网络分散在不同区域，为了扩大系统功能，希望它们互连。

2）提高系统可靠性。由于网络中的关键部件，如环网的各链路、基带总线网的端头吸收器、宽带总线网的端头变频器等，它们的损坏会造成整个网络的瘫痪。采用若干个小的网络，它们互相连接可以使一旦某一小系统发生故障，不影响其他部分的正常通信。

3）改善系统性能。通常，随着网络中通信站个数的增加和通信媒体的延长，系统的性能会有所下降。当它们分成几个网络时，使频繁交换数据的通信站连在同一网络中，使系统流量主要集中在各个网络内部，这样，就有利于提高系统的整体性能。

4）保密性。网桥通常由两个网络接口单元组成。每个网络接口单元分属一个网络，它们之间用一条链路连接，如图 3-22 所示。它比网间连接器简单得多，只要物理层、媒体存取控制层、逻辑链路层三层。

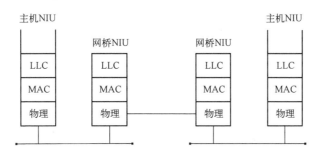

图 3-22　网桥 NIU 的结构

两个网桥的网络接口单元（Network Interface Unit）之间的通信遵循下列原则：

1）不改变要传送到对方网桥去的信息帧的格式和内容，也不添加报头等。

2）两个网桥 NIU 之间的通信协议可以不同于所接网络中的通信协议。如用于网间通信的信息帧可以采用较长的帧，可以用其他通信协议，如 HDLC 点对点通信协议。

3）网桥应具有寻址功能。以便对通过它的信息帧进行过滤，识别出哪些帧应该送往对方网桥。

4）网桥应具有路由选择功能。以适应网络互联拓扑比较复杂的情况，例如有多个网桥或一个网桥联多个网络时。

5）网桥应具有流量控制功能。网络的互联在集散控制系统的应用中十分重要。尤其是在将多家厂商的集散控制系统联网并扩展为厂级、公司级的管理、调度时，就更是必要。

2. 传输控制协议（TCP）

在 Internet 和 Intranet 网络系统中，TCP/IP 是两个最著名的 Internet 协议，它们常常被误认为是同一个协议。传输控制协议（Transmission Control Protocol，TCP）是对应传输层的协议，它保证数据可靠地被传送。网际协议（Internet Protocol，IP）是对应网络层的协议，它用于提供数据传输的无连接服务。由于 TCP/IP 更注重数据发送的互联，因此已成为当前网际互联协议的最佳选择。TCP 用于提供应用程序之间（端到端）的通信，主要包括提供格式化的信息流，提供可靠的端到端的差错控制和流量控制，提供不同应用程序的识别等。

ISO 的 OSI 参考模型将传输层协议分为 5 类，即 0 类：简单类；1 类：基本差错恢复类；2 类：复用类；3 类：差错恢复和复用类；4 类：差错检测和恢复类。分类的目的是使用户能根据不同网络层功能选用不同类别的传输层，使网络层和传输层能相互配合，减少不必要的功能重复。而 TCP/IP 是 ISO 通信协议的实际体现，它由一系列协议组成。其中，TCP 包括 UDP、TCP 等。UDP 相当于 ISO 传输层的第 0 类，TCP 相当于 ISO 传输层的第 4 类。

TCP/IP 协议包含 4 个功能层，即处理/应用层、网际层、网络访问层和主机到主机层。

处理/应用层提供用于远端访问和资源共享的协议，例如 Telnet、FTP、HTTP 等。它要依赖于下层的功能。

网际层由在主机或网络间通信所需所有协议和过程组成，负责数据的分组，是按路由发送的。因此，网际协议负责为数据分组寻找路由，同时，它也完成路由的管理，包括内部网关协议（LGP）、外部网关协议（EGP）、地址解析协议（ARP）、反向地址解析协议（RARP）和 Internet 控制信息协议（ICMP）等。

网络访问层作为主机或本地计算机的网络设备，将数据从网际层传输到物理传输介质。

主机到主机层又称为传输层。它由传输控制协议（TCP）和用户数据报协议（UDP）组成。TCP 提供两个或两个以上主机间面向连接的数据传输，支持多数据流，并提供流量控制、差错控制和对接收到的分组重新排序等服务。UDP 是 IP 主机到主机层使用的协议，它提供基本的低开销的数据传输技术，即数据报传输技术。它特别适用于能对自身提供面向连接功能的应用。

IP 作为通信子网的最高层，提供无连接的数据报传输机制。它向上层（TCP）提供统一的 IP 数据报，从而使各种物理帧的差异对上层协议来说不再存在。

目前，集散控制系统的应用范围还只局限在一个较小地域，当组成企业网或因特网时，通信的范围才较大。因此，在集散控制系统中的通信网一般局限于局域网。当集散控制系统需要与异种网进行大量的数据、报文的交换时，需要采用 TCP 传输控制协议。例如，集散控制系统将文件传输到异种网上的计算机系统，或异种网上的计算机系统对集散控制系统进行远程登录等。

3.4　习题

1. 为什么要进行数据的调制和解调？常用的调制方法有哪些？
2. 同步和异步通信的主要特点是什么？
3. 数据通信系统中通常采用哪几种数据交换方式？报文分组交换方式中的虚电路和数据报交换方式有什么区别？
4. 集散控制系统中对通信网络有什么要求？
5. ISO 的 OSI 将网络通信分为几层？各层的主要作用是什么？
6. 为什么要采用现场总线控制系统？现场总线有什么特点？
7. 说明 IEEE 802.3、IEEE 802.4 和 IEEE 802.5 通信协议主要是解决网络通信哪一层问题？
8. 现场总线通信协议的基本特点是什么？
9. TCP/IP 的基本特点是什么？

第4章 控制系统用现场总线

4.1 现场总线的定义

第 4 章微课视频

4.1.1 权威组织的定义

不同的资料对现场总线与现场总线控制系统的定义有不同的说法，例如：

- 现场总线一词广义上是指控制系统与现场检测仪表、执行装置进行双向数字通信的串行总线系统。
- 一般认为现场总线是用于现场仪表与控制室主机系统之间的一种开放的、全数字化、双向、多站的通信系统。
- 基于智能化仪表及现场总线的控制系统。
- 现场总线（Field Bus）是一种数字化的串行双向通信系统。

本章以权威组织的定义作为现场总线的标准定义。根据国际电工委员会 IEC 1158 定义：安装在制造或过程区域的现场装置与控制室内的自动控制装置之间的数字式、串行、多点通信的数据总线称为现场总线。

为了进一步理解现场总线及其系统的整体概念，引用欧洲标准 EN50170 中有关现场总线特点的描述来补充说明。

1. 通用现场通信系统

现场总线也可叫作通用现场通信系统。信息传输的范围已远远超出代替 4～20 mA 传统信号的限制，分布式智能系统需要用面向用户或应用的方式确定设备间的通信。它必须满足现代工业过程测量和控制系统（IPMCS）的全部要求，即具有高度的灵活性和适用性。以现场通信作为基本功能的智能分布式系统的使用是各厂商的一致取向。

现场总线可以用一些显著的特点来描述：

（1）封闭的物理过程

现场总线作为整个通信构架的最底层，将传感器、执行器以及各种设备与控制系统连接起来，独立传输二进制或模拟信号。这些传感器和执行器直接安装在物理过程上。随着技术的发展，现场总线逐渐在基于模拟信号的物理过程和基于数字信息的控制领域之间建立了边界，产生了许多专业化的解决方案，如 ASI、CAN 等，这些解决方案统称为"传感器/控制器总线"。

连接于过程中的设备集成了越来越多的智能，并需要由一个更通用的通信系统进行传输服务，而且这种传输服务必须是适时的、不损失初始控制信息的。

（2）更大的覆盖范围

"现场"这个词也意味着更大的延伸性。10 m 以下的总线属于并联或专用系列总线，现场总线覆盖范围应在 100～5000 m 之间，属于千米尺度以串行通信为主的总线。

（3）设备的数量、价格

现场总线的概念与传统 4～20 mA 信号控制环路有明显区别，一条总线可连接的设备量在十至几百台之间。在一个工厂中（如化工厂或海上平台）可能有 10 个或更多的总线段接在一起，连接上千台设备。因此，现场总线是一种将许多简单设备组成一个复杂系统的技术，并且需要低价位的连接接口。

（4）实时性操作

现场总线通信系统通常是自动化过程中控制功能的核心部分，必须遵守由控制系统提出的时间限制，其基本的功能就是可预期的存取时间和可预期的传递时间。另外还应具有在突发事件的情况下为过载传输提供阻抗的功能。

（5）传输的完整性、有效性

由于这种传输系统是连接生产过程的唯一物理途径，传输必须非常可靠。现场总线至少应具有如下特点：

1）传输完整性。未知出错率低于每 20 年一次。

2）冗余能力。如使用双介质或双总线。

3）传输验证。

（6）用户可选择的服务

可满足不同方面的多种需求的应用，如优先权、服务完整性、时间性能以及网络拥塞的恢复能力。这意味着服务和服务的性能对于用户（或应用）来讲，应是可选择的。

对于给定的现场设备，针对不同的应用，必须达到不同的质量要求。因此，现场总线必须支持远程组态功能，以便选择适当的通信质量和适当的本地应用。

（7）集成、开放结构

除了满足传统的客户服务外，现场总线应支持分布式时间循环结构，并通过变量进行交换，这些变量构成了一个实时更新的共享的数据库。

（8）严酷的环境条件

由于现场总线靠近生产过程，面对的是苛刻的和特殊的环境条件，因此，现场总线应经受得住这样的环境，并且不受高的电磁干扰的影响。干扰水平为 IEC 801.x 标准的严酷程度 3 及由 EEC 指南 89/336 实施标准（CE 标志）。

2. 现场总线是控制系统结构框架的一部分

通用的通信系统在工厂控制系统结构中包括两个最底层的通信系统，图 4-1 示出了一个企业范围的通信模型。必须注意的是，现场设备也需要直接与单元级总线相连接。

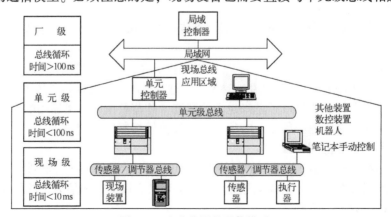

图 4-1 企业范围的通信模型

典型的单元级通信是在单元控制器和从属控制装置之间进行的，比如 PLC 之间或 PLC 与其他装置之间，又如操作员界面，这类操作界面一般以通用计算机为基础。

在传感器/执行器层，信息流一般是在控制装置如 PLC 和传感器/执行器之间纵向传输的。现场设备在功能上发展很快，可以执行诸如诊断、校准、组态和数据确认等功能，这有利于分配本地控制功能到现场设备，这些设备用互操作和相互交换信息的方式执行其控制功能。

通常是在控制器的监管下，这些设备之间进行适当的数据交换，从而导致真正的分布式应用和分布式兼容的系统。

3. 应用领域和各领域的特殊要求

通用现场通信系统的技术条件应支持多种应用领域，许多应用可以由上述通用系统来满足，但有些应用有其特殊要求。

（1）发电和输变电

对发电和输变电系统抗电磁干扰的强度是其特殊要求，这一强度高于 IEC 导则的要求。其他方面的要求还有诸如对粉尘、有害化学制剂、湿度的防护，在使用煤气的情况下，还有关于易燃、易爆方面的限制。另外，现场总线在容错和安全方面应十分完善。即使在溢出的情况下也应安全稳定，按照使用要求，传输循环延时应小于 10 ms。

（2）化工系统特殊要求

化工厂一般配备的设备较多，所以总线系统必须能够支持分段（如定义网桥等分段连接设备）。应用于严酷环境下，要求设备连接安全并且电力分布于整条总线。使用功能块构建自动化系统，并支持特殊功能要求（如功能块的时分和瞬控）。

（3）制造应用

在这个领域中的应用需要很高的实时性、很高的操作速度，对于轴控制，数据传输循环延时为 1 ms，对于 PLC 为 25 ms。

（4）电子机构应用

这种应用场合需大范围使用设备，要求高的速度，高抗干扰性，还要连接大量的设备，一般要求传输循环延时小于 10 ms，可以进行用于服务功能的长报文的混合传输。通常使用与设备技术细节无关的变量进行控制顺序处理。

（5）现场总线需求的综合考虑

考虑到现场总线可用于多种工业场合通信框架中的多种层次，因此通常通信系统必须试图满足其要求，为防止不必要的复杂化，在通用技术的基础上产生了行规。

IEC 标准的出现将不会改变对适用于系统/工业领域的行规的需求。关键是如何方便地过渡到 IEC 标准。一个可行的办法是定义一个主要用于非时间限制任务的"应用指导"。

4.1.2　千米级总线

自动化监控系统的数字通信总线的分类准则是尺度、串并、用途、技术。分类不同，用途各异，技术有别。

1）毫米级：芯片总线是毫米尺度的并行总线，属芯片内总线。

2）分米级：电脑总线是分米尺度的并行总线、板总线，属机箱类总线。

3）十米级：测量仪器总线是十米尺度。其中有并行总线和串行总线。大系统的测量路数可达几十万路，是高通信速率、大信息量测量，系统由模板、机箱、机柜组成。总线可分布在模块之间、机箱之间和机柜之间，属机柜间总线。

4）千米级：现场总线是千米尺度。以串行为主，是高可靠、本安防爆、与下位仪器仪表、上位电脑构成的多级总线系统，属系统总线。也是本章要讨论的数字通信总线。系统除现场总线控制系统（Fieldbus Control System，FCS）外，还有直接数字控制系统（DDS）、分散控制系统（DCS）、可编程逻辑控制器系统（PLC）皆使用千米级总线。

4.2　现场总线控制系统的分类

4.2.1　现场总线控制系统的应用领域

现场总线控制系统根据应用领域的不同，可以分为五大类：

1）数字控制（Numerical Control）。

2）机器人控制（Robotics Control）。

3）物料经营控制（Materials Handing Control）。

4）批量过程控制（Batch Process Control）。

5）连续过程控制（Continuous Process Control）。

目前，这五大类现场总线控制系统在三大典型领域中得到全面的发展。

（1）制造领域

制造领域的应用典型是汽车业，其自动化生产线上的机器人是离散动作、快速反应的自动控制，它是由 PLC 的技术途径发展到现场总线控制系统的。PLC 是一种控制器，为追求高信率向现场总线控制系统发展。由于其应用领域非常广泛，在过去十年中发展了不下 170种，最后出现了"开放"的现场总线控制系统，约有几十种。

（2）物业领域

楼宇自动化是其典型。它与制造自动化相近，但要求节点数很多，而不要求有主/从之分，各节点是平等的，而且各节点之间传递的信息量较低。于是发展了一种无主/从、完全分散、一个控制系统可有 32385 个节点（其他领域一般只有几十个节点）、虚拟上位机的体制。

（3）过程领域

现场总线控制系统的另一个前沿是过程控制自动化，典型用户是石油化工。它是模拟量的监控，比制造业自动化、楼宇自动化、农业自动化都要麻烦与危险，所以，技术要求更高。它是由分散控制系统发展而来的。它推动了现场总线控制系统的高技术不断升级，得到了最为迅速的发展。电站自动化控制属于该领域。

4.2.2　不同领域的最下层仪器与仪表

（1）模拟量自动控制

模拟物理量连续工艺过程的自动控制如石油、化工、酿造、制药及电力。

1）各类变送器：压力、湿度、流量、料位等。

2）阀门。

3）智能 I/O、现场控制器。

4）质量流量计（MMI）。

5）分析仪表。

6）流量仪表。

7）智能设备与系统接口。

8）其他设备：泵、传动装置、电动机、环境检测器等。

（2）数字量自动控制

数字量分立的工艺动作或运行操作的自动控制，如机器人、制造业、交通运输业。

1）自动识别器（适配器扫描、条形码阅读器）。

2）智能传感器（光传感器）。

3）智能 I/O、现场控制器。

4）电动机起动与保护（软起动器、带过载继电器的电动机起动器）。

5）交流与直流拖动系统（变频器、智能速度控制器）。

6）操作员界面。

（3）大数量节点阵列的监控自动化

如楼宇、工厂、公司、市场。

1）RTD 输入。

2）热电偶输入。

3）电位器输入。

4）直流模拟量输入。

5）模拟量输出。

6）PID 控制输出。

4.2.3　不同领域的系统结构

（1）模拟连续过程类

1）要求总线有本安防爆功能，而且是头等重要的，因而总线有特殊的物理问题。

2）基本测控对象，如流量、料位、温度、压力的变化是缓慢的，还有滞后效应，因此节点检测与控制不需要快速的响应时间，但要求复杂的模拟量处理能力，这一物理特征决定了系统的基本多主从之间的集中轮询制是技术上合理、经济上有利的。

3）流量、料位、温度、压力的物理原理是古典的，传感器、控制器的发展是向智能化发展。

4）从连续过程类与仪器仪表业出发而发展的现场总线控制系统，如基金会现场总线（Foundation Fieldbus，FF），必然侧重于传输速率为 30 kbit/s 的低速总线 H1。

（2）数字分立动作类

1）节点检测与控制需要快速的响应时间，如汽车制造机器人流水线，每一个机器人的每一个动作如有差错，若不及时发现并快速纠正，整个流水线会出问题，因此需要快速响应，系统有快速巡回检测与快速控制的能力。

2）总线系统不能用时间表轮询制，要用减少排队或等待时间的其他方式，故采用令牌制、虚拟令牌制、仲裁制等。

3）传感器的物理效应是现代光电与图形图像技术，本质上是量子物理与数字化的。

4）由此开始发展的现场总线控制系统必然是快速数字化的，如 Profibus 侧重于高速总线，其 DP 标准的传输速率为 12 Mbit/s。

(3) 大数量节点大阵列类

1) 上述两类每条总线节点数不超过 300 个，而大阵列监控的节点数可超过 30 000 个，这样大的通信节点数与北京正负电子对撞机上的谱仪中高能事例的读出路数相当。处理如此大量的节点间的数字通信必须不同于以上两类的总线概念，采用人工神经网 (ANN) 就是其一。

2) 20 世纪 90 年代中期，美国推出产品 LonWorks，并很快占有包括中国在内的世界市场。

综上所述，不同的应用领域有不同的仪器仪表，不同的总线。连续类要求处理模拟能力与本安防爆；分立类要求总线有快速反应；监控类要求总线有大量节点。从不同的领域出发各自有发展的侧重点，如要统一，在技术上是可能的，但是不经济。

一种共同的发展是上位机的高信息率与高信息量的管理，于是要求有 100 Mbit/s 甚至 1 000 Mbit/s 的传输速率。

4.3　现场总线的核心与基础

4.3.1　现场总线的核心——总线协议

总线协议技术是"信息时代"的基础高新技术，与 CPU—Windows 技术、路由器—浏览器等基础高新技术也不同。总线协议技术是系统的，应用于不同的领域之中。例如：火力发电、核电、冶金、油田、石化、汽车制造、机械制造、楼宇，以及农田企业化、节水灌溉、水电、风力发电、酿造、轻工等。

每一类总线都有最适用的领域。对于各类总线而言，其实质，亦即其核心是各类"总线协议"，而这些协议的本质就是标准。各种总线，不论其应用于什么领域，每个总线协议都有一套软件、硬件的支撑。它们能够形成系统，形成产品。所以，一种总线，只要其总线协议一经确立，相关的关键技术与有关的设备也就被确定。其中包括：人机界面、体系结构、现场智能装置、通信速度、节点容量、各系统相连的网关、网桥以及网络供电方式的要求等。

由于现场总线是众多仪表之间的接口，同时希望现场总线满足可互操作性要求，因此，对于一个开放的总线而言，总线协议，亦即标准化，显得尤为重要。由于标准化对现场总线的意义重大，因此可以这样说，每一种现场总线都是有标准的，它是现场总线的核心。

对于各种总线，其总线协议的基本原理都是一样的，都以解决双向串行数字化通信传输为基本依据。

4.3.2　现场总线的基础——智能现场装置

在 IEC1158 有关现场总线的定义中提到了现场装置。现场装置包括多类工业产品，它们是流量、压力、温度、振动、转速等以及其他各种过程量的转换器或变送器，包括转角发送器和 ON—OFF 开关，还包括控制阀、执行器和电子电动机等，另外也包括现场的简单 PLC 和远方单回路调节器。

这里应该说明的是，上述提到的各类工业产品，与在集散控制系统中配套使用的，和上述产品同名称的现场装置，有着本质上的差别。例如：与集散控制系统配套使用的，输出为 4~20mA 的压力变送器和在现场总线控制系统中安装于现场的压力变送器有质的不同。

除了满足对所有现场装置的共性要求外，现场总线控制系统中的现场装置还必须符合下列要求：

1）无论是哪个公司生产的现场装置，都必须与它所处的现场总线控制系统具有统一的总线协议，或者是必须遵守相关的通信规约。之所以有此要求，这是因为现场总线技术的关键就是自动控制装置与现场装置之间的双向数字通信现场总线信号制。只有遵循统一的总线协议或通信规约，才能做到开放，完全互操作。

2）用于现场总线控制系统的现场装置必须是多功能智能化的。这是因为现场总线的一大特点就是要增加现场一级的控制功能，大大简化系统集成，方便设计，利于维护。

多功能智能化现场装置产品中，目前已开发有下列一些功能：

1）与自动控制装置之间的双向数字通信功能。

2）多变量输出。例如，一个变送器可以同时测量温度、压力与流量，可输出三个独立的信号，或称为"三合一"变送器。

3）多功能。智能化现场装置可以完成诸如信号线性化、工程单位转换、阀门特性补偿、流量补偿以及过程装置监视与诊断等功能。

4）信息差错检测功能。这些信息差错会使测量值不准确或阻止执行机构响应。在每次传送的数据帧中增加"状态"数据值就能达到检测差错的目的。"状态"数据值可以指示数据是否正确或错误，也能检测到接线回路中短路或开路的情况，还能帮助技术人员缩短查找故障的时间。

5）提供诊断信息。它可以提供预防维修（PM：以时间间隔为基础）的信息，也可以提供预测维修（PDM：以设备状态为基础）的信息。通过对维修方式综合平衡的运用，改变和优化企业以往的设备故障处理机制，即由对现场装置的故障检修改变为合理的状态维修。

6）控制器功能。可以将 PID 控制模块植入变送器或执行器中，使智能现场的装置具有控制器的功能，这样就会使系统的硬件组态更为灵活。由于控制可以在主机（控制器）或智能现场装置中执行，一种较好的选择是将一些简单的控制功能放在智能现场装置之中，以减轻主机（控制器）的工作负担，从而使主机（控制器）主要考虑多个回路的协调操作和优化控制功能，使整个控制系统更为简化和完善。

4.3.3　现场总线技术的原型与系统产生

由于大规模集成电路的发展，才有可能使许多传感器、执行机构、驱动装置等现场设备智能化，即内置 CPU 控制器，完成前面提到的诸如线性化、量程转换、数字滤波甚至回路调节等功能。因此，对于这些智能现场装置增加一个串行数据接口（如 RS-232/485）是非常方便的。有了这样的接口，控制器就可以按其规定协议，通过串行通信方式（而不是 I/O 方式）完成对现场设备的监控。如果设想全部或大部分现场设备都具有串行通信接口，并具有统一的通信协议，控制器只需一根通信电缆就可将分散的现场设备连接，完成对所有现场设备的监控，这就是现场总线技术的初始想法——原型。

　　基于以上初始想法，使用一根通信电缆，将所有具有统一的通信协议通信接口的现场设备连接，这样，在设备层传递的不再是I/O模拟（4~20mA电流或24V电压）信号，而是基于现场总线的数字化通信，由数字化通信网络构成现场级与车间级自动化监控及信息集成系统。

4.4　现场总线与IT计算机网络技术的区别

　　由于工业自动化控制系统特别强调其可靠性、安全性和实时性，所以用于测量和控制的数据通信不同于以传递信息为主的邮电通信，也不同于一般信息技术的计算机网络通信。现场总线传递信息是以引起物质或能量的运动为最终目的。用于测量和控制数据通信的主要特点是：允许对事件进行实时响应的事件驱动通信；很高的可用性；很高的数据完整性；在有电磁干扰和电位差的情况下能正常工作，以及使用工厂内专用的传输线等。

　　现场总线与IT计算机网络技术的具体区别如下：

　　1）现场总线数据传输的"及时性"和系统响应的"实时性"，对控制系统是基本的要求。一般而言，过程控制系统的响应时间要求为0.01~0.5s，制造自动化系统的响应时间要求为0.5~2s，而IT计算机网络的响应时间要求为2~6s，所以在IT计算机网络大部分使用中的实时性都是可以忽略的。

　　2）在工厂自动化系统中，由于工厂分散的单一用户要借助于现场总线网络进入某个系统，所以通信方式使用了广播和多组方式；在IT计算机网络中某个自主系统与另一个自主系统只建立暂时的一对一方式。

　　3）现场总线强调在恶劣环境下（特别是电磁和无线电干扰）数据传送的完整性。在可燃或易爆场合，还要求现场总线具有本质安全性能。

　　4）现场总线需要面向连接的服务和无连接服务两种LLC（逻辑链路控制）服务形式。面向连接的服务提供很高的服务质量，在连接的每一端，服务提供者始终监视着发送和接收的数据单元，并增加了差错恢复和避免重读等特性；非连接服务十分简单，它支持点对点、多点及广播等不同方式的工作，它无需启动时间就能实现通信。

　　5）应用进程可以按照客户/服务器或发布者/接收者方式相互作用。客户/服务器特性是双向数据流，客户发送请求给服务器，服务器处理该请求并发送一个响应给客户。发布者/接收者方式只有单向数据流，发布者发送信息，一个或多个接收者接收信息。

　　6）现场总线需要解决多家公司产品和系统在一个网络上相互兼容的问题，IEC现场总线标准与IEC指定的"用户层"在一起实现这种完整的"开放"通信。

　　7）IT计算机网络通信与现场总线的现场装置之间的网络通信，其要求有所不同。前者通信量大，而后者的量却不大，但现场总线控制系统通信系统的信流最终都要变成物流、能流、动作流程，有实时要求，且测控通信如有差错则后果严重。

　　现场总线控制系统的数据/命令通信要求严格，但因现场总线控制系统是信息系统，不能一概而论地把它与普及的Ethernet、Internet等IT信息技术的通信简单的对立起来或等同起来，有的场合现场总线控制系统不宜用IT通信，有的场合现场总线控制系统需要IT通信，因此，现场总线采用的网络技术不仅是要先进的，更重要的必须是成熟的、实用的。

4.5 现场总线通信协议模型

4.5.1 协议分层

现代计算机网络软件都采用高度结构式程序方法。这种方法，一般都设计成一组功能定义明确的层次，并且规定了同层次进程之间进行通信的规则和约定，称为协议。所谓网络体系结构（Net Architecture）就是指划分层次、每层的功能、层间接口以及相同层次通信的协议。

网络的主机间按报文进行通信，报文通信的协议一般按功能层组成多级结构形式。每个功能层都有明确定义的功能以及与相邻层的接口。各功能层之间的关系是：低层为高层服务，高层使用低层的特性。采用这种结构方式的优点是，把整体网络功能分割成若干个部分，对每个部分来说，设计就变得具体且易于实现。某一功能层相对独立，只要与相邻层的接口不变，其内部的变化修改不影响整体软件的变化。这种结构的特点是，功能层次愈高，愈接近应用，下层的协议对上层来说是透明的，网络用户只看到和网络应用相关的操作命令和各种网络服务程序的特性。

一般说来，大多数网络软件都按分层结构进行组织，但层次和每层的名称随网络不同而有所变化。通信的两个机器的相同层的实体叫作同层进程，它们之间的通信所使用的各种约定统称协议，相邻层之间的约定称为接口。实际的通信在对话双方的每一层次上进行，而对话都建立在相同层次上。每次通信信息都发源于最高层（网络服务），且向下流经某些通信基元（各层）进入到实际的物理互连设施，然后又通过一系列的通信基元（各层）到达对方的最高层。对方的最高层将响应信息沿相反的路径返回来。

从上述甲乙两方通信过程看出：

（1）对话建立在同层次上，但实际上甲方和乙方的同层次软件并没有直接进行通信，而是沿着实线所示的路线进行，如图 4-2 所示。甲乙两方同层之间的通信称为虚拟通信，它建立在同层进程的基础上，沿水平方向进行。由于低层进程对高层进程是透明的，每一层都好像有一个"直接发送至对方"和"从对方直接接收"的过程似的。

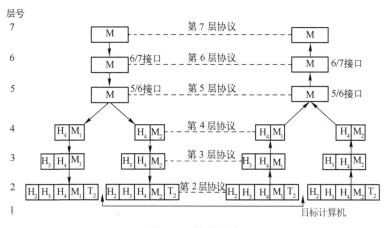

图 4-2 协议层次

（2）实际通信是在相邻层之间进行的，相邻层之间要有明确的规定，这些规定或约定称为接口。划分层次要明确各层的功能，使各相邻层之间传输的信息尽量减少。

举一个抽象的例子进一步说明网络层次结构的通信方法和细节。第 7 层（最高层）是网络和用户的界面，用户或应用程序使用网络，在第 7 层产生了一个报文 M，第 7 层就把这个报文经适当处理后通过 6/7 接口传给第 6 层，第 6 层通过判别、分类、登记等必要的处理后，再通过 5/6 接口传到第 5 层，同理，第 5 层经 4/5 接口传到第 4 层。

现在假定第 4 层必须将进入的报文分割成信息包，并给每个小的单位前面加上一个引头 H4，这个引头一般包括序号、目标地址等控制信息。允许目标计算机的第 4 层能以正确的顺序重新将信息包拼装成报文。因为在多节点多路径情况下，一个目标计算机接收信息包的次序并不一定和发送信息包的顺序完全相同，所以信息包序号可以用来按序拼装报文。第 3 层决定信息包传送路径，在收到的信息包上加上本次的引头 H3 后将其传送到第 2 层。第 2 层和通信链路有关，不仅在信息包上加上自己的引头 H2，而且在信息包数据后面还要附上信息包的结尾 T2，然后将最后合成的单位 H2H3H4M1T2 或 H2H3H4M2T2 递交给物理层即第 1 层。在接收信息包的计算机上，从第 1 层开始，一层一层地把该报文向上传输，并在和发送计算机相同的层次上，剥去该层次的引头，这就不会把第 n 次以下的引头传送到第 n 层。这种按层次传送，发送信息包的计算机为了和同层通信逐次加上引头，而在接收信息包的计算机又把对方同层的引头剥去的方式，称为"洋葱皮"方式。

从通信过程可以引出虚拟通信的概念，两机的同层（例如第 4 层）进程认为它们之间的通信是按"水平"方向进行的，每一方好像有"发送到对方"和"从对方接收"的过程，由于这个过程不是直接而是利用较低层通过 3/4 接口向对方进行通信，所以称为虚拟通信。

4.5.2　网络软件层次设计原则

网络软件按层次进行设计，当要和另一计算机进行通信时，每一层都必须有一个建立连接的机构。由于一个网络有多台计算机，一个计算机有多个进程，因此必须规定每个进程和选中的某个进程进行通信（对话）的方法。在任何一层，都有多种连接，这就需要寻址。当建立连接的两个进程通信完成后，这时两者的连接必须拆除——终止连接，相应的每一层都要有终止连接的机构。计算机网络中所使用的通信线路连接形式、每个站逻辑信道数量都影响连接机构。许多网络对每个连接最少都有两个逻辑信道，一条用于正常数据传送，另一条则用于紧急的数据传送。

传送信息的过程中，差错控制是影响软件的重要问题，要采用和物理链路相适应的校验，而且通信双方必须采用相同的形成校验码的方法。要规定一种特定的方法，接收端用此方法告诉发送端，哪些信息包是错的，哪些已被纠正，哪些是正确的。

网络层向高层提供两种服务中的一种——虚拟线路或数据报文，当按数据报文方式工作时，接收端不能保证按发送端发送信息包的顺序接收信息包。为了在接收端恢复原来的报文，以及使接收端判别原发信息包和重发信息包，制定的协议必须明确地向接收端提供信息包的序号。在每一级都存在收/发两端速度的匹配问题，要使高速的发送端和一个低速的接收端相配合，接收端必须传递反馈信息给对方，告诉接收端当前是否还能再接收信息。

在不同层上，各进程接收信息的长度有一定的限制，对于过长的信息要拆散发送，然后在接收端重新拼装。同样，为了提高效率，可将若干小块的信息合并，和正常信息一样附上引头后发送，接收端将收到的信息再拆开。当每对进程进行的通信都建立专用的连接开销过大时，可以使多对进程共同使用同一个连接。只要最底层的多路复用和多路解调能被看成是透明的，就可由任意一层来使用，对所有连接所用的全部通信量都沿一条或多条物理线路进行传输。当在源节点和目标节点之间有多个可选的通路时，在某些层上必须做出路由选择。

4.5.3　总线通信协议基本模型

通信协议各系统是不同的，但有雷同的基本方法，可分两个基本类："通俗的"与"经典的"。

1. TCP/IP

通俗实用的通信协议，用于信息资源共享（如 Ethernet、Internet），操作简单、方便，信息量大。

（1）IP

1）用路由器（Router）充当"邮政分机局"。

2）电话线、Ether 网是"邮递网"。

3）协议就是信封的格式与邮局的规则。

（2）TCP

1）TCP 把报文分成很多段，每段放入一信封，并编号。

2）把这 TCP 信封放到 IP 信封中去，于是就开始发信。

2. ISO7498 标准的 OSI（Open System Interconnection）

用于信息技术和邮电通信的数据通信标准，采用国际标准化组织（International Standardization Organization，ISO）制定的开放系统互连（OSI）分层模型。其特点为：

1）ISO-OSI 标准是 ISO 的 JTC1 委员会为计算机相互联网而制定的严格的 7 层参考模型，将通信任务划分为 7 层。

2）OSI（Open System Interconnection）是对任何通过共同路径进行通信的处理器网络都适用的。

3）OSI 是总线企业资源计划（Enterprise Resource Planning，ERP）标准模型。

4）其规范是严格而复杂的，也用于自动控制。

国际标准化组织提出的 ISO 7498—1996 网络层次结构的建议，是世界上已出现的各种网络协议走向国际标准化的重要步骤。国际标准化组织把此建议称为开放式系统互联参考模型（Open System Interconnection Reference Model，OSIRM），该模型共有 7 层，要点如下：在需要抽象出不同层次的情况下，应建立一个层次，每一层应完成一个明确定义的功能，每一层功能的选择有助于定义国际性标准化协议；各层间分界的决定要使穿过层次间接口的信息量最少；层次的数目要足够多，以便把明显不同的功能放置在不同的层次中，而层次的数目又不宜过多，以便使制定的网络体系结构不致变得过于庞杂。

广域计算机网络进入体系结构的标准化阶段之后，局部计算机网络才迅速发展起来。局部计算机网络技术部分来源于广域网，也就是说 ISO 的 OSI 7 层参考模型大体上对局部计算机网络是适用的。由于局部计算机网络在许多方面有别于广域网，专门研究和制定局部计算机网络的协议标准就成了一个重要问题，IEEE 802 课题组就是国际上专门从事局部计算机网络标准化的组织，IEEE 802 课题组认为局部计算机网络体系结构和 ISO 的 OSI 相同，但细节上有所差别。目前，已制定了物理层和数据链路层协议以及数据链路层至更高层之间的接口，IEEE 802 课题组所制定的局部计算机网络体系结构和 ISO 的 OSI 之间的对应关系如图 4-3 所示。局部计算机网络体系结构是把 ISO 的 OSI 数据链路层分为两个子层次：逻辑链路控制（LLC）和介质存取控制（MAC）子层次，这样做的目的是可以继续完善和补充新的介质存取方法而不影响较高层的协议。局部计算机网络的层次结构对网络层以上各层的标准还没有定义，由数据链路层直接至最高层，许多局部计算机网络都以 ISO 的 OSI 作为设计的依据。

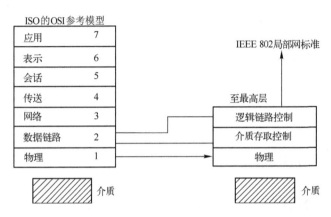

图4-3　局部计算机网络体系结构和 ISO 的 OSI 之间的对应关系

　　结合现场总线的特点和 OSI 模型，我们将现场总线标准化的内容划分为 3 个基本要素：底层协议、上层协议和行规（如图 4-4 所示）。

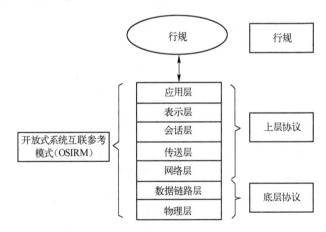

图 4-4　底层协议、上层协议和行规

　　底层协议指 OSI 模型的第 1、2 层；上层协议指 OSI 模型的第 3 ~ 7 层。这两项要素用于完成信息的传递，称为通信协议（Protocol）。行规（Profile）是在 OSI 模型之上另加的，用于完成对信息的解释和使用，是实现可互操作性的关键。

　　根据这些基本要素，可将现场总线标准分为 4 种类型：

　　第 1 种是只有底层协议的总线标准。它适合于简单的位式总线（Bit Bus）。由于它受的约束较少，因此适用面较宽，但它并不保证符合标准的产品之间一定能通信。若要保证通信，还要补充一些附加规定。典型总线是 CAN 总线。

第 2 种是有底层和上层协议的总线标准。这种类型的总线标准最多，实际上大多数总线在上层协议中只用了第 7 层。虽然这种总线的适用范围比第 1 种总线窄一些，但它更容易保证产品之间的通信。典型总线有 LonTalk 等。

第 3 种是具有全部三项要素——底层、上层协议和行规的总线标准。这种总线的应用对象往往很明确，具有较好的可互操作性。典型总线是 FF 总线。

第 4 种是只有行规。这种标准的制定者认为行规与协议是可以分开制定的。一种行规可以被几种不同的通信协议使用。典型标准是国际电工委员会的 IEC61915。

4.5.4 现场总线通信协议模型

工业控制系统用现场总线技术源于 IT 的计算机网络技术，但又不同于 IT 网络。国际电工委员会 IEC TC65/SC65C/WG6 现场总线工作组，认真考虑用户的要求，建立了全新的 IEC61158 现场总线通信协议模型，该模型在 OSI 7 层模型的基础上增加了面向用户的第 8 层用户层。现场总线协议模型如图 4-5 所示。从图 4-5 中可以看出，现场总线模型由物理层、数据链路层、应用层和用户层组成。

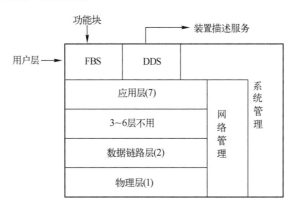

图 4-5 现场总线协议模型

1. 物理层

物理层提供机械、电气、功能和规程性功能，以便在数据链路实体之间建立、维护和拆除物理连接。物理层通过物理连接在数据链路实体之间提供透明的位流传输。用于现场总线的物理层，规定了通信信号的大小和波形，并有基带和宽带两种方式。

物理层定义了所用导线媒体的类型和导线上的信息传送速度。

（1）装置通信速度

1）低速总线（H1）：31.25 kbit/s。

2）调整总线或高速总线（H2）：1 Mbit/s 和 2.5 Mbit/s。

（2）H1 现场总线段上的现场装置数

1）不经由总线导体供电：2~32 装置。

2）经由总线导体供电：2~12 装置。

（3）H2 现场总线段上的现场装置数

对于 1 Mbit/s 电压方式和 2.5 Mbit/s 电压方式，可以连接 127 个现场装置。

（4）能够用于现场总线的导线长度和类型取决于现场总线段的长度

例如，使用屏蔽双绞线：

1）H1—#18AWG 长度为 1 900 m。

2）H2（1 Mbit/s）—#22AWG 长度为 750 m。

3）H2（2.5 Mbit/s）—#22AWG 长度为 500 m。

（5）H1 总线在 31.25 kbit/s 时，典型的响应时间约为 1 ms。

（6）H2 总线在 1 Mbit/s 和 2.5 Mbit/s 时，典型的响应时间约 32 μs。

现场总线的媒体有：双绞线、同轴电缆、光纤和无线传输。用现有的模拟电缆可构成低速星形拓扑，对于新的电缆可构成高速多引线和光纤拓扑。H1 低速总线能够传送供电电源，误码率为工作 20 年差错不大于 1。

2. 数据链路层

数据链路层分为媒体存取控制（MAC）子层和逻辑链路控制（LLC）子层。MAC 子层主要实现对共享总线媒体的"交通"管理，并检测传输线路的异常情况。LLC 子层是在节点间用来对帧的发送、接收信号进行控制，同时检验传输差错。现场总线的实时通信主要由数据链路层提供，所谓实时（Time-critical）就是提供一个"时间窗"，在该时间窗内，需要完成具有某个指定级别所确定的一个或多个动作。为了满足实时性要求，IEC 61158.3 和 IEC 61158.4 数据链路层标准中采用了不同于 IT 的全新的数据链路层服务定义和数据链路层规范。IEC 现场总线媒体存取机构将令牌传送的灵活性和调运存取的实时性相结合，总线存取的控制可以按照用户的需要实现集中或分散方式，数据传输有很高的确定性和优先级，网络的同步时间小于 1 ms，IEC 数据链路层还可以为实体间数据交换提供连接服务和无连接服务。

3. 应用层

应用层直接为用户服务，提供适用于应用、应用管理和系统管理的分布式信息服务。开放系统相互连接的管理包括初始化、维护、终止和记录某些数据所需的功能，这些数据与为在应用进程间传送数据而建立的连接有关。现场总线应用层主要组成部分包括：应用进程、应用进程对象、应用实体和应用服务元素等。应用层主要提供通信功能、特殊功能以及管理控制功能。现场总线访问子层（FAS）提供发布者/接收者、客户/服务器和报告分发 3 种服务，现场总线报文子层（FMS）则提供对象字典服务、变量访问服务和事件服务。

4. 用户层

现场总线用户层具有标准功能块（FB）和装置描述（DD）功能。为了实现过程自动化，现场装置使用功能块，并使用这些功能块完成控制策略。IEC 专门成立了一个工作组 SC65C/WG7 负责制定标准功能块，按规范，AI、AO、DI、DO 和 PID 等共有 32 个功能块。现场总线一个很重要的功能是装置的互操作性，允许用户将不同厂家提供的现场装置连接在同一根现场总线上。为了实现互操作，每个现场总线装置都用装置描述（DD）来描述。DD 可被认为是装置的一个驱动程序，它包括所有必要的参数描述和主站所需的操作步骤。由于 DD 包括描述装置通信所需的所有信息，并且与主站无关，所以可以使现场装置实现真正的互操作性。

由上可见，IEC 61158 工业控制系统用现场总线标准是充分考虑工业自动化系统的特点，融进了近年计算机网络发展的最新技术，并为今后的长远发展创造了条件，具有不同于 IT 技术的崭新框架的通信协议标准。这个标准广泛地应用于工厂自动化、过程自动化和楼宇自动化。

4.6 现场总线控制系统的网络拓扑结构

现场总线控制系统的网络拓扑结构，亦即体系结构。为便于理解，可以比照在集散控制系统中的系统硬件配置或系统硬件组态。如图 4-6 所示，IEC 推荐的现场总线控制系统的拓扑结构，是一种全数字、串行、双向通信协议，用于现场设备，如变送器、控制阀和控制器以及小型 PLC 等的互联。现场总线是存在于过程控制仪表间的一个局域网（LAN），以实现网内过程控制的分散化。

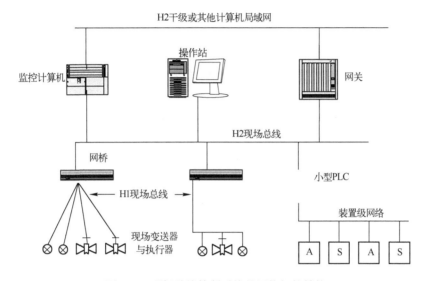

图 4-6 现场总线控制系统的网络拓扑结构

该拓扑结构类似于总线型分层结构，低级层采用低速总线——H1 现场总线；高级层采用高速总线——H2 现场总线。该总线结构较为灵活，图 4-6 中示意了带节点总线型和树形两种结构，实际还可以有其他型式，以及几种结构组合在一起的混合型结构。

1）带节点的总线型结构或称之为带分支的总线型结构。在该结构中，现场总线设备通过一段称为支线的电缆连接到总线段上，支线电缆的长度受物理层对导线媒体定义的限制。该结构适应于设备的物理位置分布比较分散，设备密度较低的场合。

2）树形结构。在该结构中，每一个现场总线段上的设备都是以独立的双绞线连接到网桥（公共的接线盒）上，它适应于现场总线设备局部集中、密度高，以及把现有设备升级到现场总线等应用场合。这种拓扑结构，其支线电缆的长度同样要受物理层对导线媒体定义的限制。

4.7 习题

1. 试给出现场总线的定义。
2. 现场总线控制系统分哪几类？各有什么特点？
3. 为什么说现场总线的核心是总线协议？
4. 现场总线的通信协议与 ISO 的通信协议有什么区别？

第5章　几种典型的现场总线

随着信息技术的飞速发展，引起了工业自动化系统结构的深度变革，信息交换的范围正迅速覆盖从工厂的管理、控制到现场设备的各个层次，并逐步形成了全分布式网络集成自动化系统和以此为基础的企业信息系统。现场总线就是顺应信息技术的发展趋势和工业控制系统的分散化、网络化、智能化要求而发展起来的新技术。现场总线的思想一经产生，各国各大公司都致力于发展自己的现场总线标准，以期望在本土乃至世界范围内占有先机，并拥有较大的市场份额。它的出现和发展已经成为全球工业自动化技术的热点之一，现场总线技术融合PLC、DCS技术构成的全集成自动化系统以及信息网络技术将形成21世纪自动化技术发展的主流。目前现场总线的种类有40多种，本章选取了几种流行的现场总线加以介绍，如CAN总线、LonWorks总线、FF总线、DeviceNet等。

第5章微课视频

5.1　CAN总线

CAN全称Controller Area Network，即控制器局域网。CAN是国际上应用很广泛的一种现场总线。它作为一种串行通信总线，现在已经在汽车工业、航天工业等领域的控制系统中得到广泛的应用，在已出台的十几种现场总线中，是一种很有应用前景的现场总线。

5.1.1　CAN总线概述

CAN是德国Bosch公司在20世纪80年代初为解决现代汽车中众多的控制与测试仪器之间的数据交换而开发的一种串行数据通信协议。1991年9月PHILIP公司制定并颁布了CAN技术规范2.0A/B版本，2.0A版本给出了曾在CAN技术规范版本1.2中定义的CAN报文格式，2.0B版本定义了标准的扩展的两种报文格式；1993年11月国际标准化组织（ISO）正式颁布了关于CAN总线的ISO11898标准，为CAN总线的标准化、规范化应用铺平了道路。世界半导体知名厂商推出了CAN总线产品，如CAN控制器有INTEL公司的82526、82527；PHILIP公司的82C200；NEC公司的72005。含CAN控制器的单片机有INTEL公司的87C196CACB；PHILIP公司的80CE592、80CE598；MOTOROLA公司的68HC05X4、68HC05X16等。

CAN总线的主要特性如下：

1）通信介质可以是双绞线、同轴电缆或光纤，CAN的直接通信距离最远可达10 km（传输速率为5 kbit/s），最高速率可达1 Mbit/s（传输距离为40 m）。

2）用数据块编码方式代替传统的站地址编码方式，用一个11位或29位二进制数组成的标识码来定义211或1129个不同的数据块，让各节点通过滤波的方法分别接收指定标识码的数据，这种编码方式使得系统配置非常灵活。

3）网络上任意一个节点均可以主动地向其他节点发送数据，是一种多主总线，可以方便地构成多机备份系统。

4) 网络上的节点可以定义成不同的优先级，利用接口电路中的"线与"功能，巧妙地实现了无破坏性的基于优先权的仲裁，当两个节点同时向网络发送数据时，优先级低的节点会主动停止数据发送，而优先级高的节点则不受影响地继续传送数据，大大节省了总线冲突裁决时间。

5) 数据帧中的数据字段长度最多为 8 个字节，这样不仅可以满足工控领域中传送控制命令、工作状态和测量数据的一般要求，而且保证了通信的实时性。

6) CAN 的每一个帧中都有 CRC 校验及其他检错措施，降低了数据的错误率。

7) 网络上的节点在错误严重的情况下，具有自动关闭总线的功能，保证了总线上的其他操作不受影响，具有较强的抗干扰能力。

5.1.2 CAN 总线网络结构

CAN 总线是开放系统，但没有严格遵循 ISO 的开放系统互联的 7 层参考模型（OSI），出于对实时性和降低成本等因素的考虑，CAN 总线只采用了其中最关键的两层，即物理层和数据链路层。

物理层的主要内容是规定了通信介质的机械、电气、功能和规程特性。在 CAN 2.0A/B 中对物理层的部分内容做出了规定，而在 ISO 11898 标准中的内容更加具体，但没有指明通信介质的材料，因此用户可以根据需要选择双绞线、同轴电缆或光纤。物理层规定了 CAN 总线的电平为两种状态："隐性"（表示逻辑 1）和"显性"（表示逻辑 0）；而且还规定了通过特定的电路在逻辑上实现"线与"的功能。

数据链路层的主要功能是将要发送的数据进行包装，即加上差错校验位、数据链路协议的控制信息、头尾标记等附加信息组成数据帧，从物理信道上发送出去；在接收到数据帧后，再把附加信息去掉，得到通信数据。在通信过程中，收发双方都要对附加的控制信息进行检查判别，并作相应的处理，从而实现数据传输过程中的流量控制、差错检测，保证数据的无差错传输。CAN 总线的数据链路层包括逻辑链路控制（Logical Link Control，LLC）子层和媒体访问控制（Medium Access Control，MAC）子层。其中 MAC 子层的主要功能是传输规则，它是 CAN 协议的核心，主要包括控制帧的结构、传输时的非归零（None Return to Zero，NRZ）编码方式（检测到连续 5 个数值相同位流后自动插入一个补码位）、执行仲裁、错误检测、出错标定和故障界定，同时还要确定总线是否空闲（出现连续 7 个以上的"隐性"位）或者能否马上接收数据（检测同步信号）。LLC 子层的主要功能是接收滤波（根据数据块的编码地址进行选择性接收）、超载通告和恢复管理。CAN 总线的物理层和数据链路层的功能在 CAN 控制器中完成，如图 5-1 所示。实际应用 CAN 总线时，用户可以根据需要实现应用层的功能。

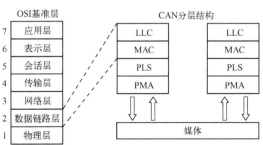

图 5-1 CAN 通信模型

5.1.3 CAN 总线协议

CAN 总线网络传输中就像邮电系统一样，它并不关心每封信的内容，而只注重传输规则。CAN 通信协议规定有 4 种不同的帧格式，即数据帧、远程帧、错误帧和超载帧。其中，数据帧将数据由发送器传至接收器；远程帧由节点发送，以请求发送具有相同标识符的数据帧；出错帧可由任何节点发送，以检测总线错误；超载帧用于提供先前和后续数据帧或远程帧之间的附加延时。

CAN 总线基于下列 5 条基本规则进行通信协调：

1）总线访问：CAN 控制器只能在总线空闲状态期间开始发送。所有 CAN 控制器同步于帧起始的前沿（硬同步）。

2）仲裁：若有两个或更多的 CAN 控制器同时发送，总线访问冲突通过仲裁场发送期间位仲裁处理方法予以解决。

3）编码/解码：帧起始、仲裁场、控制场、数据场和 CRC 序列使用位填充技术进行编码。

4）出错标注：当检测到位错误、填充错误、形式错误或应答错误时，检测出错条件的 CAN 控制器将发送一个出错标志。

5）超载标注：一些 CAN 控制器发送一个或多个超载帧，以延迟下一个数据帧或远程帧的发送。

由于现场总线是双向的，因此能够从中心控制室对现场智能仪表进行标定、调整及运行诊断，甚至可在故障发生前进行预测。远程维护和控制在采用数字通信和现场仪表后也将成为可能。

概括起来说，CAN 总线具有如下特点：

1）可建立 1024 条虚拟链路：CAN 控制器的 ID 号共有 11 位，其中 1 位作为优先级，其余作为数据标识符。其链路可在任意两点之间或一点至任意多个节点之间建立。

2）数据长度有两种格式：小于 8B 的数据可选用单页 Page 格式，大于 8B 的数据可选用数据块 Block 格式。

3）发送时将需要发送的数据填入发送信箱，并在信箱中置发送标志，CAN 驱动程序循环查询此标志，带有发送标志的信箱会自动发送出去。接收时经硬件滤波后，从信中取出信箱号与本节点的接收信箱号逐一比较，相符即把信件放入接收信箱中。

4）数据的优先级根据信箱号而定：信箱号越小，优先级越高，同时还提供为发送紧急数据的优先级。

CAN 总线是一种有效支持分布式控制或实时控制的串行通信网络。CAN 可实现全分布式多机系统，且无主、从机之分，CAN 可以用点对点、一点对多点及全局广播几种方式传送和接收数据，CAN 总线上节点数可达 110 个。

5.1.4 CAN 性能分析

1. CAN 的可靠性

为防止汽车在使用寿命期内由于数据交换错误而对司机造成危险，汽车的安全系统要求数据传输具有较高的安全性。如果数据传输的可靠性足够高，或者残留下来的数据错误足够低的话，这一目标不难实现。从总线系统数据的角度看，可靠性可以理解为，对传输过程产生的数据错误的识别能力。

残余数据错误的概率可以通过对数据传输可靠性的统计测量获得。它描述了传送数据被破坏和这种破坏不能被探测出来的概率。残余数据错误概率必须非常小，使其在系统整个寿命周期内，按平均统计时几乎检测不到。计算残余错误概率要求能够对数据错误进行分类，并且数据传输路径可由一模型描述。

如果要确定 CAN 的残余错误概率，我们可将残留错误的概率作为具有 80~90 位的报文传送时位错误概率的函数，并假定这个系统中有 5~10 个站，并且错误率为 1/1000，那么最大位错误概率为 10^{-13} 数量级。例如，CAN 网络的数据传输率最大为 1 Mbit/s，如果数据传输能力仅使用 50%，那么对于一个工作寿命 4000 小时、平均报文长度为 80 位的系统，所传送的数据总量为 9×10^{10} 个报文。

在系统运行寿命期内，不可检测的传输错误的统计平均小于 10^{-2} 量级。换句话说，一个系统按每年 365 天，每天工作 8 小时，每秒错误率为 0.7 计算，那么按统计平均，每 1000 年才会发生一个不可检测的错误。

2. CAN 的实时性

报文的传输具有延迟，包括帧延迟、软件延迟、处理器延迟和总线访问延迟。理论上帧延迟来自于帧的长度和波特率，对于帧的长度还应当考虑填充位的影响。有人对最常用到的数据帧和远程帧做了分析，比较了标准和扩展两种格式下帧的传输延迟，认为扩展格式对于传输延迟时间的影响是巨大的，超过标准格式的 30%。

传输延迟时间是可变的，一是因为报文的优先级导致每次总线访问时间不同，二是因为由于数据本身的值引起填充位填充的数量不同，导致数据帧长度变化。

在绝大多数应用中，11 位标识符提供的 CAN 对象（CAN Object）数量是足够的，而不必采用扩展格式的 29 位标识符。CAN 对象的数量对于控制器延迟时间的影响超过数据长度。

CAN 的动态行为决定于软件延迟，即 CAN 对象的数量和数据长度，这就是为什么 CAN 应用层的动态行为很大程度上依赖于配置（主/从、类型、数量、协议子集）的原因。要设计一个满足工业应用要求的 CAN 系统是可行的。总线超载仅仅在节点有故障的情况下才可能发生。工业过程常常是周期性的，要求周期性的数据传输。采用最短的过程周期时间可为每个对象保证最大的总线访问时间。对象值变化时 CAN 系统可以传输的比轮询或令牌系统更快。

另外，许多时间至关重要的应用场合都要求毫秒级精度的实时时钟。这在集中控制系统中是很容易利用标准定时装置实现的，然而在利用 CAN 总线连接大量传感器和执行器的分布式系统中就困难得多，因为没有全局的系统节拍（Global System Tick）。这个问题可以通过在保证充分的精度的条件下，同步所有节点的局部时钟来解决。

目前已有人设计和实现了一种 CAN 总线上的时钟同步协议，可以提供精度大约为 20 ms 的全局时基，其协议简单且不受硬件限制，仅仅占用很小的带宽（<20 个报文/s）。如果需要，如在大规模的网络中，可以与诸如 GPS 卫星接收器的外部时钟同步。

5.2 LonWorks 总线

LonWorks 总线是一种基于嵌入式神经元芯片的现场总线技术，具有强劲的实力。它被广泛应用在楼宇自动化、家庭自动化、保安系统、办公设备、运输设备、工程过程控制等领域，低成本和高性能是它的最大优势。

5.2.1 LonWorks 概述

LonWorks 总线技术是美国 Echelon 公司 1991 年推出的局部操作网络（Local Operating Network，LON），它的主要特色是将通信协议嵌入到一个芯片内，用户采用该芯片及相关的配件就可设计出自己需要的各种应用节点，再利用各节点与路由器/中继器等组成 LonWorks 网络。最初它主要用于楼宇自动化，但很快发展到工业现场网。LonWorks 技术为设计和实现可互操作的控制网络提供了一套完整、开放、成品化的解决途径。

作为通用总线（Universal Bus），LonWorks 提供了完整的端到端的控制系统解决方案，可同时应用在装置级、设备级、工厂级等任何一层总线中，并提供实现开放性互操作控制系统所需的所有组件，使控制网络可以方便地与现有的数据网络实现无缝集成。

LonWorks 技术的核心是具备通信和控制功能的 Neuron 芯片，Neuron 芯片是高性能、低成本的专用神经元芯片，能实现完整的 LonTalk 通信协议。LonWorks 技术提供了 ISO/OSI 的全部 7 层服务，并固化于 Neuron 芯片。物理层支持双绞线、电力线、无线、光纤等各种介质，且多种介质、多种通信速率可以在同一网络中混合使用、无缝传输，即对于上层协议及管理软件来说，完全是一个单一的网络。

在控制系统中引入 LonWorks 网络控制技术，可以方便地实现分布式的网络控制系统。并使得系统更高效、更灵活、更易于维护和扩展。与当前已有的几种现场总线技术相比，LON 有其突出的特点，使其成为实际上的现场总线推荐标准，它具有以下特点：

（1）开放性和互操作性

网络协议开放，而且对任何用户都是平等的。LonTalk 通信协议符合国际标准化组织（ISO）定义的开放互连（OSI）模型。任何制造商的产品都可以实现互操作。该技术提供的 MIP（微处理器接口程序）软件允许开发各种低成本网关，方便了不同系统的互连，也使得系统具有高的可靠性。

（2）通信介质

LonTalk 通信协议支持的介质包括双绞线、电力线、无线、红外线、同轴电缆和光纤，并支持以不同通信介质分段的网络。这为网络系统互连提供了很大的灵活性。对信息传输系统有最好的适应性，使得不同工业现场的不同设备实现互联，增强了网络的兼容性，同时也可给安装和维护带来很多方便，并可使工程成本和施工周期大大降低。

（3）网络结构

能够使用所有现有的网络结构，如主从式、对等式以及客户/服务式；网络拓扑有星形、总线型、环形以及自由形。

（4）应用高级语言进行开发，开发周期短，易于商品化。

LonWorks 技术提供了一套强有力的开发工具平台：Lon Builder 与 Node Builder，它不仅提供了网络开发的基本工具，并提供了网络协议分析工具。这个工具可以分析与测控网络通信上的节点间的通信包、网络变量的通信状况，包括通信信号的分析、测量数据包的误码率等。

（5）支持完全分布式的网络系统

由于 LonWorks 的智能节点具有通信联网的能力，而 LonTalk 支持自由拓扑结构，构建网络时只需将节点以任意形式连接。节点具备控制和数据处理能力，所以各节点的地位是完全对等的关系，网络上传输的信息是共享的。对信息的访问权限由节点的通信协议软件配合网络管理软件实现。

（6）提供与上层决策系统的互联接口。

LonWorks 技术充分利用互联网的基础结构，将一个局部的现场设备控制网络变成是一个广域或局域的信息技术应用的一部分。它提供一个端到端的应用方案，控制网络通过各种互联网的连接设备，将控制网的信息通过互联网接入某个数据中心的企业数据库。通过 LNS 控制网操作系统建立上层的企业解决方案，同时与信息技术的应用相结合，比如，与 ERP 和 CRM 等应用相结合。正因为有了这样一个基础架构，一些服务供应商便可利用这一平台向最终用户提供增值服务。

除了上述特点之外，LonWorks 控制网络在功能上就具备了网络的基本功能，它本身就是一个局域网，和 LAN 具有很好的互补性，又可方便地实现互连，易于实现更加强大的功能。

5.2.2　LonWorks 总线通信控制器机器接口——神经元芯片

各种类型的 Neuron 芯片都包含一个具有网络通信能力的微控制器内核的基本部分，对于较为简单的任务，只需附加少量的外围电路即可作为独立的微控制器使用（见图 5-2）。这些设备还可以各种灵活的方式加以扩展，以适宜复杂的应用。

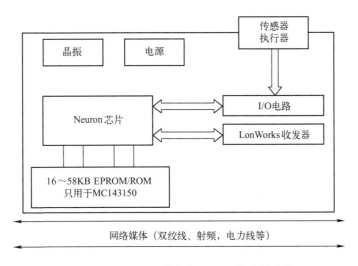

图 5-2　LonWorks 节点中 Neuron 芯片的功能

现有的芯片来自 Motorola、Toshiba 和 Cypress 半导体公司，可以分为两种基本的类型：一种是 3120 芯片，一种是 3150 芯片。3120 芯片是为小型、低成本应用而设计的，其所有的功能块被集成到一个 SO-32 的封装中（见表 5-1）。有一个含有固件的 10 KB 内部 ROM。用户软件放置在一个 512 B 的 E²PROM 中，因而只能放一个大约 2 页打印纸的 C 程序。但是，一个典型的应用可以使用很多固件服务。所以机器代码与操作系统调用高度共享并具有相当广泛的功能。另外 LonTalk 协议的配置数据和用户参数（如果需要的话）也存储在 E²PROM中，即使电源出现故障也能保证数据的安全。出于这一目的，E²PROM 一部分是被保留的，余下的部分对用户应用程序开放。要设计一个可互操作的网络节点，512B 肯定不够，所以现在大多数的节点使用带有 2KB E²PROM 的 3120 版本的 Neuron 芯片（3120E2）。

表 5-1　Neuron 芯片族的各种类型存储器

特　征	3150	3120	3120E2
RAM/B	2048	1024	2048
ROM/B	—	10240	10240
E²PROM/B	512	512	2048
可用的 E²PROM/B	413	418/255	1949
外部存储器接口	Yes	No	No
封装	PQFP	SOG	SOG
引脚	64	32	32

对于简单的应用来说，3120 已包含了所有必需的部件。只需为它提供一个晶体或陶瓷振荡器，以及一个应用所需的特定的输入/输出电路和电源即可。如果把该芯片作为一个 LonTalk 的网络成员使用，则还需要一个收发器来把 Neuron 芯片连接到网络。

而 3150 芯片则是为更复杂的应用而设计的。它大部分与 3120 相同，只是采用 PQFP64 的封装形式，并提供一个带有 8 位数据总线和一个 16 位地址总线的外部存储器总线接口。处理器可以访问 58 KB，余下的 6 KB 作为内部资源使用。58 KB 存储器中的 16 KB 保留作固件使用，通常以外部 EPROM 或者 FLASH 存储器的形式提供。余下的 42 KB 可用于用户应用程序。外部总线可以连接不同类型的存储器（RAM、ROM、EPROM、FLASH）或按 256 B 的增量分段的其他存储映射设备。它们的区别在于 3150 系列可以扩展外部存储空间（有地址线 A0 ~ A15），而 3120 系列则只有片内固定的内存空间（无地址线）。由于 3150 系列为用户留下了更为广阔的创造空间，能够满足用户写入更周全和复杂的控制程序，具有更广泛的用户群。

Neuron 芯片是 LonWorks 技术的核心，内部结构如图 5-3 所示，其引脚见表 5-2。它的一个显著特点是：既能管理通信，同时又具有输入/输出和控制功能。芯片内部有 3 个 8 位的微处理器：MAC processor（媒体访问控制处理器）、NETWORK processor（网络处理器）和 APPLICATION processor（应用处理器）。如图 5-4 所示，CPU1 是介质访问控制处理器，处理 LonTalk 协议的第 1 和第 2 层，包括驱动通信子系统硬件和执行 MAC 算法。CPU1 和 CPU2 用共享存储区中的网络缓存区进行通信，正确地对网上报文进行编解码。CPU2 是网络处理器，它实现 LonTalk 协议的第 3 ~ 6 层，包括处理网络变量、寻址、事务处理、权限认证、背景诊断、软件计时器、网络管理和路由等。同时还控制网络通信端口，物理地发送和接收数据包。该处理器用共享存储区中的网络缓存区与 CPU1 通信，用应用缓存区与

CPU3 通信。CPU3 是应用处理器，它执行用户编写的代码以及用户调用的操作系统命令。

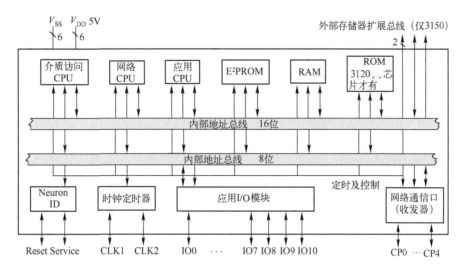

图 5-3　Neuron 芯片内部结构

表 5-2　引脚描述

引　脚　号	I/O	功　　能
CLK1	输入	连接振荡器或外部时钟输入
CLK2	输出	连接振荡器。当外部时钟接入 CLK1 时，浮空
Reset	I/O（上拉）	复位引脚（低电平激活）
Service	I/O（上拉）	服务引脚。在操作期间的指示器
IO0 ~ IO3	I/O	通用 I/O 端口（20 mA 电流吸收能力）
IO4 ~ IO7	I/O（上拉）	通用 I/O 端口。（I/O 作输出时，IO ~ IO7 中的任一个可指定为第 1 定时器/计数器的输入。用 IO 作输出时，I/O 可作为第 2 定时器/计数器的输入使用。）
IO8 ~ IO10	I/O	用 I/O 口（用作串行通信）
D0 ~ D7	I/O	数据总线
R/W	输出	外部存储器读/写控制端口
/E	输出	外部存储器控制输出端口
A15 ~ A0	输出	地址总线
V_{DD}	输入	电源输入（5 V，正常工作时）。所有的 V_{DD} 引脚必须从外部连接在一起
V_{SS}	输出	电源输出（0 V，接地）。所有的 V_{SS} 引脚必须从外部连接在一起
CP0 ~ CP4	网络	半双工通信端口
NC		不连接。悬空

　　Neuron 芯片拥有一个多功能的通信端口，它有 5 个引脚可以配置与多种传输媒介接口（网络收发器）相连接，且可实现较宽范围的传输速率。它有 3 种工作方式，分别是单端、

差分及专用工作方式。表5-3是与每种工作方式对应的引脚定义。

表5-3 通信端口引脚定义

引　　脚	单端工作方式	差分工作方式	专用工作方式
CP0	数据入	+ 数据入	RX 入
CP1	数据出	– 数据入	TX 出
CP2	发送使能	+ 数据入	比特钟输出
CP3	休眠输出，低有效	– 数据出	~ 休眠出或唤醒输入
CP4	冲突检测输入，低有效	~ 冲突检测输入	帧时钟输出

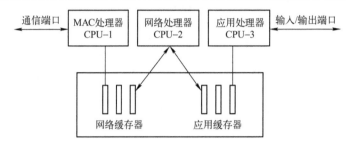

图5-4　3个8位的微处理器的关系

对单端、差分工作方式使用差分曼彻斯特编码，差分曼彻斯特编码所提供的数据格式使得数据可在多种媒介中传送。此外，差分曼彻斯特编码对信号的极性不敏感，所以通信链路中的极性变化不会影响数据的接收。单端工作方式是最常用的工作方式，用于实现收发器与多种传输媒介的连接，例如构成自由拓扑结构的双绞线、射频、红外、光纤以及同轴电缆网络。

5.2.3 LonTalk 协议

LonWorks 技术所使用的通信协议称为 LonTalk 协议。Neuron 芯片上的所有 3 个 CPU 共同执行一个完整的 7 层网络协议，该协议遵循 ISO 的 OSI 标准，称为通用控制网络。网上任一节点使用该协议都可与同一网上的其他节点互相通信。表5-4列出的是对应 7 层 OSI 参考模型的 LonTalk 协议为每层提供的服务。

表5-4 LonTalk 协议

OSI 层	目　的	提供的服务	CPU
7 应用层	应用兼容性	LNMARRS 对象（objects），配置特性，标准网络变量类型（SNVT），文件传输	应用 CPU
6 表示层	数据翻译	网络变量，应用消息，外来帧传送，网络接口	网络 CPU
5 会话层	远程操作	请求/响应，鉴别，网络服务	网络 CPU
4 传输层	端对端通信可靠性	应答消息，非应答消息，对重检查，通用排序	网络 CPU
3 网络层	寻址	点对点寻址，多点之间广播式寻址，路由信息	网络 CPU
2 链路层	介质访问及组帧	组帧，数据，编码，CRC 错误检查，可预测 CSMA，冲突避免，优先级，冲突检测	MAC CPU
1 物理层	物理链接	特定传输媒介的接口，调制方案，收发种类	MAC CPU

Neuron 芯片的 LonTalk 协议处理与传输媒介相对独立，网络可以采用多种传输媒介，如双绞线（使用差分曼彻斯特编码）、电力线（使用扩频）、无线电波（使用频移键控 FSK）、红外线、同轴电缆以及光缆等。协议还支持网络分段，并且网络各段可使用不同的传输媒介。LON 可以由一个或多个通道组成，为确保数据在两个通道之间传送，路由器用来连接不同的两个通道，它有两个对应通道传输媒介的收发器。LonTalk 协议支持路由器以便构成多种传输媒介的网络。

1. LonTalk 协议的大网络管理

在 LON 上，每个节点都有自己的网络地址。当网络规模扩大时，网络地址也增加，整个网络就比较难以管理，所以 LonTalk 协议定义了一种分层编址方式。这种方式使用域（Domain）、子网（Subnet）、节点（Node）地址，为了进一步简化多个分散节点的编址，还定义了另一级地址，这就是组地址。

网络地址可以有 3 层结构：域、子网、节点，如图 5-5 所示。

第 1 层域是一个或多个通道上的节点的逻辑集合，只有在同一个域里的节点才能互相通信。也就是说，在同一个通道上的节点可以完全通过赋予不同的域名而执行不同的网络应用，实现不同的网络应用之间完全独立、互不干扰地运行。某个节点可同时分属于一个或两个域，作为两个域的节点可用做两个域之间的网关（Gateway）。LonTalk 协议不支持两个域之间的通信，但借助网关的程序设计可以实现两个域之间的数据传送。

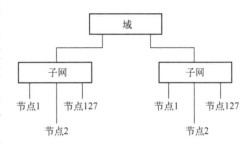

图 5-5　分层编址示意图

第 2 层子网是域中节点的逻辑集合，每个域最多有 255 个子网，每个子网的节点数最多为 127 个。子网中的所有节点必须是在同一个区段上，子网不能跨越智能路由器。如果一个节点分属于两个域，那么它必须在同一个子网中。

第 3 层的结构是节点。子网中的每个节点都被赋予一个唯一的节点数，该数是 7 位的二进制数，这样每个子网最多可配置的节点数是 127 个。

组是一个域中的节点的逻辑集合。作为一个组的节点无须考虑它在域中所处的物理位置，一个域中最多可指定 256 个组。单独的一个节点可同属于多个组（最多 15 个组）。组编址的好处是降低随同消息发送的地址信息的字节数，同时也使同一组中的多个节点可同时接收网上发出的单个消息。节点的组不仅可跨越同一个域中的多个子网，而且可跨越多个通道。通过上面的三层结构把一个复杂的大网络分解，简化了整个网络的管理，便于网络的扩展。

2. LonTalk 协议的消息服务类型

针对可靠性及有效性，LonTalk 协议提供以下 4 种消息服务类型：

（1）应答服务

应答（ACKD）服务也被称为端对端的应答服务，它是最可靠的服务类型。当一消息发送到一个节点或一组节点时，发送节点将等待所有应收到该消息的节点发回应答。如果发送节点在预定的某个时间内未收到所有应收应答，则发送节点时间溢出，并重发该消息。重发消息的次数以及时间溢出值可选择设定。应答由网络处理器产生，应用处理器不必过问。

（2）请求/响应服务

请求/响应（REQUEST）服务也是最可靠的服务类型。当一请求消息发送到一个节点或一组节点时，发送节点等待所有收到该消息的节点发回响应。同样，它也有时间溢出值以及重发次数可选择设定。响应可包括数据，所以这种服务类型特别适合远程过程调用或客户/服务器（Client/Server）应用。

（3）重发服务

重发（UNACKD_RPT）服务也被称为非应答重发服务，它的可靠性较应答服务低。某个消息被多次发往一个节点或一组节点，无应答或响应。当对大的节点组广播时，为避免产生过多响应造成网络过载，通常采用该服务类型。

（4）非应答服务

非应答（UNACKD）服务可靠性最差。某个消息一次性发往一个或一组节点，无应答或响应。当需要极高的传送速率或大量的数据要发送时，通常采用这种服务类型。不过，采用该服务类型应用程序无法知道发出的消息是否丢失，又无重发机制，所以它的可靠性是最低的。

3. LonTalk 介质访问控制 MAC 的特点

LonTalk 协议的 MAC 子层协议采用的是可预测的 P—坚持 CSMA 算法，它是一种独特的冲突避免算法，它使得网络在过载的情况下，仍可以达到最大的通信量，而不至于发生因冲突过多致使网络吞吐量急剧下降的现象，这有别于传统的 CSMA（载波监听多路访问）算法。

CSMA 按占用信道的方式分为 3 种：非坚持 CSMA、1—坚持 CSMA、P—坚持 CSMA。非坚持 CSMA 要求一个节点在发送报文之前，必须先侦听信道，当信道空闲时，立即发送报文，否则，随机等待一段时间后继续侦听。1—坚持 CSMA 要求一个节点在发送报文之前，先侦听信道，若信道空闲，立即发送报文，否则，继续侦听，直到出现信道空闲。P—坚持 CSMA 是当节点侦听到信道空闲时，以给定的概率 P 在一个随机分配的时隙发送报文，而以概率 $Q = (1 - P)$ 把发送推迟到下一时间槽，重新监听信道。每一帧的发送总是在时隙开始的那一瞬间启动，时隙数目 $R = 1/P$。

比较以上 3 种 CSMA 算法可知，非坚持 CSMA 算法传输介质的利用率很低，1—坚持 CSMA 算法网络冲突概率高，P—坚持 CSMA 算法在这两方面的指标介于两种算法之间，它试图降低 1—坚持 CSMA 算法的冲突率，提高非坚持 CSMA 算法的传输媒介利用率。但是传输媒介的利用率仍不是很高，因为即使几个站有数据要发送，传输媒介仍然有可能处于空闲状态（因 P 不等于 1），问题的关键在于如何有效地选择 P 值，要达到目的就是尽量避免在重负载下系统处于不稳定状态。对 P—坚持 CSMA，因为 P 是给定的，所以很难兼顾既要减少冲突又要减少媒介访问延时。为此，设计一种网络使该网络的 P 值能根据网络的负载的情况自适应地调整，即网络在轻载的情况下，P 值较大以减小媒介的访问延时，在重载的情况下，P 值较小以降低网络冲突的可能性，避免网络拥塞现象，MAC 子层采用可预测 P—CSMA 来解决这个问题。

LON 的节点发送消息包的时间序列是：在数据传送完毕后，插入两个重要的时隙划分：优先级时隙和随机时隙。当网络空闲时，网上所有节点的发送时间均被随机地分配在 16 个随机时隙上，媒介访问的平均延时为 8 个时隙，这等同于 P 值等于 0.0625（1/16）的 P—坚持

CSMA。当估计网络的负载增加时，节点会重新计算随机时隙的数目，具体表现是增加发送时隙数，节点将随机地分配在数目多的时隙上，因时隙数 $R = 1/P$，R 增加，P 值降低，从而降低发生冲突的概率。由此可见，由于实现了随机时隙数目的动态调整，从而实现了概率 P 值的动态调整。

P 值的动态调整取决于随机时隙数的动态调整，而随机时隙数的调整取决于节点对网络负载的预测。某一时刻的网络负载就是该时刻网上将发送消息包的数目 D。随机时隙的数目

$$R = 16 \times D = 16 \sim 1008$$

式中，D 的取值范围是 $1 \sim 63$。所以预测某一时刻网络负载就是预测某一时刻 D 的值。这就是说，网上每个节点在启动发送数据之前，先预测 D 的值以调整随机时隙数，然后在某一随机分配的时隙以概率 $P = 1/(D \times 16)$ 发送消息包。

节点如何实现对 D 值的预测？某个要发送消息的节点在它发送的消息包中插入将要回送该消息的应答的接收节点的数目，也就是发送消息包将产生的应答数消息，所有收到该消息包的节点的 D 值通过加上该应答数获得新的 D 值，从而使随机时隙的数目得以更新。若该节点有数据要发送，它将以新的概率值 P 在随机分配的时隙发送。每个节点在消息包发送结束，它的 D 值自动减1。由此实现了每个节点都能动态地预测在某一时间的 D 值。

由预测 D 值的过程可见，必须使用应答服务才能获得消息发出后产生的应答数。由于 LonTalk 的大部分报文默认的是应答服务，所以预测 D 值的能力还是比较高的。可预测 P—坚持 CSMA 只能降低冲突至最小，并不能消灭冲突。实际应用中也常有许多消息不需要或者不适合采用应答服务。如果所有的消息都不使用应答服务，该协议即是无可预测的，等同于 $P = 1/16 = 0.0625$ 的 P—坚持 CSMA。

5.2.4　Neuron C 语言

Neuron C 是专门为 Neuron 芯片设计的编程语言。它是从 ANSI C 中派生出来的，并对 ANSI C 进行了增删。对 ANSI C 的扩展直接支持 Neuron 芯片的固件，使之成为开发 Lon-Works 应用的强有力工具。

它的一些主要功能如下：

1）一个新的对象类——网络变量（Network Variables，NV），它简化了节点间的数据共享。

2）一个新的语句类型——when 语句，它引入了事件（Events）并定义了这些事件的当前时间顺序。

3）I/O 操作的显式控制，通过 I/O 对象（Objects）的说明，使 Neuron 芯片的多功能 I/O得以实现。

4）支持显式报文通过，用于为以直接访问为基础的 LonTalk 协议服务。

Neuron C 为分布式的 LonWorks 环境提供了特定的对象集合，及访问这些对象的内部（build_in）函数，允许程序员生成高效的分布式 LonWorks 应用的代码。

（1）I/O 对象

Neuron C 语言利用 34 个预编程的 I/O 对象来实现有效的测量、计时和控制应用的不同操作模式。通过将 Neuron 芯片的 11 个 I/O 引脚（IO0 ~ IO10）定义为不同的 I/O 对象，可以提供 Neuron 芯片灵活支持不同的输入输出设备的能力。在一个程序中，一个或多个 I/O

管脚可以被定义成不同的 I/O 对象，程序自动完成相应的输入输出操作。

（2）网络变量

LonWorks 网络中的节点是通过网络变量（Network Variable，NV）来相互联系的，完成通信功能。不同节点中具有相同数据类型的网络变量通过捆绑（Binding）方式，可以实现节点间"自动"的信息传递。当一个网络变量在一个节点的应用程序中被赋值后，这个值就会"自动"发送到这个网络中其他被赋值为接收这一数据的节点中。一个节点通过一个在该节点被定义为输出的网络变量，和与其具有同一类型的被定义为输入的网络变量的其他所有节点，进行潜在的隐式报文通信。

为了提高互操作性，LonTalk 协议引入了标准网络变量 SNVTs（Standard Network Variable Types）的概念。SNVT 是一组与度量单位（如摄氏温度℃、电压 V、长度 m）有关的预定义的类型集，被定义为同一种 SNVT 的变量具有相同的数据结构，可以直接交换信息。LonTalk 协议可支持多达 255 种 SNVT。

（3）任务调度

为了提高系统的实时性，Neuron C 语言引入了一个内部多任务调度程序。抛弃了 ANSI C 中程序顺序执行的方式，而以事件驱动的方式调度程序的执行。任务调度程序允许程序员以自然的方式，来表达逻辑上并行的事件驱动的任务，同时控制这些任务的优先级。调度程序响应在应用程序 when 语句中说明的事件或条件，执行用户定义的任务。

（4）预定义事件

Neuron C 中预先定义了一些事件（Events）用来描述系统或对象的行为。事件可分为以下 5 类：

1）系统事件，如 Reset、Online 等。

2）输入/输出事件，如 io_out_ready、io_changes 等。

3）报文和网络变量事件，如 mag_arrives、nv_update_occurs 等。

4）定时器事件，如 timer_expires 等。

5）用户说明事件：用户说明的表达式，用于判断为真还是为假。

（5）显式报文

对于很多应用场合，网络变量允许最大限度的紧缩和最简单的实现。然而如果需要发送的数据大于 31 个字节，或使用了请求/响应服务，或者网络变量模式不适合，就应该使用显式报文发送数据。应用程序可以构造最大可达 228 个字节的报文。由称作报文标识的隐含地址访问其他节点或节点组，也可以用子网/节点、组、广播通信或唯一的 ID 号，显式地访问其他节点。报文发送有 4 种服务：ACKD、UNACKD、UNACKD—RPT、REQUEST。

（6）Run-time 运行库

Neuron C 语言中扩展了一个 Run-time 函数库，调用它可以实现事件检查、I/O 活动的管理、通过网络接收和发送报文，以及控制 Neuron 芯片的各种功能。

增加的库函数共分为 3 类：杂函数，执行控制或网络管理控制，如 delay、access-address；实函数，如 bin2bcd；输入/输出函数，如 io_out。

5.2.5 LNS

LNS（LonWork Network Service）是 Echelon 公司开发出来的 LON 操作系统。它提供了

一个强大的 Client/Server（客户/服务器）网络框架。使用 LNS 所提供的服务，可以保证从不同网络服务器上提供的网络管理工具可以一起执行网络安装、网络维护、网络监测，而众多的客户则可以同时申请这些服务器所提供的网络功能。

LNS 包括 3 类设备：路由器设备（包括重复器、网桥、路由器和网关）、应用节点、系统级设备（网络管理工具、系统分析、SCADA 站和人机界面）。

LNS 提供压缩的、面向对象的编程模式，它将网络变成一个层次化的对象，通过对象的属性、事件和方法对网络进行访问。LNS 构架主要包括 4 个主要的组件：网络服务服务器（Network Services Server, NSS）、网络服务接口器（Network Services Interface, NSI）、LCA 对象服务器（LCA Object Server）和 LCA 数据服务器（LCA Data Server），如图 5-6 所示。

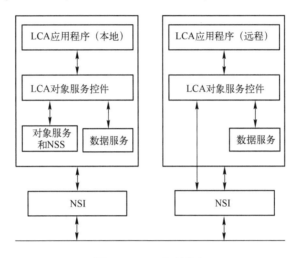

图 5-6　LNS 组件构架

5.2.6　网络管理

在 LonWorks 网络中，需要一个网络管理工具，用于网络的安装、维护和监控。Echelon 公司提供了 LonMaker for Windows 软件用于实现这些功能，其他公司也有类似产品来实现这些功能。LonMaker for Windows 是基于 Visio 开发的，网络配置图是以 Visio 图的形式画出的，各种对象都做了相应的定义，网络变量的连接关系表现为连线。

在节点建成以后，需经过分配逻辑地址、配置节点的属性、进行网络变量和显式报文的绑定后，网络方可运行。网络安装可通过 Service Pin 按钮或手动输入 Neuron 芯片的物理 ID 来为节点注册。LonMaker 会为每一个节点分配一个逻辑地址，并配置相应属性，以及网络变量和显式报文的绑定信息。节点的安装可在在线或离线的情况下进行。在线的情况下，节点配置信息即时的通过网络写入节点。离线的情况下，节点配置信息只写入数据库，网络配置图的每次更新只更新数据库，而在网络在线后一次写入节点。

网络运行后，还需要进行维护。维护包括：系统正常运行情况下的增加删除设备，以及改变网络变量的连接关系，故障状态下对错误设备的检测和替换的过程。网络监控用于监控网络上节点的网络变量和显式报文的变化。LonMaker 可以实现网络的监控功能。另外，Echelon 公司还通过 LNS DDE 以及 LNS 开发工具软件包用于开发用户专用的人机界面。

总体来说，LON 局部网络技术的控制系统具有如下几方面的特点：

1）系统具有无中心控制的真正分布式控制节点模式，使控制节点尽量靠近被控设备。

2）开放式系统结构，具有良好的互操作性。

3）系统组态灵活，重新构造或修改配置很容易，增加或减少控制节点不必改变网络的物理结构。

4）控制节点间可通过多种通信媒体连接，组网简单，成本大大降低。

5）系统整体可靠性高，控制节点故障只影响与其相连的设备，不会造成系统或子系统瘫痪。

6）网络通信协议已固化在控制节点内部，节点编程简单，应用开发周期大大缩短。

7）系统总体成本降低，升级改造费用低。

LonWorks 技术诞生后，相应基于 LonWorks 技术的产品应运而生，并已广泛应用于自控系统中。LonWorks 控制网络提供了完整的端到端的解决方案，已被广泛用于航空航天、建筑物自动化、能源管理、工厂自动化、医药卫生、军事、电话通信、运输设备等领域，成为互操作网络事实上的国际标准。我国目前在智能大厦和电力工业中已经有所应用，随着业内人士的更多了解，相信会有更为广阔的应用前景。

5.3 FF

基金会现场总线（Foundation Fieldbus，FF）系统是为了适应自动化系统，特别是过程自动化系统在功能、环境与技术上的需要而专门设计的。这种现场总线的标准是由现场总线基金会组织开发的。它得到了世界上一些主要自动控制设备制造商的广泛支持，在北美、亚太与欧洲等地区具有较强的影响力，现场总线基金会的目标是致力于开发统一标准的现场总线，已经在 1996 年颁布的低速总线 H1 标准，使 H1 低速总线步入了实用阶段。同时，高速总线的标准——高速以太网（High Speed Ethernet，HSE）也于 2000 年制定出来，其产品也正不断出现。

5.3.1 FF 的概述

1. FF 的发展背景

1）FF 总线的前身是 ISP（互可操作系统协议）和 WordFIP（世界工厂仪表协议）标准，ISP 协议是以美国 Fisher-Rousemount 公司为首，联合 Foxboro、横河、ABB、西门子等 80 家公司制订的；WordFIP 是以 Honeywell 公司为首，联合欧洲等地的 150 家公司制订的。迫于用户压力和市场需求，1994 年 9 月两大集团合并，成立了现场总线基金会。现场总线基金会致力于开发出国际上统一的现场总线协议。

2）它以 ISO/OSI 开放系统互连模型为基础，取其物理层、数据链路层、应用层为 FF 通信模型的相应层次，并在应用层上增加了用户层。

3）FF 总线的低速部分 FF-H1 是参考了 ISO/OSI 参考模型，并在此基础上根据过程自动化系统的特点进行演变而得到的。除了实现现场总线信号的数字通信外，FF－H1 具有适用于过程自动化的一些特点：支持总线供电、支持本质安全、采用令牌总线访问机制等。

4）FF 高速部分原定义为 FF-H2，其通信速率分别为 1 Mbit/s 和 2.5 Mbit/s 两种，但在发展过程中逐步被以太网 HSE 取代。

5）基于以太网的高速部分 HSE 充分利用低成本和商业可用的以太网技术，并以 100 Mbit/s 到 1 Gbit/s 或更高的速度运行。HSE 支持所有的 FF 总线低速部分 31.25 kbit/s 的功能，并支持 H1 设备与基于以太网的设备通过链接设备接口。

2. FF 的主要特点

基金会现场总线是一种全数字、串行、双向的通信自动化系统。作为一种通信系统，它具有开放型数字通信功能，可与各种通信网络互联；作为自动化系统，它区别于传统自动化系统，其各台自动化设备作为总线节点安装于生产现场，并通过现场总线构成全分布式网络自动化系统。

FF 的系统是开放的，可以由来自不同制造商的设备组成。只要这些制造商所设计与开发的设备遵循基金会现场总线的协议规范，并且在产品开发期间，通过一致性测试，确保产品与协议规范的一致性。这样当把不同制造商的产品连接到同一个网络系统时，作为网络节点的各个设备之间就可以互操作，还可以允许不同厂商生产的相同功能设备之间相互替换，它的连接如图 5-7 所示。

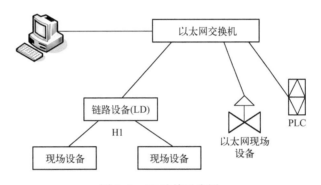

图 5-7 FF 连接示意图

主要特性有：

1）为适应过程自动化系统在功能、环境与技术上的需要而设计。

2）能适应总线供电的要求，利用总线为现场设备提供工作电源。

3）能适应本质安全防爆的要求。

4）为 IEC 国际现场总线标准子集。

3. FF 的应用前景

基金会现场总线是在过程自动化领域得到广泛支持和具有良好发展前景的一种技术。同时，基金会现场总线标准是现场总线基金会组织开发的，它综合了通信技术和分散控制系统 DCS 技术。基金会现场总线这一开放、可互操作的技术已经成为全球范围内领先的数字化控制系统解决方案。近年来，越来越多的最终用户采纳了基金会现场总线技术。该技术已广泛应用在石油、天然气、石油化工、化工食品、制药、电力、水处理、钢铁矿山、造纸、水泥等行业有着广泛应用，其中石化领域目前是 FF 总线最主要的应用领域。

基金会现场总线在大、中、小系统中都有应用，但大部分的应用在中、小系统中。在过程控制领域，FF 已成为公认的第一流技术。从全球范围内看，FF 现场总线技术的应用量一直在增长，亚太地区的应用也日趋活跃，尤其是中国，已成为主要 FF 总线技术应用项目的关键市场。现场总线具有很强的性能优势，它能节约支出并改善运行条件等。为此国内一些旧的系统被先进的基于现场总线控制平台的自动化系统所取代。目前中国已有上百个 FF 总线应用项目，广泛应用在石油、冶金、天然气、食品和饮料以及生物制药等诸多行业。

5.3.2 通信系统的组成及其相互关系

每一个具有通信能力的现场总线的物理设备都具有通信模型。图5-8 从物理设备构成的角度表明了通信模型的主要组成部分及其相互关系。

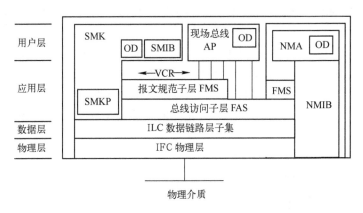

图5-8 通信模型的主要组成部分及其相互关系

1. 功能块应用过程

自动制造和过程控制系统执行各种功能，因为每个系统是不同的，功能的混合和组态也是不同的。因此，FF 系统结构设计了支持功能性模型的范围，每一种定位一个不同的需要。

在结构已经规定的模型中，功能块模型支持制造和过程控制系统的低层次功能。功能块模型化了基本现场设备功能，例如模拟输入（AI）功能和比例积分微分（PID）功能。

功能块模型提供了一个共同的结构。用来定义功能块的输入、输出、计算和控制参数，以及把它们连接成可以在一个设备中实现的应用过程。这种结构简化了功能块的接口，使得各个功能块的接口具有一致性和标准化。

在功能块的标准化过程中，现场总线基金会已经进行了第1步。定义了一个小的参数集，其中的参数适用于所有的功能块，这些参数被称为"通用参数"。标准的第2个层次也已经产生，它定义了一个功能块类的标准集，例如输入、输出、控制和计算块。每个类都具有一个为它标准化的参数集。标准的第3层提供在标准的功能块中共同使用的传输块的定义，例如包括温度、压力、电平和流量传输块。标准的第4层提供分类方案的定义，允许零售商通过输入和继承标准类增加他们自己的参数，当开发出新设备和技术发展时，这种方法为功能块定义提供了可扩展性。

2. 对象字典（OD）和设备描述（DD）

同功能块模型相连的是标准化工具的定义，它们被用来支持功能块。其中两个工具是对象字典（Object Dictionary，OD）和设备描述（Device Description，DD）。它们提供了设备的网络可见对象（例如功能块和它们的参数）的定义和描述。

为了提高定义的一致性和对这些对象的理解，描述信息（例如数据类型和长度）由设备应用程序在对象字典 OD 中维护。OD 包含一个应用程序的每个网络可见对象描述，并使这些信息可以在网络上获得。

设备应用程序的 OD 描述可以由机器可读设备描述（DD）来提供。DD 是用设备描述语言（DDL）写成的。DDL 是一种编程语言，通过提供对象的类型信息来扩充 OD 描述。同一 DD 类型描述可以用来描述一系列对象。这些对象可以位于一个设备中，也可以在多个设备中。

DDL 源文件将被转换成机器码可读形式，以便可以把它装载到其所描述的设备中，或者存储到外部介质上，例如软盘。然后，用户可以从设备中直接读出它的 DD，或者从外部介质获得它的 DD。功能块模型用于 OD 和 DD 的连接中，来简化获得设备可互操作性的过程。在功能块之间的参数传输可以很容易验证，因为所有的参数都是使用 OD 和 DD 描述的。另外，人机界面设备不必为网络上设备的每种类型进行特殊的编程。相反，它们的显示和它们与设备的交互可以由 OD 和 DD 描述来驱动。

3. 网络通信

基金会现场总线使用预先构造好的信道在设备间传输信息，这些信道被称为虚拟通信关系（Virtual Communication Relationship，VCR）。这里定义了 3 种类型的 VCR。发布商/订户 VCR、报告分发 VCR、客户/服务器 VCR。

为了支持这些 VCR，基金会现场总线系统结构定义了 3 层通信结构：在物理层规定了信号是如何发送的；在数据链路层规定了在设备中间网络是如何被分享和调度的；在应用层定义了应用程序可以获得的信息格式，这些信息有命令、响应的交换数据和事件信息。

4. 网络管理

为了在设备中提供集成的第 2~7 层协议（通信栈协议）并控制和监视它们的操作，基金会现场总线系统结构定义：在每个设备中都包含一个网络管理代理（Network Management Agent，NMA）。网络管理代理提供支持组态管理、执行管理和错误管理的能力。这些能力可以通过与访问其他设备应用程序一样的通信协议来访问，从而代替请求特殊网络管理协议的使用。

使用 NMA 的组态管理能力，可以使在通信栈中设置的参数支持同其他设备的数据交换。这些过程一般涉及在设备之间定义传输，然后选择需要的通信特征来支持这些传输。这些特征是使用 NMA 的组态管理能力装载到设备中的。

作为这个组态的一部分，NMA 可以被配置成为所选的传输收集与执行和错误相关信息。这些信息在运行期间是可以访问的。这使得对设备通信行为的观察和分析成为可能。如果检测到问题，执行将被优化，或者设备通信将被改变，然后可以在设备仍在操作状态时进行重新组态。

5. 系统管理

基金会现场总线系统结构为每个设备提供一个系统管理核心（System Management Kernel，SMK）。在所有设备中的 SMK 维护信息和一个协调层，这个协调层为设备应用程序的执行和互操作提供一个分布式平台。由 SMK 维护的信息被定义为系统管理信息库（SMIB）并由 OD 进行描述。

SMK 的一个功能是支持在设备操作之前把基本系统的信息组态到它自己的 SMIB 中。当 SMK 启动进程为操作准备设备时，它将使设备通过几个预先定义好的阶段。在这个进程中，一个特殊的系统组态设备，例如手持（Hand-held）器，能够通过它的标准现场总线端口把系统信息传递到 SMIB 中，这种情况允许设备在离线工作台网络上，或者在操作网络上进行组态，这依赖于系统的特殊需要。

一旦设备被组态，系统管理定义一个进程，根据设备的组态标签（系统特殊名字）给它分配一个永久的数据链路地址，并且在不影响网络上其他设备操作的情况下把它带入操作状态。一个相似的进程允许临时设备，例如手持终端或者可移动工作站，在需要时短时期内加入和离开网络。

在设备增加到网络上以后，它的应用程序会发现有必要定位远程设备和功能块。为了满足这种需要，SMK 支持对它的应用程序的目录服务。应用程序便可以用这个能力获得一个对象的网络访问信息。方法是向网上的所有设备广播自己的名字，并等待包含该对象的设备进行应答。

在成为完全可操作状态后，设备的活动和它们的功能块必须由网络上的其他设备进行同步。系统管理提供了两种机制来支持同步：

1）通过对一个公共应用时间的参考，系统管理支持应用时钟的同步，以使每个设备均分享共同的时钟意义。

2）同第一点相互联系，系统管理使用调度对象来控制功能块执行的时间，这样可以确保每一个功能块同系统中其他功能块的关系，并在受调度的数据传输关系中能够在正确的时间执行。

SMK 使用两个分离的应用层协议进行通信。现场总线报文规范层（FMS）使用标准的管理 VCR 来访问 SMIB。这个 VCR 也用来访问系统管理/网络管理（SM/NM）联合 VFD 中的网络管理信息。一个特殊目的的管理协议——系统管理核心协议（SMKP），用来支持 SMK 的所有其他功能，这个协议被集成到 SMK 中，并直接在数据链路层上操作（不使用 VCR）。

5.3.3　FF 的网络拓扑结构

1. 单链路拓扑

图 5-9 显示了只包含一个简单链路的现场总线网络。它包含有一个组态设备，例如一个主设备和用来被组态的设备。

所有的链路需要有且仅有一个链路活动调度器（Link Active Scheduler，LAS）。在数据链路层（DLL）中 LAS 作为总线链路仲裁者进行操作。LAS 的作用包括：

1）识别新设备并把它们加到链路上。

2）把没有响应的设备从网络上移走。

3）在网络上分布数据链路和链路调度时间。

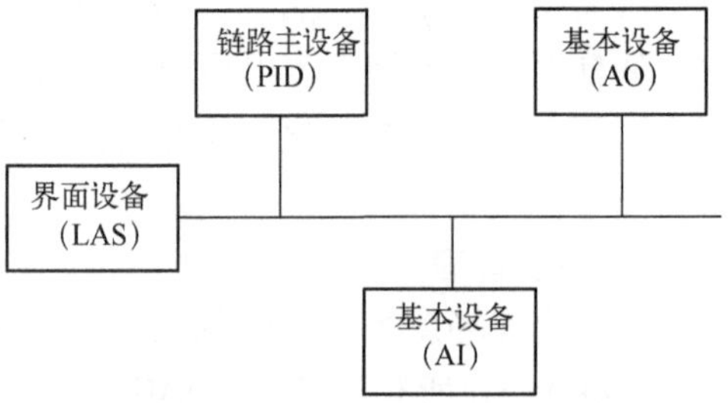

图 5-9　简单链路的现场总线网络

数据链路时间是由 DLL 同步的网络范围时间。链路调度时间是使用对数据链路时间的偏移来描述的链路特殊时间。系统管理使用它来同步功能块执行和 LAS 调度的数据传输。

4）在受调度的通信时轮询设备中的缓冲式数据。

5）在受调度的通信的间隔中分发优先级驱动令牌。

链路上的任何设备，只要有以上能力，它就有可能成为 LAS。能够成为 LAS 的设备被称作链路主设备（Link Master Device），所有其他设备被称为基本设备（Basic Device）。

在链路刚启动时，或者现存的 LAS 失败后，链路上的链路主设备将投标成为 LAS。投标完成后，赢得投标的设备作为 LAS 立即开始操作。从 LAS 角度观察，没有成为 LAS 的链路主设备作为基本设备操作。它们也作为后备 LAS 来监视链路上现存 LAS 的失败，并且当检查到现存 LAS 失败时，进行投标竞争成为 LAS。

在特定的情况下，可能需要某个特殊的链路主设备必须成为 LAS。此时该链路主设备必须被设计为基本链路主设备。如果基本链路主设备没有赢得投标，它将指示赢得投标的链路主设备把 LAS 角色传递给它。

2. 桥式网络

对于具备不同速度和介质类型的链路。可以用桥把它们连接在一起，形成多链路网络或桥式网络，在这些网络中使用 DLL 桥来连接链路。对于所有的 FF 桥式网络，任何两个设备间只有一条数据通路。为确保这点，桥中互相协调的路线表形成一个扩展树。

扩展树可以用来描述桥的组态，例如数据流只有两个方向：一个是到根节点，另一个是离开根节点。在这里没有环路也没有平行线路。也就是说，在每一个链路上有且只有一个活跃的桥来管理链路。

扩展树中的每个桥有一个根端口和一个或多个下游端口，每一个端口说明与一条链路的连接。根端口指向树根，而下游端口是离开树根。下游端口在含有桥规范的 DDL 附录中也可以参考为指定端口。当根端口收到指定给远程链路的消息时，桥就会按照线路表中定义的情况，选择正确的下游端口，并把消息传递给它。当在下游瑞口上收到消息时，桥把它传到根端口且（或）从根端口再传到一个或多个其他的下游端口。图 5-10 显示了桥式网络和它的扩展树构造。

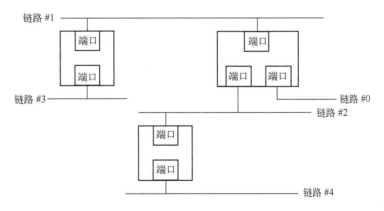

图 5-10　桥式网络和它的扩展树构造

桥设备负责执行基金会现场总线网络的 4 个功能：

1）发送（Forwarding）。

2）重新发布（Republishing）。

3）数据链路时间的再分发（Data Link Time Redistribution）。

4）应用时钟时间的再分发（Application Clock Time Redistribution）。

前 3 个是 DLL 功能，第 4 个是系统管理功能。为了支持后两个功能，桥端口必须是下游链路的 LAS。图 5-10 中，根桥中含有调度链路#1 和链路#2 的 LAS。

当桥收到一条消息，且该消息具有发送表中定义的地址时，桥进行发送。如果地址指明这是要发送的消息，则把这条消息放入适当端口的 FIFO 队中，当桥从与那个端口相连的 LAS 收到传输的权利（令牌）时，桥按照优先级顺序传输队中的各项消息。

当桥与桥的 LAS 外行（Outbound）链路被构造为重发数据时，产生重新发布。内行（Inbound）链路上的 LAS 触发发布者传输数据。当桥收到具有发布者源地址的数据时，它就把消息放到在重新发布表中规定的适当端口的缓冲区中，作为受调度的传输。当相应的 LAS 指示相关端口重新发布消息时。桥就把它重发到每一个外行链路上。

对于发布的数据来说，用发送代替重发是可能的。在这种情况下，发布的数据的地址被组态到发送表中，而不是更新到发布表中。提供的这种能力可以支持不受调度的发布。

数据链路时间消息的再分发发生在桥的端口收到数据链路时间消息时，数据链路时间消息是由位于根链路上的数据链路时间主设备发出的。当桥收到数据链路时间消息时，它先计算每个作为 LAS 输出端口的链路调度时间的偏移，一旦计算完毕，桥就将该消息按不受调度的传输方法传到下游端口的队列中。如果桥包含不作为 LAS 的下游端口，那么数据链路时间不能在那个链路上再分发，在这种情况下，那条链路以及它的所有下游链路操作时使用的数据链路时间，与数据链路时间主设备分发的数据链路时间无法同步。

应用时钟消息的再分发发生在桥的根端口收到应用时钟消息时，应用时钟消息是由系统管理时间主设备发出的。它们包含有系统时间和相应的链路调度时间。当桥收到这样的消息时，每个输出端口的 SMK 为每个目的链路计算链路调度时间，一旦计算完毕，桥就将该消息按不受调度的传输方法传到每一个输出端口的队列中。

5.3.4　基金会现场总线与 OSI 参考模型的关系

基金会现场总线的核心之一是实现现场总线信号的数字通信。现场总线的全分布式自动化系统把控制功能完全下放到现场。现场仪表内部都具有微处理器，内部可以装入控制计算模块，仅由现场仪表就可以构成完整的控制功能。现场总线的各个仪表作为网络的节点，由现场总线把它们互连成网络，通过网络上各个节点间的操作参数与数据调用，实现信息共享与系统的自动化功能。各个网络节点的现场设备内部具备通信接收、发送与通信控制能力。各项控制功能是通过网络节点间的信息通信、连接及各部分功能的集成而共同完成的。由此可见通信在现场总线中的核心作用。

为了实现通信系统的开放。基金会现场总线的通信模型是参考了 ISO/OSI 参考模型，并在此基础上根据自动化系统的特点进行演变后得到的。ISO/OSI 参考模型为开放系统的互连定义了一个通用的 7 层通信结构。这个通用结构为了适应现场总线环境进行了优化，移去了中间的层次（这些层次是与通用目的相连的，例如实时性要求不强的文件传输和电子邮件）。图 5-11 示意了现场总线 3 层结构与 ISO/OSI 的 7 层结构的关系。基金会现场总线的参考模型只具备 ISO/OSI 参考模型中 7 层里的 3 层，即物理层、数据链路层和应用层，并按照现场总线的实际要求，把应用层划分为两个子层——总线访问子层和总线报文规范层，省去了中间第 3～6 层，即不具备网络层、传输层、会话层和表示层。同时它又在原有的 ISO/OSI 参考模型第 7 层应用层之上增加了新的一层——用户层。其中物理层规定了信号如何发送；数据链路层规定了如何在设备间共享网络和调度通信；应用层则规定了在设备之间交换数据、命令、事件信息以及请求应答中的信息格式。用户层则用于组成用户所需要的应用程序，如规定标准的功能块、设备描述、实现网络管理和系统管理。通常把除去最下端的物理层和最上端的用户层之后的中间部分作为一个整体，统称为通信栈。通信系统的每一层负责现场总线上报文传递的一个部分，如图 5-12 所示。

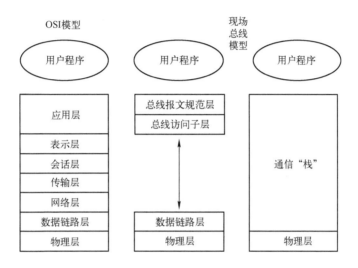

图 5-11　现场总线 3 层结构与 ISO/OSI 的 7 层结构的关系

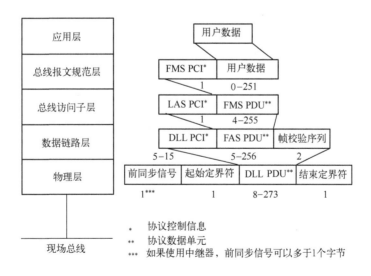

图 5-12　报文传递

1. 物理层

基金会现场总线的物理层遵循 IEC 1158-2 与 ISA-S5002 中有关物理层的标准。现场总线基金会为低速总线颁布 31. 25 kbit/s 的 FF—816 物理层规范，也称为 H1 标准。目前作为现场总线的高速标准 H2 高速以太网的标准也已经完成。

物理层用于实现现场物理设备与总线之间的连接，除了为现场设备与通信传输媒体的连接提供机械和电气接口，还为现场设备对总线的发送或接收提供合乎规范的物理接口。物理层作为电气接口，一方面接收来自数据链路层的信息，按照基金会现场总线的技术规范，给数据帧加上前导码与定界码，并对其实行数据编码即曼彻斯特编码，在串行数据流中加进时钟信息，数据与时钟信号混合形成现场总线物理信号，并传送到现场总线的传输媒体上，起到发送驱动器的作用；另一方面从总线上接收来自其他设备的物理信号，对其除去前导码、定界码，并进行解码转换为信息，送往数据链路层，起到接收器的作用。

为了现场设备能够安全稳定地运行，物理层作为电气接口。应该具备电气隔离、信号滤波等功能，有些还要处理总线内现场设备供电等问题，现场总线的传输介质一般为两根导线，如双绞线，因此其机械接口相对简单。

基金会现场总线支持多种传输介质：双绞线、电缆、光缆、无线介质。目前应用最广泛的是前两种。H1 标准采用的电缆类型可以分无屏蔽双绞线、屏蔽双绞线、屏蔽多对双绞线、多心屏蔽电缆几种类型。基金会现场总线为现场设备提供两种供电方式：总线供电与非总线供电。总线供电设备直接从总线上获取工作能源，总线上既要传送数字信号，又要为现场设备供电。非总线供电时现场设备的工作电源来自外部电源，而不是取自总线。

低速现场总线 H1 支持点对点连接、总线型、菊花链形、树形拓扑结构。基金会现场总线支持桥接网，可以通过网桥把不同速率、不同类型的媒体的网段连成网络。网桥设备具有多个口，每个口有一个物理层实体。FF 物理层特性见表 5-5。

表 5-5　FF 物理层特性

名　称	技　术　规　范
传输速率	31.25 kbit/s
总线长度	200~1900 m，取决于电缆型号
拓扑结构	总线型/树形
总线挂设备数	非本质安全，非总线供电（2~32）台 非本质安全，总线供电（2~12）台 本质安全，总线供电（2~6）台
电缆终端阻抗	100 Ω
信号方式	电压
信号幅值	(0.75~1) V（峰–峰值）
总线供电	DC(9~32) V（对于本质安全应用场合，允许的电源电压应由安全栅额定值给定）
屏蔽及接地	总线不接地，终端器中点可接地
中继	决定于前导码的数量，可使用 4 次中继器

同一条总线上的所有设备必须采用同一种传输介质，并具有相同的传输速率。对于总线供电的网段，可同时使用总线供电和非总线供电的设备。

2. 数据链路层

数据链路层（DLL）位于物理层与总线访问子层之间，为系统管理内核和总线访问子层访问总线媒体提供服务。在数据链路层上生成的协议控制信息可以对总线上的各类链路传输活动进行控制。总线通信中的链路活动调度，数据的发送与接收，活动状态的检测、响应，总线上各个设备间的链路时间同步，都是通过数据链路层来完成的。在每个总线段上有一个媒体访问控制中心，称为链路活动调度器（LAS）。LAS 具有链路活动调度能力，可以形成链路活动调度表，并按照链路活动调度表生成各类链路协议数据，链路活动调度是该设备中数据链路层的重要任务。对于没有链路活动调度能力的设备来说，它的数据链路层要对来自总线的链路数据做出响应。

LAS 拥有总线上所有设备的清单，由它来掌管总线段上的各个设备对总线的操作。任何时候每个总线段上都只有一个 LAS 处于工作状态。总线上的设备只有得到 LAS 的许可，才能向总线上发送数据。因此 LAS 是总线上的通信中心。

基金会现场总线的通信活动可分为两类：受调度通信和非调度通信。由 LAS 按照预定的调度时间表周期性发起的通信活动，称为受调度通信。任何预定的调度时间表之外的时间，通过得到令牌的机会发送信息的通信方式称为非调度通信。受调度通信和非调度通信都是由 LAS 掌管的。此外，LAS 还负责一些其他功能，它定期地对总线段发布数据链路时间和调度时间。LAS 还监视着总线段上的设备，为新入网的设备找一个未被使用的地址，并把新设备加入到活动列表中，对于总线上对传递令牌没有反应的设备，也就是失效设备，从活动表中除去。在功能上，DLL 可以分成两层：访问总线和控制数据链路的数据传输。

（1）数据链路层中的介质访问功能

并不是所有的总线设备都可以成为链路活动调度器。按照设备的通信的能力，基金会现场总线把通信设备分为 3 类：

1）基本设备。基本设备是那些能够接收并响应令牌的设备。所有设备包括 LAS 和桥均具有基本设备的功能，均能接收并响应令牌。

具有令牌的设备可以在总线上发送数据，在某一时刻，只有一个设备持有令牌，LAS 提供给设备两种令牌：一种称为应答令牌，对所有的设备进行轮询，具有周期性；另一种为授权令牌，这是在特定的时间段内访问总线，具有非周期性。

2）链路主设备。链路主设备是那些能够成为 LAS 的设备，其中具有最低节点地址的成为 LAS，其余的作为备份。LAS 的 5 项主要功能：

- 维护调度，发送令牌给网络设备。
- 探查未使用地址，将其分配给新设备，并加到活动表上。
- 在链路上周期分配数据链路时间和链路调度时间。
- 发送授权令牌给设备，进行无调度数据传输控制。
- 监视各响应授权令牌，从活动表上删除不能使用或不能退回令牌的设备。

3）桥。当网络中几个总线段进行扩展连接时。用于两个总线段之间的连接设备称为网桥。网桥属于链路主设备，它担负着下游的各个总线段的系统管理时间的发布，因此必须是 LAS，否则无法对下游各段的数据链路时间和应用时钟进行再分配。

一个总线段上可以连接各种通信设备，也可以挂上多个链路主设备，但是一个总线段上同时只能有一个 LAS，没有成为 LAS 的链路主设备起着后备 LAS 的作用。

（2）数据链路层中的数据传输功能

现场总线基金会在数据链路层中提供了 3 种传输数据的机制：一种无连接数据传输，两种面向连接的数据传输。分别对应现场总线访问子层 FAS 的 3 种 VCR 类型。

1）无连接数据传输。无连接数据传输是在两个数据链路服务访问之间的独立数据单元的排队传输。DLL 不需要控制报文和应答消息。

2）面向连接的分布数据传输。这种传输是发布者的数据协议单元在缓冲器之间的传输。数据单元只有发布者地址，索取者只知道所要接收的信息来自哪一个发布者。

这种传输是用户和服务器间的协议数据单元的排队传输。用户的 VCR 端点作为初始端，发送建立连接的请求给服务器，由服务器决定是否建立连接。这种连接提供有序和无序两种连接。很明显，这种数据传输类型用于 FAS 中的客户/服务器 VCR。DLL 层很重要的一个作用是组装信息帧，基金会现场总线共定义了 24 种帧，分别用于各种服务。

DLL 的帧结构如图 5-13 所示。

| 帧控制符 | 目的地址 | 源地址1 | 源地址2 | 参数 | 用户数据 | 帧校验 |

图 5-13　DLL 的帧结构

这里帧控制符用来区分各种帧类型及作用。源地址 2 一般不使用，只有在一种建立连接的数据链路协议数据单元出现。参数进一步说明帧的性质。最后是帧校验。基金会现场总线数据链路层所使用的是循环冗余校验。用户数据是从上层接收来的协议数据单元。

通过使用这些协议数据单元，DLL 为上层提供了很多服务：

- 管理 DLSAP——地址、队列、缓冲器。
- 面向连接的服务。
- 无连接数据传输服务。
- 时间同步服务，提供时间源同步和对系统管理之间的时间同步。
- 为数据发布者缓冲器提供强制分布服务。

数据链路层还支持一些子协议，如链路维护、LAS 传输、调度传输等。

3. 现场总线访问子层

现场总线访问子层（FAS）利用数据链路层（DLL）的调度和非调度服务来为现场总线报文规范层（FMS）服务。FAS 与 FMS 虽同为应用层，但其作用不同，FMS 的主要作用是允许用户程序使用—套标准的报文规范通过现场总线相互发送信息。下面的内容有：应用关系（AR）作用、FAS 服务、FAS 的状态机制和 FAS—PDU 的结构。

（1）概述

1）AR 作用。在分布通信系统中的 AR，使用一些服务相应的应用层通信渠道进行相互间的通信。通过连接两个以上的同种类型的 AR 端点，就可以建立一个 AR。其建立方式有 3 种：预先建立、预先组态、动态建立。

AR 的特点、作用是由其 AR 端点（AREP）决定的，所以 AREP 的类型对通信有着非常重要的作用。在 AREP 间的通信，其方向有单向的、有双向的；数据链路的启动策略有用户启动的、有网络启动的；在数据传输中，有以缓冲据传输为模型的、也有以队列传输为类型的。据此 AR 被分成 3 类：

- 队列传输、用户启动、单向的 AREP（QUU）。
- 队列传输、用户启动、双向的 AREP（QUB）。

- 缓冲器传输、网络启动、单向的 AREP（BNU）。

这里使用的数据链路层服务分为面向连接的和无连接的数据传输服务。

2）FAS 服务。FAS 利用协议数据单元为 FMS 提供服务。FAS 服务充分把 DLL 和 FMS 连接在一起，构成统一体——通信栈。在这里 FAS 起到承上启下的关键作用。FAS 提供的服务有：

- "连接"服务，控制 AR 的建立，建立通信。
- "放弃"服务，控制 AR 的断开，断开通信。
- "确认的数据传输"服务，传递确认的高层服务，而且是双向交换的。
- "非确认的数据传输"服务，用来传递不需要确认的高层服务。
- "FAS 强迫"服务，这个服务要求 DLL 从调度通信的数据链路缓冲器中产生非调度通信的发送。
- "获得缓冲器报文"服务，允许 FAS 用户释放（读取）缓冲器的内容。
- "FAS—状态"服务，这个服务可以把 DLL 的一些具体状态报告给 FAS 的用户。FAS 的这些服务都是通过组织协议数据单元 FAS—PDU 来完成的。

3）FAS 协议状态机制。在 FAS 中，有 3 个综合的协议机制来共同描述 FAS 的行为，这 3 个协议机制是：FAS 服务协议机制（FSPM）、应用关系协议机制（ARPM）、数据链路层映射协议机制（DMPM）。其中 ARPM 根据 AREP 类型又分为 3 种：QUU、QUB、BNU，其结构如图 5-14 所示。

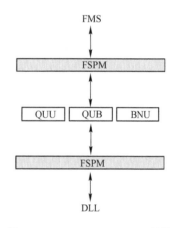

图 5-14　QUU、QUB、BNU 结构

从上面的状态协议机制的结构中我们可以清楚地看到 FAS 的 3 个协议之间的关系。

FSPM 描述了 FAS 用户和一个 AREP 服务接口，对于所有类型的 AREP，FSPM 都是相同的，没有任何改变。它主要负责以下的活动：接收 FAS 用户的服务原语，并转化成 FAS 内部原语；根据 FAS 用户提供的 AREP 识别参数，选择合适的 ARPM 状态机制，并把转换后的 FAS 内部原语发送给被选中的 AREP 状态机制；从 ARPM 接收 FAS 内部原语，并把它转化成 FAS 用户所使用的服务原语；根据和原语有关的 AREP 识别参数，把 FAS 内部原语传递给 FAS 用户。

- ARPM 描述了一个 AR 的建立、释放和远端 ARPM 交换 FAS—PDU。它主要负责以下的活动：从 FSPM 接收 FAS 内部原语，产生具体的内部原语，并发送给 FSPM 或 DMPM；接收来于 DMPM 的 FAS 内部原语，转换成另一种内部原语发送给 FSPM；如果是"连接"或"放弃"服务，它将建立或断开 AR；它的作用有：鉴定当前的 AREP，封装 PDU，破解 PDU，删除标识符，破解代码及附加细节。
- DMPM 描述的是 DLL 和 FAS 之间的映射关系，对于所有类型的 AREP 均是相同的。它负责以下的活动：接收从 AREP 来的内部原语；转换成 DLL 服务原语，并发送到 DLL；接收 DLL 的指示或确认原语，以 FAS 内部原语的形式发送给 ARPM。它的作用有：限制本地端点属性，核对远端端点的存在性，定位、鉴别 DLL 的标识符。

（2）FAS—PDU

FAS 协议中一个重要的内容就是 FAS—PDU，所有 FAS 服务均是通过封装相应的 FAS—PDU 来实现的。FAS—PDU 类型有 7 种：

1）确认的数据传输—请求 PDU。

2）确认的数据传输—响应 PDL。

3）非确认的数据传输—PDU。

4）连接—请求 PDU。

5）连接—响应 PDU。

6）连接—错误 PDU。

7）放弃—PDU。

这 7 种 PDU 来完成 FAS 的主要服务，特别是与通信有关的服务。FAS – PDU 的一般结构是 FAS 帧头加上用户数据。

FAS 帧头 8 位共 1 个字节，作用是区别 PDU 类型，也就是说，FAS 帧头代表的是哪一种 PDU。用户数据是高层 FAS 用户传递而来，这样 FAS 封装好 PDU，并发送给 DLL；而接收方的 FAS 从它的 DLL 读上来，解开帧头，再送给 FAS 的用户。这样完成双方的通信。FAS 帧头的第 1 位若为"0"，则说明 FAS 用户是 FMS；若为"1"，则保留给非 FMS 的 FAS 用户。从系统结构图中我们知道。FAS 的用户可以是应用进程 AP，此时通信旁路 FMS 主要的服务有："FAS—强迫"服务、"读缓冲器"服务、"FAS—状态"服务，所使用 FAS 的 AREP 类型也以 BNU 为主。

（3）FAS 所映射的 DLL 层活动

FAS 是利用 DLL 的调度通信和非调度通信来为 FMS 提供服务的。因此 FAS 在为 FMS 提供服务的同时，需要底层 DLL 提供的服务支持如下：

1）无连接数据传输服务。

2）面向连接的两种数据传输服务。

3）缓冲器传输服务。

4）队列式传输服务。

5）数据单元分割服务。

6）数据链路时间分配服务。

这些服务就是 FAS 所映射的主要 DLL 层的活动。这样 FAS 就有机地同 DLL 联系起来，共同为 FMS 服务，形成基金会现场总线的通信栈。通信栈就是由 DLL、FAS、FMS 共同构成的通信渠道，用于用户层的应用进程之间的通信。当然它不包括 SMK 和 DLL 中直接通过 SMKP 的通信，SMKP 并不使用通信栈的 3 层通信原理。

（4）虚拟通信关系（VCR）

FAS 提供 VCR 终点来对 DLL 进行访问，每个 VCR 终点都是由封装的—个数据链路性能的特殊子集来定义的，这种性能提供了一个访问的单一模式。为 FAS 终点端口的定义是由信息传输和 FAS 服务与数据链路性能的特殊子集的联合。VCR 终点的数据链路性能定义在 FAS 中，而不是在 DLL 中，这是因为它们只有在访问时，而不是终点定义时提供给 DLL。VCR 终点的基本特性见表 5-6。

表 5-6 VCR 终点的基本特性

	发布方/接收方 VCR 类型	报告分发 VCR 类型	客户/服务器/ VCR 类型
VCR 终点的角色	允许多个终点： 发布方 1 接收方 N	允许多个终点： 源 1 目的 N	允许两个终点： 客户 1 服务器 1
DL - 地址类型	发布方：个人数据链路通信终点 接收方：无地址	源：个人数据链路通信终点 目的：个人或组 DLSAP	客户：个人数据链路通信终点 服务器：个人数据链路通信终点
队列/缓冲区	缓冲区	队列	队列
循环/非循环	循环	非循环	非循环
单向/双向	单向	双向	双向
执行模式	面向连接	无连接	面向连接
重复检测	可选	无	无
定时	可选	无	无

自由 VCR 是那些当 VCR 被打开时，可以动态定义的远程终点。VCR 终点也可以同定义的远程终点一起被预构造。排队式 VCR 类型允许应用程序使用 DLL 维护的一个优先顺序的 FIFO 队列，互相传输信息。另一方面，缓冲式 VCR 类型允许应用程序在发送和接收 DLL 实体中使用缓冲区来互相传输信息。缓冲式传输有以下规定：

1）发送的新数据会覆盖缓冲区中的旧数据。

2）从缓冲区读信息不会破坏它的内存。

循环 VCR 类型按照 DLL 调度表传递信息，调度表由位于链路上的被称为 LAS 的特殊设备来维护和强制。在 FF 子集中，只有发布方/接收方数据可以被循环传输。LAS 使用这个调度表知道何时指示一个设备发送数据。调度表中的每个条目含有发布方的缓冲区的数据链路地址，并从指示何时传输数据。数据接收方监听发布方的地址，从而得知它们是否要接收数据。

单向 VCR 类型被用来传输不需要确认的服务给一个或者多个接收者。不需要确认的服务是那些没有响应的服务。它们被用来支持发布大数据的传输，如事件信息和趋势报告的发布。

面向连接的 VCR 使用数据链路连接。这些连接在数据发送之前必须被建立起来，但是在它们被建立之后，只要求一个地址参与数据传输。在发布方/接收方 VCR 的情况下，使用发布方的地址。对客户/服务器 VCR 来说，使用目的终点的地址。

无连接 VCR 使用数据链路连接。代之以一个单一的无连接传输服务来传输它们的数据，在这种情况下不需要连接设置请求，但是源和目的地址都要参与数据传输。在事件与趋势报告中使用这种传输类型，因为它允许发送者把它的报告发送给组地址。接收者能够监听在一个组中传输的所有信息，而不管谁是发送者。如果代之以发布方/接收方方法，每个接收者必须监听一组地址，每个地址都是一个报告源。

对发布方/接收方 VCR 的重复检测，是指当已经接收过的信息缓冲区重复收到时，会重复通知 VCR 用户。对客户/服务器 VCR 来讲，协议不传输复制品。

（5）VCR 类型

一条现场总线可以有多台链路主设备，如果当前的 LAS 失效，其他链路主设备中的一台将成为 LAS, 现场总线的操作将是连续的现场总线设计成"故障时仍可运行的"。FAS 使用数据链路层的调度和非调度特点, 为现场总线报文规范层 (FMS) 提供服务。FAS 服务类型由虚拟通信关系 (VCR) 来描述, 这些信息仅需输入一次, 就可以成为"快速拨号"了。一旦准备完成, 只需输入快速拨号码即可。而且在组态后, 仅需 VCR 号码就可与其他现场总线设备进行通信。

客户/服务器 VCR 类型用以实现现场总线设备间的通信。它们是排队的、非调度的、用户初始化的、一对一的。排队意味着报文发送和接收是按次序进行传输的, 它也是按照其优先级, 以不覆盖原有报文的方式进行的。当设备从 LAS 收到一个传输令牌 (PT), 它可以发送一个请求报文给现场总线上的另一台设备, 请求者被称为"客户", 而收到请求的设备被称为"服务器", 当服务器收到来自 LAS 的 PT 时, 发送相应的响应。

报告分发 VCR 类型用以实现现场总线设备间的通信, 它们是排队的、非调度的、用户初始化的、一对多的。当设备有事件或趋势报告, 且从 LAS 收到一个传输令牌 (PT) 时, 将报文发送给由该 VCR 定义的一个"组地址"。在该 VCR 中被组态为接收的设备将接收这个报文。一般用于现场总线设备发送报警通知给操作员控制台。

发布方/接收方 VCR 类型应用于带缓存、一点对多点的通信。缓冲意味着在网络中只保留数据的最新版本。新数据完全覆盖以前的数据。当设备收到强制数据 (CD) 后, 它向现场总线上的所有设备"发布"或广播它的报文, 那些希望接收公布报文的设备被称为"接收方"。该 CD 可由 LAS 调度, 也可以由基于非调度的接收方发送。VCR 标志指明使用哪一种方法, 发布方/接收方 VCR 类型, 被现场总线设备用于周期性的、受调度的、用户应用功能块在现场总线上的输入和输出。诸如过程变量 (PV) 和原始输出 (OUT) 等。现场总线报文规范层为用户应用服务, 它以标志的报文格式集, 在现场总线上相互发布, 见表 5-7。

表 5-7　3 种 VCR 类型的比较

现场总线报文规范层 (FMS)		
客户/服务器 VCR 类型	报告分发 VCR 类型	发布方/接收方 VCR 类型
用于操作员报文的发送	用于事件通知或趋势报告	用于发送数据
设定点变化	向操作员控制台发送报警通知	向 PID 功能块和操作员控制台发送变送器 PV
模式改变	向历史数据采集台发送趋势报告	
整定改变		
上传/下载		
警报管理		
访问显示观察		
远程诊断		
数据链路层服务		

4. 现场总线报文规范层

现场总线报文规范层 FMS 是基金会现场总线通信模型中应用层的另一个子层。该层描述了用户应用所需要的通信服务、信息格式、行为状态等。FMS 提供了一组服务和标准的报文格式。用户应用可以采用这种标准的格式在总线上相互传递信息、访问应用过程对象及其对象描述。同 OD 对 AP 对象的描述一样, FMS 规定访问这些对象的服务与数据格式。AP 的网络可见对象和它们相应的 OD 描述在 FMS 中说明为 VFD。为了访问 VFD 属性, 例如厂家和状态, 需要定义特殊的 FMS 服务。与 OD 描述联系在一起, FMS 为现场设备应用程序规定了功能性界面。FMS 服务和 OD 中对象描述的格式是以 FMS 定义的对象类型为基础的，例如变量与事件。为了使 AP 对象通过网络可见（通过 FMS 服务可以访问），它们必须使用 FMS 对象类型来说明。

FMS 服务在 VCR 终点提供给 AP、VCR 终点，说明了 AP 到 VCR 的终点，在一个终点可以获得的服务依赖于终点的类型，FMS 决不执行被请求的服务，它只是在 AP 间转换请求和响应，而在 FBAP 中，许多服务由 FB 解释程序执行。

当请求一个 FMS 服务时，请求者的 FMS 实体建立和发送正确的请求信息给远程 AP 的 FMS 实体。FMS 自己对 OD 没有访问。因此，对在信息中传输的用户数据进行编码是由 FMS 用户负责的。如果信息的类型指出不需要返回响应，则该服务是不需要确认的。

如果一个服务需要响应，则服务是需要确认的，需要确认的服务总是需要远程 AP 发出一个响应，指示它是否能够执行该服务。当不能执行该服务时，远程 AP 通过返回一个错误代码来响应它。这些信息在技术上的应用可参考 FMS 协议数据单元（FMS—PDU）。

需要确认的服务用来操纵和控制 AP 对象，例如使用它们来读和写变量的值，也使用它们来访问 OD。需要确认的服务使用客户/服务器 VCR 来完成请求与响应的交换。为了支持这种类型的 VCR，FMS 为服务请求提供流控制，即 FMS 维护一个计数器，用来对已经发出但还没有收到响应的请求进行计数，如果没有响应的请求达到一定的数目，则 FMS 不再响应增加的请求。不需要确认的服务用来发布数据和分布事件通知。数据的发布使用发布方/接收方 VCR 传输。事件通知在报信分发 VCR 上传输。这两种 VCR 之间的不同在于 FAS 如何使 DLL 来传输信息。

总线报文规范层由以下几部分组成：虚拟现场设备、对象字典管理、联络关系管理、域管理、程序调用管理、动态参数管理、时间管理。下面简单地介绍这几个模块及其相关的服务。

（1）FMS 所包含的服务

FMS 主要完成以下各类服务：

1）虚拟现场设备。虚拟现场设备（VFD）在 FMS 中是一个很重要的概念，虚拟现场设备包含应用进程中的网络可视对象及其相应的 OD，每个 VFD 有一个对象描述 OD，因此，VFD 可以看作应用进程的网络可视对象及其对象描述的体现。

一个典型物理设备可以有几个虚拟现场设备。但至少应该有两个虚拟现场设备，一个用于网络和系统管理，一个用于功能块应用。VFD 对象的寻址由虚拟通信关系表中的 VCR 隐定义，可见 VCR 所连接的是虚拟现场设备，设备里包含的 VFD 对象保存在 VD 的列表中。VFD 有几个属性，如厂商名、模型名、版本、行规号等。

2）对象字典管理。对象描述说明了通信中跨越现场总线的数据内容。把这些内容收集到一起，形成了对象字典。对象字典 OD 由一系列条目组成。每个条目分别描述一个应用进程对象和它的数据。对象字典的条目提供了对字典对象本身的说明，称为字典头，它描述了对象字典的概貌。FMS 的对象描述服务允许用户访问或改变虚拟现场设备中的对象描述。OD 支持的服务有 GetOD、InitiatePutOD、PutOD、TerrminatePutOD。其各自的作用如下：

- GetOD：读取对象的描述，可以根据对象在对象字典中的索引，并由索引来得到其相应的对象描述。
- InitiatePutOD：初始化对象描述的下载。
- PutOD：把对象描述下载到某个 VFD 的对象字典中。

- TerrminatePutOD：终止下载对象描述。

3）联络关系管理。联络关系管理包含有关 VCR 的约定，一个 VCR 由静态部分和动态部分组成。静态属性如静态 VCR ID，对应 FD ID 等；动态属性如动态 VCR ID 等。每个 VCR 变化对象，在收到一个确认性服务时，创建变化对象，在响应发送后被删除。联系关系管理服务有 Initiate、Abort、Reject。

- Initiate：为初始化 VCR 连接的服务，用户在使用某个 VCR 进行通信前，必须首先初始化相应的 VCR，这是一个确认性的服务，因为一条 VCR 需要通信的两端做出相应的设置，因此请求建立 VCR 的端点需要得到被请求的端点的响应才可以成功的初始化连接，建立 VCR。
- Abort：取消通信关系，当一个 VCR 不再使用时，可以使用此服务断开连接，这是一个确认性的服务。
- Reject：拒绝连接。当某个端点无法相应创建连接的请求时，使用此服务来拒绝连接。

4）变量访问对象及其服务。变量访问对象在对象字典的静态部分定义，是无法删除的。它们包括物理访问对象、简单变量、数组、记录、变量表等。

物理访问对象描述一个实际字节串的访问入口。它没有明确的 OD 对象说明。属性为本地地址和长度，简单变量是由其数据类型定义的单个变量，数组是一个结构性的变量，它的所有元素都有相同的数据结构，记录是由不同数据类型的简单变量组成的集合。对应于一个数据结构定义，变量表是上述变量对象的一个集合。

变量和变量表对象都支持读、写、信息报告、带类型读、带类型写服务。其中读/写服务是应用的最多的一类服务。

5）事件服务。事件是为了从一个设备向另外的设备发送重要的报文而定义的。由用户层监测导致事件发生的条件。当条件发生时，该应用程序激活事件通知服务，并由使用者确认。

相应的事件服务有：事件通知、确认事件通知、事件条件检测、带有类型的事件通知。事件服务采用报告分发型虚拟通信关系，用以报告事件与管理事件处理。此外 FMS 的服务还包括域的上载/下载服务、程序调用服务。

（2）FMS 报文规范

基金会现场总线报文规范采用抽象语法（ASN. I）进行定义。抽象语法表示语言是由美国国家电话与电报委员会于 20 世纪 80 年代初期编制的。基金会现场总线主要使用 ASN. I 来描述 PDU 的语义，PDU 的内容就是现场总线的命令、响应、数据和事件等信息，它们构成 FMS 服务的原语，形成了一套标准信息规范。

设备应用进程在进行通信时，必须建立通信双方的数据联系，以此来辨识通信的目的。基金会现场总线系统就是在 FMS 中用户数据的前面增加一些识别信息。简单来说，就是使通信双方明白的通信内容而进行编码，它不同于物理层的编码，物理层的编码目的是使用户程序的信息便于通信双方的理解及传输。

基金会现场总线 FMS 最基本的编码原则是在用户数据前附加的信息尽可能短。另一方面，还要注意到经常出现的特殊信息。例如读、写操作。FMS—PDU 的结构有两种：一种是用户数据前带有明确的识别信息；另一种是用户数据符合某种隐含的协定（如用户数据长度固定）。

识别信息由 P/C 标志、标签和长度 3 部分组成。其中 P/C 占 1 位，标签 3 位，长度 4 位。若不足时，标签和长度可以向下一字节进行扩展。P/C 识别代表简单的或结构化的原语；标签指明原语的语意（如读、写）；长度指原语占有的字数或结构化原语中原语的个数。

FMS—PDU 由两部分组成：一部分是 3 个字节的固定部分；另一部分是长度可变的。在固定的 3 个字节中是这样安排的：第 1 个字节是识别信息，即 FMS 所使用的服务；第 2 个字节是调用 ID；第 3 个字节是又一个 ID 信息，是对第 1 个 ID 的进一步描述。

5.3.5 网络管理

为了把设备通信模型中的通信协议集成起来，并监督其运行，基金会现场总线采用网络管理代理（NMA）和网络管理者的工作模式。网络管理者的实体在相应的网络管理代理的协同下，完成网络的通信管理。

每个设备都有一个网络管理代理，负责管理其通信栈，通过网络管理代理支持组态管理、运行管理、监视判断通信差错，网络管理代理是一个设备应用进程，它用一个 FMS 的 VFD 模型表示。在 NMA 的虚拟现场设备中的对象是关于通信栈整体或者各层管理实体的信息。这些网络管理对象集合在 NMA 网络管理信息库（NMIB）中，可由网络管理者使用一些 FMS 服务，通过与网络管理代理 NMA 建立虚拟通信关系 VCR 进行访问。

基金会现场总线为网络管理者和它的网络管理代理之间的通信规定了标准的虚拟通信关系。网络管理者与它的网络管理代理之间的虚拟通信关系总是 VCR 列表中的第 1 个 VCR。它提供了可用时间、排队式、用户触发、双向的网络访问。网络管理代理 VCR 含有所有设备都熟知的 NMA 数据链路连接端点地址的形式，存在于含有 NMA 的所有设备中。通过其他 VCR 也可以访问 NMA，但是只允许通过它们进行监视。

1. 网络管理

为了在设备中提供集成的第 2~7 层协议（通信栈协议）并控制和监视它们的操作，FF 系统结构定义：在每个设备中都包含一个网络管理代理（Network Management Agent，NMA）。网络管理代理提供支持组态管理、执行管理和错误管理的能力。这些能力可以通过与访问其他设备应用程序一样的通信协议来访问，从而代替请求特殊网络管理协议的使用。

在通信栈中设置的参数支持在系统中同其他设备的数据交换。这些过程一般涉及在设备之间定义传输，然后选择需要的通信特征来支持这些传输。这些特征是使用 NMA 的组态管理能力装载到设备中的。

作为这个组态的一部分，NMA 可以被配置成为所选的传输收集与执行和错误相关信息。这些信息在运行期间是可以访问的。这使得对设备通信行为的观察和分析成为可能。如果检测到问题。执行将被优化，或者设备通信将被改变，然后可以在设备仍在操作状态时进行重新组态。重新组态的实际情况依赖于是不是同其他设备的通信被打断了。

这些组态、执行和错误信息包含于网络管理信息库（NMIB）中，实际上驻留在它们自己的通信栈中。像功能块应用信息一样，NMIB 由管理 VFD 说明、由 OD 描述。虽然在图上没有显示，系统管理信息库也由该 VFD 来说明，它提供了访问设备中管理信息的中心点。网络管理信息库是网络管理的重要组成部分，它是被管理变量的集合，包含了设备通信系统中的组态、运行、差错管理的信息。网络管理信息库 NMIB 的内容是借助虚拟现场设备管理和对象字典来描述的。网络管理代理的虚拟现场设备 NMA 的 VFD 是网络上可以看到的网络管理代理，也就是 FMS 看到的网络管理代理。

2. 网络管理代理（NMA）

NMA 提供对通信栈的组态和统计信息的网络访问，这些信息被描述为 NMIB。这些信息有一部分被系统管理规范定义为可写的，另一部分是只读的。网络可见只读信息是指从网络方面看是只读的，在操作期间，由通信实体动态设置。

NMA 提供 3 种信息的访问：

1）关于通信实体的整体信息，例如 NMA 版本。

2）关于 VCR 的扩展协议层信息。

3）关于单个协议层的信息。

通过管理 VFD 支持对 NMA 的远程访问，其方法同支持对 SMK SMIB 的访问一样，使用同样的标准 VCR。为管理 VFD，可以定义附加的 VCR，但是它们必须定义为是只读访问的。

NMA 怎样访问协议信息，以及它怎样生成协议所知的构造参数，通过网络是不可见的。虽然在概念上通过层管理实体支持访问，但是对于一个通信实体的实现者来说，没有必要提供单独的只有外部可见的界面层管理，因此，在 NMA 与协议实体之间的界面没有被规定。

NMIB 的两个元素是值得注意的，VCR 列表中包含设备中的每一个 VCR 的描述。VCR 列表中的每一条都被说明为一个 FMS 记录对象（由数据结构定义），并含有一个 VCR 描述。VCR 描述包含 FMS、FAS 和 DLL 的映射信息。FMS 写服务可以被用来一个个地写它们，或装载整个表。当整个列表被装载时，一个特殊的用来控制整个装载过程的变量首先被写入，引起所有在设备中的 VCR 终止，NMA 和 SMK VCR 除外。然后使用一系列的 FMS 写服务装载 VCR，每一个服务写一个 VCR。当装载完成时，新装载的 VCR 就可以被使用了。

NMIB 的第 2 个元素是 LAS 调度表。调度表存在于链路主设备中，它被称为一个 FMS域。它的内容通过 NMA 仅能看作一个二进制串。FMS 的上传和下载能够为这个目的提供服务。

5.3.6　系统管理

系统管理内核（SMK）可以看作一种特殊的应用进程（AP）。从其在通信模型的位置来看，系统管理是集成多层的协议和功能而完成的。系统管理可以完成现场设备的地址分配、寻找应用位号、实现应用时钟的同步、功能块列表、设备识别，以及对系统管理信息库的访问的功能。各项功能简单介绍如下。

（1）SMIB 的访问

SMIB 中含有可以通过 SMK 访问的网络可见 SMK 信息。这里支持的对 SMIB 的访问允许设备系统参数的组态，并允许远程应用程序在网络进入操作前，或者在网络操作期间，从网络获得管理信息。SMIB 是在管理 VFD OD 中定义，并由 SMK AP 目录（管理 OD 中的第 1条）支持。系统管理规范指出哪条信息是可写的，哪条信息是只读的。作为 SMK 服务的一部分，SMKP 也被用来访问部分这种信息。SMK 通过本地界面能够将 SMIB 中可获得的信息送给本地 AP。

（2）标签和地址分配

在设备可以有效连入网络之前，必须给它分配一个物理设备位号和数据链路地址。设备名是系统特殊标识符，并被参考为 PD—Tag。只有暂时设备例外，不给暂时设备分配标签，也不给它分配地址。它们只简单连接到网络的 4 个数据链路参观者地址的某一个或某几个。这些地址是在 DLL 协议规范中专门预留给它们的，因此，下面的描述不适用于它们。

PD—Tag 可以由销售商分配，也可以通过 SMK 分配。一般情况下是在离线的环境中作分配。离线工作环境的优点是它保证没有标签的设备在操作网络之外。

对没有标签的设备来说，SMK 赋予它初始化状态并使用缺省设备地址中的一个把它连接到总线上。默认设备地址由 DLL 规定为非参观者节点地址。链路的 LAS 以默认地址确认新设备，并通过 DLL 进程把它加入到活动列表中。作为这个操作的一部分，LAS 维护活动列表，保存链路上所有设备的列表。

负责标签和数据链路地址分配的系统管理功能的设备，在下面的描述中称为组态主设备。虽然不一定非要这样做，但是它一般与 LAS 在一起，以便它可以监视活动列表中新设备的增加。当它在默认地址发现一个设备时，它验证设备的 SMK 确实没有 PD—Tag，SMK 将进入初始化状态，在这个状态，它准备被赋予一个操作网络上的数据链路节点地址。地址分配进程保证在现场总线上的设备的 SMK 收到唯一的 DLL 节点地址。在分配网络地址之前，只有 SMK 被允许在总线上传输初始化数据，并只允许设备的 DLL 使用缺省设备地址。

在初始化状态的设备（等待分配地址）的 DLL 加入网络所使用的方式与它等待标签分配是一样的。LAS 把它加入活动列表之后，组态主设备先确认它是否已被加入网络，并使用 SMKP 从它的 SMK 读取 PD—Tag，然后检查该 PD—Tag，是否已经在网络上应用。

如果该 PD—Tag 没有被应用，组态主设备给该设备的 SMK 分配一个地址，SMK 通过本地界面把地址写入 DLL。从概念上讲，把新地址写入 DLL 包括写入网络管理和 DLL 管理实体（Dada Link Management Entity，DLME）。

这种情况一旦完成，组态主设备将指示 SMK 进入操作状态，作为这种状态转换的一部分，SMK 引起该设备的 DLL 转移到 DLL 节点地址，并再次等待 LAS 的认可。作为这个过程的一部分，该设备的 DLL 要认证该地址是否已经在应用之中，如果是，它会通知 SMK，并重新转移到默认地址。

（3）设备识别

SMK 的识别服务允许 AP 从一个远程 SMK 获得 PD—Tag 和设备 ID。设备 ID 是一个系统单独标识符，它由厂家提供。在地址分配期间，组态主设备使用这种服务来验证设备是否具有标签和正确的地址，是否已经分配给设备。

现场总线中物理设备、VFD、功能块和功能块参数都以位号标记。系统管理允许查询由位号标识的对象，包含此对象的设备将返回一个响应值。

（4）定位远程设备和对象

SMK 定位服务允许设备 AP 在网络上广播一个请求给所有的 SMK，来访问一个远程有名设备的信息。如果请求一个 PD—Tag，包含这个 PD—Tag 的设备以设备 ID 作为响应。否则，所有的 SMK 把这个请求传给它们的 AP 并等待响应。AP 将用 OD 和可访问该对象的 VCR 索引作为响应，因为网络中的名字是不重复的。所以只有一个 AP 会响应。

（5）时钟同步

在现场总线网络中的每个链路中都包含有一个应用时间发布者，用来在链路上发布应用时钟时间，有且只有一个这样的应用时间发布者作为应用时间源进行操作。它周期性地向链路上所有现场设备发送应用时钟同步报文。数据链路调度时间作为参照并以应用时钟发送，使接收设备得以调整它们的本地应用时间。在各同步报文之间应用时钟时间，在每个设备中，基于其内部时钟独立运转。如果在现场总线上有后备应用时钟同步发布器，当应用时间发布者在自己的操作中失败时，SMK 恢复程序会自动选择和切换到同一链路上的第 2 时间发布者，该后备发布器就变成活动的。

应用时钟信息中含有应用时钟时间和相应的链路调度时间（LS—time）。应用时钟时间描述为 1/32 ms 的个数，时间从 1972 年 1 月 1 日开始。LS—time 由 LAS 在另外的信息中发布。这允许 SMK 接收时钟信息，使它们的应用时钟与 LS—time 同步。LS—time0 表示 LAS 调度的开始时间。LAS 在它的执行期间的 0 模式上重启。这段时间被称为 LAS 调度的宏周期。

（6）功能块调度

在 SMIB 中，每个 SMK 维护一个链路调度范围内的端口，即功能块（FB）调度表，它指示何时功能块被执行。从概念上说，FB 调度表能够包括所有的 AP 可执行任务，在调度表中一个项目被调度执行的时间被描述为从该宏周期开始的偏移。宏周期说明一个设备中 FB 调度表的一次重复。每个 SMK 监视自己的调度表，并且在开始它们的 FB 时通知 AP，这个通知通过本地界面进行。

为了支持调度表的同步，DLL 周期性的分布 LS—time。LS—time 被用来计算 FB 宏周期的开始时间。每个 FB 宏周期在链路调度时间内开始和重新开始，链路调度时间是它的宏周期执行期间的 0 模式。例如，如果宏周期时间是 1000，宏周期开始的时间是 0，1000，2000，3000，……。因此，LS—time0 表明链路上的所有 FB 宏周期和该链路的 LAS 调度宏周期共同开始。这使得 FB 的执行和与它们相关的数据传输可以被及时同步。

控制系统的管理信息组织成为对象，形成了系统管理信息库。它包含了现场总线系统的主要组态和操作参数，例如设备 ID、物理设备位号、虚拟现场设备列表、时间对象等。

设备中的网络管理和系统管理一起组成了管理虚拟现场设备（MVFD），网络管理信息库（NMIB）和系统管理信息库（SMIB）一起组成管理信息库（MIB）。它们都被组织在管理虚拟现场设备的对象字典中。对管理信息库的访问可以通过 FMS 的服务来进行。

5.4　PROFIBUS 协议

现场总线这一技术领域的发展是十分迅速和活跃的，而 PROFIBUS 正是各种现场总线中非常有代表性的一种。PROFIBUS（Process Field Bus）是符合德国国家标准和欧洲标准 EN50170 的现场总线。PROFIBUS 产品的市场份额占欧洲首位，大约为 40%。目前世界上许多自动化设备制造商如西门子公司都为它们生产的设备提供 PROFIBUS 接口。PROFIBUS 已经广泛应用于加工制造、过程和楼宇自动化。随着近年来 PROFIBUS 的迅速发展，PROFIBUS 现场总线还增加了一些重要版本，如 PROFISafe、PROFINET。

5.4.1　PROFIBUS 概述

PROFIBUS 是德国于 20 世纪 90 年代初制定的国家工业现场总线协议标准，代号 DIN19245。德国科学技术部总结了 20 世纪 80 年代德国工业界自动控制技术的发展经验，认为为了适应 20 世纪 90 年代分布式计算机自动控制系统的发展需要，有必要对现有的各公司自己定义的网络协议加以规范化、公开化，使得不同厂家生产的自动控制设备在网络通信级能够兼容，以利于工业整体标准化水平的提高，于 1987 年将 PROFIBUS 列为德国国家项目，由 13 家大公司（如著名的 SIEMENS、AEG、ABB 公司等）及 5 家研究所经过两年多的时间完成。

PROFIBUS 是唯一的全集成 H1（过程）和 H2（工厂自动化）的现场总线解决方案，是一种不依赖于制造商的开放式现场总线标准。采用 PROFIBUS 标准系统，不同制造商所生产的设备不需对其接口进行特别的调整就可以通信，PROFIBUS 可用于高速并对时间苛求的数据传输，也可用于大范围的复杂通信场合。PROFIBUS 的特点为可使分散式数字化控制器从现场层到车间级网络化，该系统分为主站和从站。主站决定总线的数据通信，当主站得到主线控制权（令牌）时，没有外界请求也可以主动发送消息。从站为外围设备，典型的从站包括输入设备、控制器、驱动器和测量变送器。它们没有总线控制权，仅对接收到的信息给予确认或当主站发出请求时向主站发送消息。

基于 PROFIBUS 的以上一些特点，再加上 10 多年的应用经验，PROFIBUS 在欧洲得到广泛应用，目前正在向欧洲以外的地区扩展。1997 年 7 月，PROFIBUS International 在中国建立了中国 PROFIBUS 用户协会（CPO）。2005 年 PROFIBUS 标准成为我国机械行业标准，2006 年 11 月成为我国国家标准。

5.4.2　PROFIBUS 现场总线技术的主要构成

PROFIBUS 是一种不依赖厂家的开放式现场总线标准，采用 PROFIBUS 的标准系统后，不同厂商所生产的设备不需对其接口进行特别调整就可通信。PROFIBUS 为多主从结构，可方便地构成集中式、集散式和分布式控制系统。

1. PROFIBUS 的产品系列

针对不同的应用场合，它分为 3 个系列：

（1）PROFIBUS-DP

它用于传感器和执行器级的高速数据传输，以 DIN19245 的第一部分为基础，根据其所需要达到的目标对通信功能加以扩充，DP 的传输速率可达 12Mbit/s，一般构成单主站系统，主站、从站间采用循环数据传送方式工作。它的设计旨在用于设备一级的高速数据传送。在这一级，中央控制器（如 PLC/PC）通过高速串行线同分散的现场设备（如驱动器、I/O、阀门等）进行通信，同这些分散的设备进行数据交换的多数是层次用户。

（2）PROFIBUS-PA

对于安全性要求较高的场合，制定了 PROFIBUS-PA 协议，这由 DINl9245 的第四部分描述。PA 具有本质安全特性，它实现了 IEC 1158-2 规定的通信规程。PROFIBUS-PA 是 PROFIBUS 的过程自动化解决方案，PA 将自动化系统和过程控制系统与现场设备如压力、温度和液位变送器等连接起来，代替了 4～20 mA 模拟信号传输技术，在现场设备的规划、敷设电缆、调试、投入运行和维修成本等方面可节约 40% 之多，并大大提高了系统功能和安全可靠性，因此 PA 尤其适用于化工、石油、冶金等行业的过程自动化控制系统。

（3）PROFIBUS-FMS

它的设计旨在解决车间一级通用性通信任务的，FMS 提供大量的通信服务，用以完成以中等传输速度进行的循环和非循环的通信任务。由于它是完成控制器和智能现场设备之间的通信以及控制器之间的信息交换，因此考虑的主要是系统的功能而不是系统响应时间，应用过程通常要求的是随机的信息交换（如改变设定参数等），强有力的 FMS 服务向人们提供了广泛的应用范围和更大的灵活性，可用于大范围和复杂的通信系统。

2. 协议结构

PROFIBUS 协议的结构定向是根据 ISO7498 国际标准以开放式系统互联网络（OSI）作为参考模型的。

PROFIBUS-DP 使用第 1 层、第 2 层和用户接口。这种结构确保了数据传输的快速和有效进行。直接数据链路映像（DDLM）为用户接口提供第 2 层功能映像，用户接口规定了用户及系统，以及不同设备可以调用的应用功能，并详细说明了各种不同 PROFIBUS-DP 设备的设备行为。

PROFIBUS-PA 使用 PROFIBUS-DP 的基本功能来传送测量值和状态，并用扩展的 PROFIBUS-DP 功能来制定现场设备的参数和进行设备操作，另外它使用了描述现场设备行为的 PA 行规，根据 IEC 1158-2 标准，这种传输技术可确保其本征安全性，并使现场设备通过总线供电。

PROFIBUS-FMS 对第 1、2 和 7 层均加以定义，其中应用层包括了现场总线信息规格（PROFIBUS Message Specification，FMS）和低层接口（Lower Layer Interface，LLI）。FMS 向用户提供了广泛的通信服务功能，LLI 则向 FMS 提供了不依赖设备访问第 2 层（现场总线数据链路层）的能力，第 2 层主要完成总线访问控制和保持数据的可靠性。FMS 服务是 ISO9506MMS（Manufacturing Message Specification，加工制造信息规范）服务项目的子集，这些服务项目在现场总线应用中被优化，而且还加上了通信目标和网络管理功能。

PROFIBUS-DP 和 PROFIBUS-FMS 系统使用了同样的传输技术和统一的总线访问协议，因而这两套系统可在同一根电缆上同时操作。协议结构如图 5-15 所示。

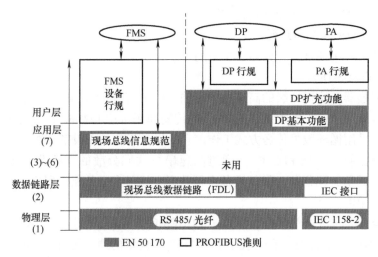

图 5-15　PROFIBUS 的协议结构

5.4.3　PROFIBUS 的主要特性

（1）总线存取协议

3 种系列的 PROFIBUS 均使用单一的总线存取协议，数据链路层采用混合介质存取方式，即主站间按令牌方式，主站和从站间按主从方式工作，如图 5-16 所示。得到令牌的主站可在一定的时间内执行本站的工作，这种方式保证了在任一时刻只能有一个站点发送数据，并且任一个主站在一个特定的时间片内都可以得到总线操作权，这就完全避免了冲突。这样的好处在于传输速度较快，而其他一些总线则采用的是冲突碰撞检测法，在这种情况下，某些信息组需要等待，然后再发送，从而使系统传输速度降低。

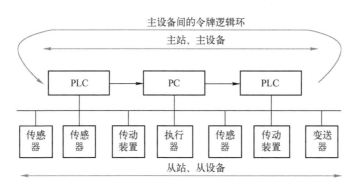

图 5-16　PROFIBUS 总线访问协议

（2）灵活的配置

根据不同的应用对象，可灵活选取不同规格的总线系统，如简单的设备一级的高速数据传送，可选用 PROFIBUS-DP 单主站系统；稍微复杂一些的设备级高速数据传送，可选用 PROFIBUS-DP 多主站系统；比较复杂一些的系统可将 PROFIBUS-DP 与 PROFIBUS-FMS 混合选用，两套系统可方便地在同一根电缆上同时操作，而无需附加任何转换装置。

（3）本征安全

本征安全特性一直是工控网络在过程控制领域应用时首先需要考虑的问题，否则，即使网络功能设计得再完善，也无法在化工、石油等工业现场使用。目前各种现场总线技术中考虑本征安全特性的只有 PROFIBUS 与 FF（Foundation Fieldbus），而 FF 的部分协议及成套硬件支撑尚未完善，可以说目前过程自动化中现场总线技术的成熟解决方案是 PROFIBUS-PA。它只需一条双绞线就可以既传送信息又向现场设备供电，由于总线的操作电源来自单一供电装置，它就不再需要绝缘装置和隔离装置，设备在操作过程中进行的维修、接通或断开，即使在潜在的爆炸区也不会影响到其他站点。使用分段式耦合器，可以将 PROFIBUS-PA 很方便地集成到 PROFIBUS-DP 网络上。

（4）功能强大的 FMS

FMS 提供上下文环境管理、变量的存取、定义域管理、程序调用管理、事件管理、对VFD（Virtual Field Device）的支持以及对象字典管理等服务功能。FMS 同时提供点对点或有选择广播通信，带可调监视时间间隔的自动连接，当地和远程网络管理等功能。

5.4.4 PROFIBUS-DP

PROFIBUS-DP 的 DP 即 Decentralized Periphery。它具有高速、低成本的特点，用于设备级控制系统与分散式 I/O 的通信。它与 PROFIBUS-PA（Process Automation）、PROFIBUS-FMS（FIELDBUS Message Specification）共同组成了 PROFIBUS 标准。

PROFIBUS-DP 用于现场层的高速数据传送。主站周期地读取从站的输入信息并周期地向从站发送输出信息。总线循环时间必须要比主站（PLC）程序循环时间短。除周期性用户数据传输外，PROFIBUS-DP 还提供智能化设备所需的非周期性通信以进行组态、诊断和报警处理。

（1）PROFIBUS-DP 的基本功能

中央控制器（主站）周期地读取从站的输入信息，并周期地向从站发送输出信息。总线循环时间必须要比中央控制器的程序循环时间更短，在很多应用场合，程序循环时间约为 10 ms。除了周期性用户数据传输外，PROFIBUS-DP 还提供强有力的组态和诊断功能。数据通信是由主站和从站进行监控的。

（2）PROFIBUS-DP 系统配置和设备类型

PROFIBUS-DP 允许构成单主站或多主站系统，这就为系统配置提供了高度的灵活性。在同一条总线上最多可连接 126 个站点（主站或从站）。系统配置的描述包括站数、站地址和输入/输出地址的分配、输入输出数据的格式、诊断信息的格式以及所使用的总线参数。

PROFIBUS-DP 从构成上可分为单主站系统和多主站系统。

1）在单主站系统中，在总线系统的运行阶段，只有一个活动主站。可编程序控制器为中央控制部件，分散的 DP 从站通过总线连接到可编程序控制器上。单主站系统可以获得最短的总线循环时间。

2）在多主站系统中，总线上连接好几个主站，这些主站与各自的从站构成相互独立的子系统，各包括一个 DPM1 和它们指定的从站或作为网上的附加配置和诊断设备。任何一个主站均可读取 DP 从站的输入和输出映像，但只有一个 DP 主站（在系统组态时指定的 DPM1）允许对 DP 从站写入数据。多主站系统的总线循环时间要比单主站系统长一些。

（3）PROFIBUS-DP 系统行为

PROFIBUS-DP 系统行为主要取决于 DPM1 的操作状态，这些状态是由本地或总线的配置设备所控制的，主要有以下 3 种状态：

1）停止。在这种状态下，DPM1 和 DP 从站之间没有数据传输。

2）清除。在这种状态下，DPM1 读取 DP 从站的输入信息，并使输出信息保持故障安全状态。

3）运行。在这种状态下，DPM1 处于数据传输阶段，循环数据通信时，DPM1 从 DP 从站读取输入信息，并向 DP 从站写入输出信息。

（4）设备数据库文件（GSD）文件

GSD 是以一种准确定义的格式描述的，制造商对每一种设备都装有一个 GSD 文件，将来用配置软件组网，如 COM PROFIBUS 软件，只要把设备的 GSD 文件复制到相应的目录下，就可以方便地将此设备放在网中。

GSD 包括 3 个部分：

1）总体说明，包括制造商和设备名称、软硬件版本号、支持的波特率、可能的监控时间间隔等。

2）DP 主设备的相关规定，包括所有只适用于 DP 主设备的参数。

3）从设备的相关规定，包括与从设备相关的所有规定，如 I/O 通道的数据和类型、诊断测试的规格及 I/O 数据一致性信息等。

5.4.5　PROFIBUS-PA

（1）PROFIBUS-PA 的传输特性

现场总线技术在很大程度上取决于选用何种传输技术，除了一些总的要求（传输可靠、传输距离或高速传输）外，考虑一些简便而又费用不大的机电因素也特别重要，当涉及过程自动化的应用时，数据和电源必须通过同一根电缆传输，由于单一的传输技术不能满足所有的要求，因此 Profibus 提供了 3 种类型传输技术：

1）DP 的 RS-485 传输。

2）PA 的 IEC 1158-2 传输。

3）光纤（FO）。

对于 PA 的 IEC 1158-2 传输技术，IEC 1158-2 的传输技术特性见表 5-8。

表 5-8　IEC 1158-2 的传输技术特性

数据传输	数字式、行同步、曼彻斯特编码
传输速率	31.25 kbit/s 电压式
数据可靠性	预兆性、避免误差、采用起始和终止界定符
电缆	双绞线（屏蔽或非屏蔽）
防爆型	可进行本征、非本征安全操作
拓扑结构	总线型、树形和星形
站数	每段最多 32 个，总数最多 126 个
转发界	可扩展到 4 台
远程电源	可选附件，通过数据线

IEC 1158-2 的传输技术能满足化工和石化工业的要求，它可保证其本征安全性并使现场总线通过总线供电，该技术是一种位同步协议，可进行无电流的连续传输，常称之为 H1。其传输原理是：

1）每段只有一个电源和供电装置。

2）每站发送信息时，不向总线供电。

3）每站现场设备所消耗的是常量稳态基本电流。

4）现场设备的作用为无源的电流吸收装置。

5）允许使用总线型、树形和星形网。

6）为提高可靠性，设计时可采用冗余的总线段。

7）为了调制的目的，每个总线段至少需要 10 mA 的基本电流才能使设备启动。

（2）PROFIBUS-PA 的传输协议

PROFIBUS-PA 使用 DP 的基本功能是传送测量值和状态，并用扩展的 DP 来制定现场设备的参数和进行设备操作。由于 IEC 1158-2 的双绞线技术是作为传递用的，PROFIBUS 的总线存取协议（第 2 层）和 IEC 1158-2 技术（第 1 层）之间的接口在 DIN19245 系列标准的第 4 部分已做了规定。报文还对在 IEC 1158-2 段进行传送时提供了起始和结束定界符。图 5-17 为其原理图。

图 5-17　总线上的 PROFIBUS-PA 数据传输

（3）PROFIBUS-PA 设备行规

设备行规保证了不同厂商所生产的现场设备的互操作性和互换性，其任务是选用各种类型的现场设备真正需要的通信功能，并提供这些设备功能和设备行为的一切必要规格。设备行为的描述由规定标准化的变量来说明，变量取决于特定的发送器，每台设备将提供 PROFIBUS-PA 行规所规定的各项参数，见表 5-9。

表 5-9　模拟量输入功能块（A1）参数

参　数	读	写	功　能
OUT	●		过程变量和状态的当前测量值
PV_SCALE	●	●	测量范围上限和下限的过程变量的标定，单位编码和小数点后位数
PV_FTIME	●	●	功能块输出的上升时间，以秒计算
ALAEM_HYS	●	●	报警功能滞后以测量范围的% 表示
HI_HI_LIM	●	●	上限报警，如果超出，报警和状态位置1
HI_LIM	●	●	上限警告，如果超出，警告和状态位置1
LO_LIM	●	●	下限警告，如果低于，警告和状态位置1
LO_LO_LIM	●	●	下限报警，如果低于，中断和状态位置1
HI_HI_ALM	●		带时间标记的上限报警状态
HI_ALM	●		带时间标记的上限警告状态

PROFIBUS 作为欧洲开放式现场总线标准已在世界范围内得到普及和应用，其开放性可使现场设备供应商和 PROFIBUS 用户的投资得到可靠保障。用户可自由选择现场设备，而不必在购买硬件和开发软件上花费太多精力，只需把精力投入到控制方便的现场功能组态上。

值得注意的是 PROFIBUS 并非完全的开放式国际现场总线标准，与其他的现场总线如 ISA/SP50、World/FIP 仍然存在许多不兼容的部分，无互操作性，几种现场总线的产品不能互换或互联，更不能统一组态。当今信息技术的迅猛发展，使得走开放式的道路成为必然趋势，目前，国际现场总线基金会（FF）正在加紧统一几种现存的总线，制定世界统一的 FF 标准。但鉴于 FF 尚未形成完整的一套标准，对于我国来说，首先通过试用 PROFIBUS，消化吸收其关键技术，然后再过渡到 FF 标准应是发展我国现场总线的可取策略。

5.4.6　PROFIBUS-FMS

PROFIBUS-FMS 的设计旨在解决车间一级的通信。在这一级，可编程序控制器（PLC）

与 PC 以 FMS 方式互相通信，强有力的 FMS 服务向人们提供广泛的应用范围和更大的灵活性。在这个应用领域，高性能的功能要求远比系统的快速响应时间更显得重要。

（1）PROFIBUS-FMS 应用层

PROFIBUS-FMS 应用层提供了用户使用的通信服务。这些服务包括访问变量、程序传递、事件控制等。PROFIBUS-FMS 应用层包括两部分：现场总线报文规范（FMS），描述了通信对象和应用服务；低层接口（LLI），是 FMS 服务到第 2 层的接口。

（2）PROFIBUS-FMS 通信模型

PROFIBUS-FMS 利用通信关系将分散的应用过程统一到一个共用的过程中。在应用过程中，可用来通信的那部分现场设备为虚拟现场设备（VFD），在实际现场设备与 VFD 之间建立一个通信关系表，VFD 通过通信关系完成对实际现场设备的通信，通信关系表是 VFD 通信变量的集合。

（3）通信对象与通信字典

FMS 面向对象通信，它确认 5 种静态通信对象，即简单变量、数组、记录、域和时间，还确认两种动态通信对象：程序调用和变量表。

每台 FMS 涉及的所有通信对象都填入对象字典（OD）中。对简单设备，OD 可以预定义；对复杂设备，OD 可以在本地或远程通过组态加到设备中去。静态通信对象进入静态对象字典，动态通信对象进入动态通信字典。每个对象均有一个唯一的索引，为避免非授权的访问，每个通信对象可选用访问保护。

（4）PROFIBUS-FMS 服务

PROFIBUS-FMS 服务项目是 ISO 9506 制造信息规范（MMS）服务项目的子集，这些服务项目在现场总线应用中已被优化，而且还加上了通信对象的管理和网络管理。

PROFIBUS-FMS 提供了大量的管理和服务，满足了不同设备对通信提出的广泛需求，通信项目的选用取决于不同的应用，具体的应用领域在 FMS 行规中有规定。

（5）PROFIBUS-FMS 和 PROFIBUS-DP 的混合操作

FMS 和 DP 设备在一条总线上进行混合操作是 PROFIBUS 的一个主要优点，两个协议也可以同时在一台设备上执行，这些设备称为混合设备。之所以可能进行混合操作是因为 FMS 和 DP 均使用统一的传输技术和总线访问协议，不同的应用功能是通过第 2 层不同的服务访问点来分开的。

5.4.7　PROFINET

PROFINET 由 PROFIBUS 国际组织（PROFIBUS International，PI）推出，是新一代基于工业以太网技术的自动化总线标准。作为一项战略性的技术创新，PROFINET 为自动化通信领域提供了一套完整的网络解决方案，囊括了诸如实时以太网、运动控制、分布式自动化、故障安全以及网络安全等当前自动化领域的热点技术，并且作为跨供应商的技术，可以完全兼容工业以太网和现有的现场总线（如 PROFIBUS）技术，保护现有投资。

PROFINET 是适用于不同需求的完整解决方案，其功能包括 8 个主要的模块，依次为实时通信、分布式现场设备、运动控制、分布式自动化、网络安装、IT 标准和信息安全、故障安全和过程自动化。

（1）PROFINET 实时通信

根据响应时间的不同，PROFINET 支持下列 3 种通信方式：

1）TCP/IP 标准通信。PROFINET 基于工业以太网技术，使用 TCP/IP 和 IT 标准。TCP/IP 是 IT 领域关于通信协议方面事实上的标准，尽管其响应时间大概在 100 ms 的量级，不过对于工厂控制级的应用来说，这个响应时间就足够了。

2）实时（RT）通信。对于传感器和执行器设备之间的数据交换，系统对响应时间的要求更为严格，因此，PROFINET 提供了一个优化的、基于以太网第 2 层（Layer 2）的实时通信通道，通过该实时通道，极大地减少了数据在通信栈中的处理时间，ProfiNet 实时通信的典型响应时间是 5 ~ 10 ms。

3）同步实时（IRT）通信。在现场级通信中，对通信实时性要求最高的是运动控制（Motion Control），PROFINET 的同步实时（Isochronous Real-Time，IRT）技术可以满足运动控制的高速通信需求，在 100 个节点下，其响应时间要小于 1 ms，抖动误差要小于 1 μs，以此来保证及时的、准确的响应。

（2）PROFINET 分布式现场设备

通过集成 PROFINET 接口，分布式现场设备可以直接连接到 PROFINET 上。对于现有的现场总线通信系统，可以通过代理服务器实现与 PROFINET 的透明连接。例如，通过 IE/PB Link（PROFINET 和 PROFIBUS 之间的代理服务器）可以将一个 PROFIBUS 网络透明地集成到 PROFINET 当中，PROFIBUS 各种丰富的设备诊断功能同样也适用于 PROFINET。对于其他类型的现场总线，可以通过同样的方式，使用一个代理服务器将现场总线网络接入到 PROFINET 之中。

（3）PROFINET 运动控制

通过 PROFINET 的同步实时功能，可以轻松实现对伺服运动控制系统的控制。在 PROFINET 同步实时通信中，每个通信周期被分成两个不同的部分，一个是循环的、确定的部分，称之为实时通道；另外一个是标准通道，标准的 TCP/IP 数据通过这个通道进行传输。

在实时通道中，为实时数据预留了固定循环间隔的时间窗，而实时数据总是按固定的次序插入，因此，实时数据就在固定的间隔被传送，循环周期中剩余的时间用来传递标准的 TCP/IP 数据。两种不同类型的数据就可以同时在 PROFINET 上传递，而且不会互相干扰。通过独立的实时数据通道，保证对伺服运动系统的可靠控制。

（4）PROFINET 与分布式自动化

随着现场设备智能程度的不断提高，自动化控制系统的分散程度也越来越高。工业控制系统正由分散式自动化向分布式自动化演进，因此，基于组件的自动化（Component Based Automation，CBA）成为新兴的趋势。工厂中的相关的机械部件、电气/电子部件和应用软件等具有独立工作能力的工艺模块抽象成为一个封装好的组件，各组件间使用 PROFINET 连接。通过 SIMATIC iMAP 软件，即可用图形化组态的方式实现各组件间的通信配置，不需要另外编程，大大简化了系统的配置及调试过程。

通过模块化这一成功理念，可以显著降低机器和工厂建设中的组态与上线调试时间。在使用分布式智能系统或可编程现场设备、驱动系统和 I/O 时，还可以扩展使用模块化理念，从机械应用扩展到自动化解决方案。另外，也可以将一条生产线的单个机器作为生产线或过程中的一个"标准模块"进行定义。作为设备与工厂设计者，工艺模块化能够更容易、更好地对设备与系统进行标准化和再利用，能够对不同的客户要求做出更快、更具灵活性的反应。它可以对各台设备和厂区进行预先测试，极大地缩短系统上线调试阶段所用时间。作为系统操作者，从现场设备到管理层，都可以从 IT 标准的通用通信中获得好处。对现有系统进行扩展也变得容易。

（5）PROFINET 网络安装

PROFINET 支持星形、总线型和环型拓扑结构。为了减少布线费用，并保证高度的可用性和灵活性，PROFINET 提供了大量的工具帮助用户方便地实现 PROFINET 的安装。特别设计的工业电缆和耐用连接器满足 EMC 和温度要求，并且在 PROFINET 框架内形成标准化，保证了不同制造商设备之间的兼容性。

（6）PROFINET IT 标准与网络安全

PROFINET 的一个重要特征就是可以同时传递实时数据和标准的 TCP/IP 数据。在其传递 TCP/IP 数据的公共通道中，各种已验证的 IT 技术都可以使用（如 http、HTML、SNMP、DHCP 和 XML 等）。在使用 PROFINET 时，可以使用这些 IT 标准服务加强对整个网络的管理和维护，这意味着调试和维护中成本的节省。

PROFINET 实现了从现场级到管理层的纵向通信集成，一方面，方便管理层获取现场级的数据，另一方面，原本在管理层存在的数据安全性问题也延伸到了现场级。为了保证现场级控制数据的安全，PROFINET 提供了特有的安全机制，通过使用专用的安全模块，可以保护自动化控制系统，使自动化通信网络的安全风险最小化。

（7）PROFINET 故障安全

在过程自动化领域中，故障安全是相当重要的一个概念。所谓故障安全，即指当系统发生故障或出现致命错误时，系统能够恢复到安全状态（即"零"态），在这里，安全有两个方面的含义，一方面是指操作人员的安全，另一方面指整个系统的安全，因为在过程自动化领域中，系统出现故障或致命错误时很可能会导致整个系统的爆炸或毁坏。故障安全机制就是用来保证系统在故障后可以自动恢复到安全状态，不会对操作人员和过程控制系统造成损害。

PROFINET 集成了 PROFISAFE 行规，实现了 IEC 61508 中规定的 SIL3 等级的故障安全，很好地保证了整个系统的安全。

（8）PROFINET 与过程自动化

PROFINET 不仅可以用于工厂自动化场合，也同时用于过程自动化场合。工业界针对工业以太网总线供电，及以太网应用在本质安全区域的问题的讨论正在形成标准或解决方案。

通过代理服务器技术，PROFINET 可以无缝地集成现场总线 PROFIBUS 和其他总线标准。当前，PROFIBUS 是世界范围内唯一可覆盖从工厂自动化场合到过程自动化应用的现场总线标准。集成 PROFIBUS 现场总线解决方案的 PROFINET 是过程自动化领域应用的完美体现。

作为国际标准 IEC 61158 的重要组成部分，PROFINET 是完全开放的协议，PROFIBUS 国际组织的成员公司在 2004 年的汉诺威展览会上推出了大量的带有 PROFINET 接口的设备，为 PROFINET 技术的推广和普及起到了积极的作用。随着进一步的发展，作为面向未来的新一代工业通信网络标准，PROFINET 必将为自动化控制系统带来更大的贡献。

5.5 控制层现场总线 ControlNet

ControlNet 是近年来推出的一种新的面向控制层的实时性现场总线网络,在同一物理介质链路上提供时间关键性 I/O 数据和报文数据,包括程序的上载/下载,组态数据和端到端的报文传递等通信支持,是具有高度确定性、可重复的高速控制和数据采集网络,I/O 性能和端到端通信性能都比传统网络有较大提高。

5.5.1 控制层现场总线概述

ControlNet 是基于生产者/消费者 (Producer/Consumer) 模式的网络,ControlNet 允许在同一链路上有多个控制器共存,支持输入数据或端到端信息的多路发送,这就大大减少了网络上的交通量,提高了网络效率和网络性能。

ControlNet 是高度确定性、可重复性的网络。所谓确定性就是预见数据何时能够可靠传输到目标的能力,而可重复性则是指数据的传输时间不受网络节点添加/删除情况或网络繁忙状况影响而保持恒定的能力。在实际应用中,通过网络组态时选择性设定,有计划地设置 I/O 分组或互锁时间,这些要求能得到更进一步的保证。

ControlNet 非常适用于一些控制关系有复杂关联、要求控制信息同步、需要协调实时控制、数据传输速度要求较高的应用场合。比如协同工作的驱动系统、焊接控制、运动控制、视觉系统、复杂的批次控制、有大量数据传送要求的过程控制系统、有多个控制器和人机界面共存的系统等。对于有多个基于 PC 的控制器之间、不同 PLC 之间或 PLC 和 DCS 之间存在通信要求的场合,ControlNet 非常适用。ControlNet 允许多个各自拥有自己独立或共享的 I/O 的控制器之间相互通信或以灵活的互锁方式组织。由于其突出的实时性、确定性、可选的本征安全等特性,已越来越多地应用于过程控制等要求较高的场合。

ControlNet 是开放的现场总线,截止 1999 年底在全世界范围内已经拥有近 70 家成员单位,由独立性国际组织控制网国际 (ControlNet International) 负责管理,控制网国际旨在维护和发行 ControlNet 技术规范,管理成员单位共同的市场推广工作,同时提供各个厂商产品之间的一致性和互操作性测试服务,保证 ControlNet 的开放性。

5.5.2 ControlNet 协议规范

ControlNet 是开放的网络,其协议规范可以通过控制网国际获得。ControlNet 与 ISO/OSI 7 层网络参考模型的对照关系如图 5-18 所示。

(1) 物理层与介质

物理层和介质部分的规范规定了同轴电缆和光缆介质标准与设计的一些参考信息。物理层包括两个子层:物理介质附属 (Physical Medium Attachment, PMA) 子层和物理层信号 (Physical Layer Signaling, PLS) 子层。PMA 子层包含了发送和接收总线信号必需的电路,而 PLS 子层执行位表示和计时器功能,以及与 MAC (向上) 和 PMA 子层的信息交换。

(2) 数据链路层

数据链路层 (Data Link Layer, DLL) 的首要任务是管理介质的存取权。DLL 协议是建立在一个固定长度的、不断重复的网络刷新时间 (Network Update Time, NUT) 基础上的。

NUT 以同步方式管理链路上的不同的节点，如果网络上节点的 NUT 时间与当前链路上 NUT 时间不一致，它就不能获得在链路上的数据传输权。不同的链路可能有不同的 NUT 值，NUT 可以在组态过程中确定，取值范围为 2 ~ 100 ms。

网络的存取控制通过一种称为同时间域多点存取（Concurrent Time Domain Multiple Access，CTDMA）的时间滑动算法实现。网络传输时间被分割成不断重复的网络传输时间段，通过调节在一个时间段内不同节点传输数据的机会控制整个网络的通信。对于不同的网络节点，通过指定不同的网络新时间来选择网络传输的节拍，实时性要求较高的信息被安排在网络刷新时间间隔中的预规划部分传输，而实时性要求不太高的数据在网络刷新时间的非规划时间段传送。

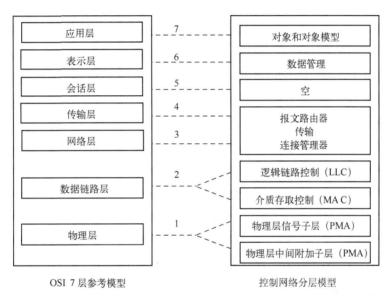

图 5-18　控制网分层模型与 OSI 7 层参考模型比较

（3）网络与传输层

ControlNet 是基于连接（Connection）的网络，网络与传输层的角色就是建立和维护连接。连接的概念类似于电话线路：当电话呼叫发生后，电话系统选择一条线路，并在各个交换局/站建立和维持这样一条“通路”处理通话，只要通话在继续，这条虚拟的通路就维持通路，传输数据或语音信号。这样的一条逻辑上的通信“连接”，可能跨越了多个不同类型的链路，但对于通信的双方而言，这个连接确实是固定的、一致的。每个连接都被赋予一个连接标识（Connection ID），代表与之相关联的通信资源。这样，在通信过程中，只需指出连接的标识符即可，而不必指明其他连接参数，大大提高了信息传递的效率。

（4）数据管理

这部分协议定义了数据类型规范的文法、数据类型、取值范围，以及不同数据类型适用的操作。

（5）对象模型

对象的建模代表了网络设备可见的一些行为，这部分协议的内容包括：对象建模和术语、对象编址、对象模型、对象规范格式和规则、对象规范扩展方法、新对象创建规范等内容。

（6）设备描述

通过定义每一类型设备的核心标准，可以实现不同厂商相似设备间互操作性和互换性。一般来说，相似的设备具有大致相同的行为，产生/消费相同的数据集，包含相似的可组态参数集。相似设备间这些信息的正式定义就称之为设备描述（DD）。ControlNet 协议中已经定义的设备描述包括条形码扫描器、PLC、位置控制器、秤、信息显示器、交直流驱动、伺服驱动、接触器、电机起动器、软启动器、人机接口、启动阀等，而且 ControlNet International 组织的一些专门兴趣小组还在尝试定义更多的设备描述。

（7）生产者/消费者通信模式

工业控制的发展要求控制网络提供越来越高的生产率、更高的系统性能，同时又提供确定性的、可重复的、可估计的设备间通信。单纯提高波特率或单纯提高协议效率，都不能从根本上解决问题。ControlNet 则是基于一种全新的网络通信模式——生产者/消费者模式。

传统的网络通信模型是源/目的型，或者称点到点的通信方式，这种方式的优点是通信的内容和形式都十分明确，在传送的报文中都包含了明确的源和地址信息，但是在源/目的网络模式下（如图 5-19 所示），当同一数据源上的数据向网络上其他多个节点发送数据时，必须经过多次才能实现，这就大大增加了网络的负担，降低了通信的效率。另外，由于数据到达不同网络节点的时间可能因网络上节点数目的不同而变化，不同节点之间的同步就变得困难，通信的实时性不能得到保障。

源地址	目的地址	数据	CRC 校验

图 5-19　源/目的模式下的网络帧格式

不同于以往的通信模式，生产者/消费者模式允许网络上的不同节点同时存取同一个源的数据。在生产者/消费者模式下，数据被分配一个唯一的标识，根据具体的标识，网络上多个不同的节点可以接收到来自同一发送者的数据，其结果是，数据的传输更为经济，每个数据源一次性把数据发送到网络，其他节点选择性地收取这些数据，不浪费带宽，提高了系统生产率，通信效率提高，数据只需产生一次，不管有多少个节点需要接收这个数据，数据经过同样的时间传送到不同的节点，可以实现通信的精确同步。

较早出现的现场总线，如 PROFIBUS-DP、PROFIBUS-PA、INTERBUS、AS-I 等，都是基于源/目的模式的网络模型的产品，20 世纪 90 年代中期以后推出的一些现场总线产品，则采用了生产者/消费者网络模型，以期获得更高的通信效率，满足更高的控制要求，如 ControlNet、DeviceNet、Foundation FieldBus 等，罗克韦尔自动化公司甚至在其 1997 年底推出的新一代可编程序控制器 ControlLogix 产品的无源背板总线 ControlBus 中植入了生产者/消费者网络模型。生产者/消费者模式下的网络帧格式如图 5-20 所示。

标识	数据	CRC 校验

图 5-20　生产者/消费者模式下的网络帧格式

5.5.3　ControlNet 的特点

概括来讲，ControlNet 具有明显的优点（见表 5-10）：

表 5-10　ControlNet 主要性能指标

网络目标功能	端到端设备（控制器等）和 I/O 网络，在同一链路上传递 I/O，编程和系统组态信息	网络节点数	99 个可编址节点 单段最多 48 个节点
网络拓扑	主干–分支形，星形，树形，混合型	应用层设计	面向对象设计：设备对象模型，类/实例/属性，设备描述
最大通信速率	5 Mbit/s（单段最大长度下）	周期性冗余检查	改进的 CCITT16 位多项式算法
通信方式	主从式 多主 端到端	I/O 数据触发方式	轮询 周期性发送 逢变则报
网络刷新时间	可组态 2 ~ 100 ms	I/O 数据点数	无限多个
数据分组大小	可变长 0 ~ 510 B	中继器类型	高压交值流 低压直流
网络最大拓扑（中继器）	6 km（同轴电缆）/超过 30 km（光缆）	中继器数量	5 个中继器（6 个网段）/串接，最多 48 个网段并联
电源	外部供电	连接器	标准同轴电缆 BNC
网络模型	生产者/消费者	物理层介质	RG6 同轴电缆 光纤
网络速率	5 Mbit/s（单段最大长度）1000 m 两个节点/250 m 48 个节点　（同轴电缆）@ 5 Mbit/s　3000 m（光纤）@ 5 Mbit/s	网络和系统特性	带电插拔 确定性和可重复性 可选本征安全 网络重复节点检测 报文分组传送（块传送）

1）同一链路上满足 I/O 数据、实时互锁、端到端报文传输和编程/组态信息等应用的多样的通信要求。

2）是确定性的、可重复的控制网络，适合离散控制和过程控制。

3）同一链路上允许多个控制器同时共存。

4）支持输入数据和端到端信息的多路发送。

5）可选的介质冗余和本征安全。

6）安装和维护的简单性。

7）网络上节点居于对等地位，可以从任意节点实现网络存取。

8）灵活的拓扑结构（总线型、树形、星形等）和介质选择（同轴电缆、光纤和其他）。

5.6　设备层现场总线 DeviceNet

设备网（DeviceNet）网络是 20 世纪 90 年代中期发展起来的一种基于 CAN 技术的，符合全球工业标准的开放型、低成本、高性能的通信网络。它通过一根电缆将诸如可编程序控制器、传感器、光电开关、操作员终端、电动机、轴承座、变频器和软起动器等现场智能设备连接起来。它是分布式控制系统减少现场 I/O 接口和布线数量，并将控制功能下载到现场设备的理想解决方案。

5.6.1　DeviceNet 的性能特点

DeviceNet 作为工业自动化领域广为应用的网络，不仅可以作为设备级的网络，还可以作为控制级的网络，通过设备网提供的服务还可以实现以太网上的实时控制。较之其他的一些现场总线，设备网不仅可以接入更多、更复杂的设备，还可以为上层提供更多的信息和服务。在制造领域里，设备网遍及全球，尤其是北美和日本，设备网已经成为事实上的工业自动化领域的标准网络。设备网最初由罗克韦尔自动化公司设计，目前其管理组织 ODVA（Open Device Net Vendors Association）致力于支持设备网产品和设备网规范的进一步开发。至今，全球已有超过 600 家厂商提供 DeviceNet 的接入产品，除了 ODVA 以外，Rockwell、GE、ABB、Hitachi、Omron 等跨国集团也致力于 DeviceNet 的推广。可以预见 DeviceNet 在未来的一段时期内还将得到更多厂商的支持，DeviceNet 有可能成为设备级的主流网络。

DeviceNet 属于总线式串行通信网络，由于其采用了许多新技术及独特的设计，与一般的通信总线相比，DeviceNet 网络的数据通信具有突出的高可靠性、实时性和灵活性。

其主要特点可以概括如下：

1）采用基于 CAN 的多主方式工作，网络上任一节点均可在任意时刻主动地向网络上其他节点发送信息，而不分主从，一个设备网产品既可以作为"客户"，又可作为"服务器"，或者两者兼顾。

2）逐位仲裁模式的优先级对等通信，建立了用于数据传输的生产者/消费者传输模型，任一设备网产品均可产生和应用报文，网络上的节点信息分为不同的优先级，可满足不同的实时要求。

3）DeviceNet 采用非破坏性总线仲裁技术，当多个节点同时向总线发送信息时，优先级较低的节点会主动地退出发送，而最高优先级的节点可不受影响的继续传输数据，从而大大节省了总线冲突仲裁时间，尤其是在网络负载很重的情况下也不会出现网络瘫痪的情况。

4）DeviceNet 的直接通信距离最远为 500 m，通信速率最高可达 500 kbit/s。

5）DeviceNet 上可以容纳多达 64 个节点地址，每个节点支持的 FO 数量没有限制。

6）采用短帧结构，传输时间短，受干扰的概率低，具有极好的检错效果，每帧信息都有 CRC 校验及其他检错措施，保证了数据出错率极低。

7）DeviceNet 的通信介质为独立双绞总线，信号与电源承载于同一电缆。

8）DeviceNet 支持设备的热插拔，无须网络断电。

9）DeviceNet 的接入设备可选择光电隔离设计，外部供电的设备与由总线供电的设备共享总线电缆。

5.6.2　DeviceNet 的技术规范

随着 DeviceNet 在各种领域的应用和推广，对其标准化也提出了更高的要求，ODVA 制定并管理着设备网规范，作为真正开放性的网络标准，ODVA 还不断地对设备网规范进行补充、修订，使更多的现场设备能够作为标准设备接入到 DeviceNet 上来。

DeviceNet 遵从 OSI 模型，按照 OSI 基准模型，DeviceNet 网络结构分为 3 层：物理层、数据链路层和应用层，数据链路层又划分为逻辑链路控制（Logic Link Control，LLC）和媒体访问控制（Medium Access Control，MAC）两个子层，物理层下面还定义了传输的物理媒体。

设备网建立在 CAN 协议的基础之上。但 CAN 仅规定了 OSI 模型中物理层和数据链路层的一部分，DeviceNet 沿用了 CAN 协议标准所规定的总线网络的物理层和数据链路层，并补充定义了不同的报文格式、总线访问仲裁规则及故障检测和故障隔离的方法。而 DeviceNet 应用层规范则定义了传输数据的语法和语义。简单地说，CAN 定义了数据传送方式，而设备网应用层又补充了传送数据的意义。对应于 OSI 网络协议 7 层模型的第 1，2，7 层。其关系如图 5-21 所示。

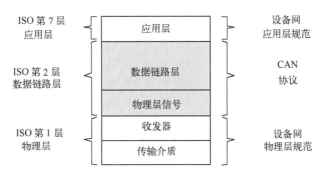

图 5-21　基于 CAN 的 DeviceNet 协议分层结构

（1）DeviceNet 的物理层和物理媒体

设备网物理层规范定义了设备网的总线拓扑结构以及网络元件，具体包括接地、粗缆和细缆混合结构、网络端接和电源分配。设备网所采用的典型拓扑结构是干线 - 分支方式。线缆包括粗缆（多用作干线）和细缆（多用于分支线），总线线缆中包括 24 V 直流电源和信号线，两组双绞线以及信号屏蔽线。在设备连接方式上，可以灵活选用开放/封装端头两种形式。网络供电采取分布式方式，支持冗余结构。总线支持有源和无源设备。对于有源设备，提供专门设计的带有光隔离的收发器。图 5-22 是一个典型设备网的拓扑结构图。

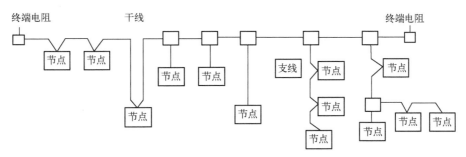

图 5-22　典型设备网的拓扑结构图

设备网提供125/250/500 kbit/s三种可选的通信波特率，最大拓扑距离为500 m，每个网络段最大可达64个节点。传输速率、线缆类型、拓扑距离之间的对应关系见表5-11。

表5-11 DeviceNet总线系统的支干线最大长度

传输速率/（kbit/s）	125	250	500
粗缆干线长度/m	500	250	125
细缆干线长度/m	100	100	100
最大直线长度/m	6	6	6
支线允许总长/m	156	78	39

（2）DeviceNet与CAN

DeviceNet的数据链路层完全遵循CAN规范的定义，并通过CAN控制器芯片实现。CAN规范定义总线数值为两种互补逻辑数值之一："显性"（逻辑0）和"隐性"（逻辑1）。任何发送设备都可以驱动总线为"显性"，当"显性"和"隐性"位同时发送时，最后总线数值将为"显性"，仅当总线空闲或"隐性"位期间，发送"隐性"状态。

CAN定义了4种帧格式，分别是数据帧、远程帧、超载帧和出错帧。在DeviceNet上传输数据采用的是数据帧格式，远程帧帧格式在DeviceNet中没有被使用。数据帧的格式如图5-23所示。

帧起始标志	11位标识符	控制字段	帧长	0~8 B数据	循环冗余校验	确认	帧结束标志

图5-23 CAN协议数据帧格式

在总线空闲时每个节点都可以尝试发送，但如果多于两个的节点开始发送，发送权的竞争需要通过标识符位仲裁来解决。设备网采用非破坏性逐位仲裁（Non-destructive Bit-wise Arbitration）的方法解决共享介质总线访问冲突问题。网络上每个节点拥有一个唯一的标识符，这个标识符的值决定了总线冲突仲裁时优先级的大小。当多个节点同时向总线发送信息时，标识符小的节点在总线冲突仲裁中作为获胜的一方可不受影响地继续传输数据，而标识符大的节点会主动地退出发送，从而大大节省了总线冲突仲裁时间。这种机制保证了总线上的信息不会丢失，网络带宽也得到最大限度的利用。

数据帧每帧信息都有CRC校验和其他校验措施，数据传输误码率极低，有严重故障的节点可自动从网络上切除，以保持网络正常运行。

5.6.3 DeviceNet中连接的概念

DeviceNet为在设备之间建立逻辑连接，实现空闲超时时释放连接和将长信息分组传送，采用了面向对象的框架结构。对于DeviceNet设备库中所定义的标准设备，DeviceNet规范规定了设备的各种行为，以保证不同厂商生产的同一种设备之间的可互换性。关于DeviceNet，连接是一个很重要的概念。设备网是基于连接的网络，网络上的任意两个节点在开始通信之前，必须事先建立连接。在DeviceNet中，每一个连接由一个11位的被称为信息标识符或连接标识符的字符串来标识，该11位的连接标识符包括了设备媒体访问控制标识符（MAC ID）和信息标识符（Message ID）。6位的媒体访问控制标识符从0~63，通常由设备上的跳线开关决定。

DeviceNet 用连接标识符将优先级不同的信息分为 4 组。连接标识符属于第一组的信息，其优先级最高，通常用于发送从属设备的 I/O 报文；连接标识符属于第四组的信息，用于设备离线时的通信。DeviceNet 所定义的 4 个信息组见表 5-12。

表 5-12　DeviceNet 所定义的信息组

连接标识符位											十六进制表示	信息相关特性
10	9	8	7	6	5	4	3	2	1	0		
0	第一组信息 ID					源设备 MAC ID					000 ~ 3ff	第一信息组
1		0		源/旧的设备 MAC ID			第二组信息 ID				400 ~ 5ff	第二信息组
1		1		第三组信息 ID			源设备 MAC ID				600 ~ 7bf	第三信息组
1	1	1	1	1	1	第三组信息 ID（0 ~ 2f）					7c0-7ef	第四信息组
1	1	1	1	1	1	1	×	×	×	×	7f0 ~ 7ff	无效标识符

5.6.4　生产者/消费者模型

传统的方法是在分组中指定源和目的地址，这存在明显的不足。由于每个目的地都需要单独的指定信息，协同的动作就显得不太方便，而重复传送相同的信息，浪费了带宽。设备网利用了 CAN 的技术，采用了生产者/消费者模型。

借用客户/服务器的概念来比较说明这一模型。设备网设备既可能是客户，也可能是服务器，或者兼备两个角色。而每一个客户服务器又都可能是生产者、消费者，或者两者皆是。典型的，服务器"消费"请求，同时"产出"响应；相应的，客户"消费"响应，同时"产出"请求。也存在一些独立的连接，它们不属于客户或服务器，而只是单纯生产或消费数据，这分别对应了周期性或状态改变类数据传送方式的源/目的，这样就可以显著降低带宽消耗。生产者/消费者模型与典型的源/目的模式相比，多个消费者可以同时接收到来自同一个生产者发送的信息，而不用逐个指定源/目的，更为灵活、高效。

在设备网上，产生数据的设备提供数据，并给这些数据赋予相应的标识符。需要接收数据的设备则监听网络上所传送的报文，并根据其标识符选择接收（即"消费"）合适的报文。按照生产者/消费者模型，在网络上传送的报文不一定再专属于某个固定的源/目的地，网络可以支持多点发送，大大节约了带宽。

5.6.5　DeviceNet 的报文传送

设备网定义了两种报文传递的方式：FO 报文和显式报文。其中 FO 报文适用于实时性要求较高和面向控制的数据。I/O 报文提供了在报文发送过程和多个报文接收过程之间的专用通信路径。I/O 报文通常使用优先级高的连接标识符，通过一点或多点连接进行信息交换。I/O 报文数据帧中的 8 位数据场不包含任何与协议有关的位，只有当 I/O 报文为大报文经过分割后形成的 I/O 报文片段时，数据场中有一位由报文分割协议使用。连接标识符提供了 I/O 报文的相关信息，在 I/O 报文利用连接标识符发送之前，报文的发送和接收设备都必须先进行设定。设定的内容包括源和目的对象的属性，以及数据生产者和消费者的地址。

显式报文则适用于两个设备间多用途的点对点报文传递，是典型的请求——响应通信方式，常用于节点的配置、问题诊断等。显式报文通常使用优先级低的连接标识符，并且该报文的相关信息包含在显式报文数据帧的数据场中，包括要执行的服务和相关对象的属性及地址。

设备网为长度大于8B的报文提供了分割服务。大的I/O报文可以分割成为任意多的标准I/O报文。对于显式的报文，也可以进行分割。分割服务为设备网提供了更多的可扩展性和兼容性，保证了将来更加复杂、更智能化的设备可以加入到设备网中。设备网面向对象的设计和编址方式使设备网可以在不改变基本的协议和连接模型的基础上无限制地扩展其能力。

设备网支持多种数据通信方式，如循环（Cyclic）、状态改变（Change of State）、选通（Strobed）、查询（Polled）等。循环方式适用于一些模拟设备，可以根据设备的信号发生的速度，灵活设定循环进行数据通信的时间间隔，这样就可以大大降低对网络的带宽要求。状态改变方式用于离散的设备，使用事件触发方式，当设备状态发生改变时才发生通信，而不是由主设备不断地查询来完成的。选通方式下，利用8B的报文广播，64个二进制位的值对应着网络上64个可能的节点，通过位的标识，指定要求响应的从设备。查询方式下，I/O报文直接依次发送到各个从设备（点对点）。多种可选的数据交换形式，均可以由用户方便地指定。通过选择合理的数据通信方式，网络使用的效率得以明显提高。

5.6.6　DeviceNet 对象模型与设备架构

设备网对象模型与设备架构设备网对象模型提供了一个设备网设备的组件模板。对象模型提供了组织和实现设备网产品构成元件属性、服务和行为的简便模板，并可以通过C++中的类直接实现。一个设备的组件被分为组件属性、服务和行为3部分，这3部分可按如下对象进行描述：

1）标识对象：包含各种属性，如供应商、设备类型、产品条码、状态、序列号。

2）报文路由对象：向其他对象传送显式报文。

3）设备网对象：包含节点地址、波特率、总线关闭、总线关闭计数、参数选择及主控制台的媒体存取控制ID等属性。

4）汇编对象：将来自不同应用对象的多个属性编为一个属性，便于以一条报文发送。

5）连接对象：代表设备网上两个节点间虚拟连接的末端，该对象为任选项。

6）参数对象：带有设备配置参数，提供访问所有参数的标准组态工具，参数对象包括数值、量程、文本等，该对象为任选项。

7）应用对象：配备了汇编对象或参数对象的设备网通常至少包含一个应用对象。

设备网规范，为属于同一类别但由不同厂商生产的设备，定义了标准的设备模型。符合同一模型的设备遵循相同的身份标识和通信模式。这些与不同类设备相关的数据包含在设备描述中。定义设备对象模型如图5-24所示。

帧起始标志	11位标识符	控制字段	帧长	0~8 B数据	循环冗余校验	确认	帧结束标识

图5-24　设备对象模型

设备网定义标准设备架构的目的是确保设备间更好的兼容性，它主要包含以下内容：定义设备的数据 I/O 模式，通常包含用于简化和加快数据传输的汇编对象的定义；定义设备的配置参数和这些参数的公共接口，有时设备网设备还配有电子数据文档（EDS）。

由此可知，设备架构和电子数据文档描述的是设备网设备使用的对象及设备功能。设备描述定义了对象模型、I/O 数据格式、可配置参数和公共接口。设备网规范还允许厂商提供 EDS，以文件的形式记录结合设备的一些具体的操作参数等信息，便于在配置设备时使用。这样，来自第三方的设备网产品可以方便地连接到设备网上。

5.6.7 DeviceNet 的一致性测试

一致性测试的目的是检测实现 DeviceNet 协议的实体或系统与 DeviceNet 协议规范的符合程度。在进行协议一致性测试时，根据国际标准化组织制定的协议标准分为三个部分。第一部分是抽象测试集；第二部分是协议实施的一致性说明，用来说明实施的要求、能力及可选择实施的情况；第三部分是用于测试的协议实施附加信息。

DeviceNet 协议一致性测试的重要性在于：通过这项测试，可以尽可能全面地检查被测试实体协议实现软件的完备性。DeviceNet 协议一致性测试是一种比较严格的测试手段，通常在产品定型时需要进行这种测试，它由 ODVA 专门授权的认证测试中心来完成。目前在美国、欧洲和日本都有 DeviceNet 的一致性测试中心。

5.6.8 DeviceNet 接口和软硬件产品

（1）设备网接口

通过插入计算机扩展槽上的设备网接口板卡，用户可以将台式、笔记本式或工业计算机作为设备网上高性能的主控/监视平台。对于开发设备网系统、基于 PC 的控制系统、嵌入式控制系统、基于 PC 的人机接口以及设备网网络管理等来说，设备网接口板卡都是关键因素。目前的设备网接口板卡主要分为 3 种：半长度 ISA 即插即用接口板、PCI 接口板及 PCMCIA 接口板。接口板都带有一个 Intel80386EX 微处理器，用于直接处理网络通信，它与网络的接口则采用设备网专用的可插入式螺旋端子。接口板驱动软件通常与接口板同时提供，它为用户提供一个高层应用程序接口（API），以完整实现对设备网网络的访问。使用时首先要与设备网设备进行通信组态，一旦组态完成，用户就只需在应用系统中对网络 I/O 变量进行读写，所有底层的网上通信均由设备网接口板上的硬件完成。硬件连续扫描网上设备并在接口板存储器上映射设备 I/O 变量，然后由驱动软件的读写函数对板卡存储器进行访问，以获得网络 I/O 变量的精确映像。通常隶属于不同开发商的设备网接口卡驱动软件均与罗克韦尔自动化公司的 WinDNET—16 结构相兼容，这样，网卡就可以使用罗克韦尔自动化公司开发的各种设备网工具（如设备网管理器软件）。

（2）硬件设备

硬件设备包括组网元件和适用的网络设备。组网元件包括设备网线缆、连接端头、设备分接盒、电源分接器等，这些可以归为较通用的产品；而适用于不同控制和 HO 设备的设备网网络适配器、扫描器和转换接口，则由厂商根据具体的产品，遵循设备网协议规范开发完成。为数更多的 ODVA 成员所开发的底层设备网传感器和执行机构等，都可以方便地连接到设备网。

（3）工具软件

由开发商所提供的界面友好的设备网配置和管理工具软件，可以令这方面的工作变得简单而高效。如借助于设备网配置工具软件，用户可以通过生成和管理项目，方便地检查网上设备活动情况，指定具体设备的数据存取方式和与控制器所属扫描设备间的数据映射关系，增删与更改设备，调节设备的可控制参数等。除非指定项目范围中的设备发生变更或增删，设备网项目一旦建立好，网络对应用便是透明的。

5.7   EtherCAT

EtherCAT（以太网控制自动化技术）是一个开放架构，是以以太网为基础的现场总线系统，其名称中的 CAT 为控制自动化技术（Control Automation Technology）字首的缩写。EtherCAT 是确定性的工业以太网，最早由德国倍福公司研发。EtherCAT 通过对以太网的改造，使通信具有较短的资料更新时间和较低的通信抖动量，满足现场设备通信和控制的要求，而且硬件的成本较低。

欧美各国凭借多年的积累和沉淀，在现场总线的技术和产品上拥有绝对的话语权。通过对现有成熟的网络通信技术进行改造，使之成为符合现场设备互联和控制要求的总线技术，是一种很好的研发思路，也是我国在现场总线技术上实现自主创新，建立民族自主品牌的一种很好的途径。在这方面，浙江中控技术有限公司做出了很好的榜样。其以 EtherCAT、Internet、Web 技术为基础，推出了基于工业以太网的 EPA 现场总线控制系统，获得了不错的市场占有率，并被列入现场总线国际标准 IEC 61158（第四版），标志着中国第一个拥有自主知识产权的现场总线国际标准得到国际电工委员会的正式承认，并全面进入现场总线国际标准化体系。

考虑到技术先进性等因素，本节仍以市场占有率较高，技术较为先进的 EtherCAT 为例进行介绍，探讨以工业以太网为基础的现场总线的设计思路和系统构建方法。

5.7.1   EtherCAT 概述

EtherCAT 是 2003 年提出的实时工业以太网技术。它具有高速和高数据有效率的特点，支持多种设备连接拓扑结构。其从站节点使用专用的控制芯片，主站使用标准的以太网控制器。

EtherCAT 为基于 Ethernet 的可实现实时控制的开放式网络。EtherCAT 系统可扩展至 65535 个从站规模，由于具有非常短的循环周期和高同步性能，EtherCAT 非常适合用于伺服运动控制系统中。在 EtherCAT 从站控制器中使用的分布式时钟能确保高同步性和同时性，其同步性能对于多轴系统来说至关重要，同步性使内部的控制环可按照需要的精度和循环数据保持同步。将 EtherCAT 应用于伺服驱动器不仅有助于整个系统实时性能的提升，同时还有利于实现远程维护、监控、诊断与管理，使系统的可靠性大大增强。

倍福自动化公司大力推动 EtherCAT 的发展，EtherCAT 作为国际工业以太网总线标准之一，其研究和应用越来越被重视。工业以太网 EtherCAT 技术广泛应用于机床、注塑机、包装机、机器人等高速运动应用场合，以及物流、高速数据采集等分布范围广、控制要求高的场合。很多厂商如三洋、松下、库卡等公司的伺服系统都具有 EtherCAT 总线接口。在机器人控制领域，EtherCAT 技术作为通信系统具有高实时性能的优势。2010 年以来，库卡一直采用 EtherCAT 技术作为库卡机器人控制系统中的通信总线。

国外很多企业厂商已经针对 EtherCAT 开发出了比较成熟的产品，例如美国 NI、日本松下、库卡等自动化设备公司都推出了一系列支持 EtherCAT 的驱动设备。国内的 EtherCAT 技术研究也取得了较大的进步。上海新时达公司生产的机器人已采用 EtherCAT，基于 ARM 架构的嵌入式 EtherCAT 从站控制器的研究开发也日渐成熟。

随着我国科学技术的不断发展和工业水平的不断提高，在工业自动化控制领域，用户对高精度、高尖端制造的需求也在不断提高。特别是我国的国防工业、航天航空领域以及核工业等制造领域中，对高效率、高实时性的工业控制以太网系统的需求也是与日俱增。

EtherCAT 的主要特点如下：

1）广泛的适用性，任何带商用以太网控制器的控制单元都可以作为 EtherCAT 主站。从小型的 16 位处理器到使用 3GHz 处理器的 PC 系统，任何计算机都可以成为 EtherCAT 控制系统。

2）完全符合以太网标准，EtherCAT 可以与其他以太网设备及协议并存于同一总线，以太网交换机等标准结构组件也可以用于 EtherCAT。

3）无须从属子网，复杂的节点或只有 2 位的 I/O 节点都可以用作 EtherCAT 从站。

4）高效率，最大化利用以太网宽带进行用户数据传输。

5）刷新周期短，可以达到小于 $100\mu s$ 的数据刷新周期，可以用于伺服技术中低层的闭环控制。

6）同步性能好，各从站节点设备可以达到小于 $1\mu s$ 的时钟同步精度。

EtherCAT 支持多种设备连接拓扑结构：线形、树形或星形结构，可以选用的物理介质有 100Base-TX 标准以太网电缆或光缆。使用 100Base-TX 电缆时站间距离可以达到 100m。使用快速以太网全双工通信技术构成主从式的环形结构如图 5 – 25 所示。

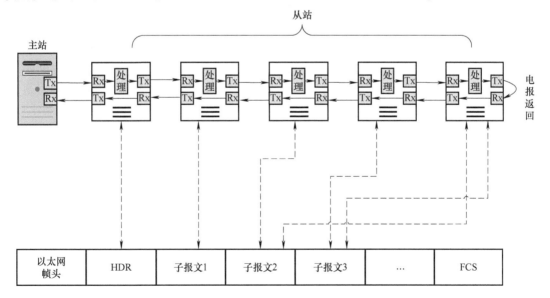

图 5 – 25　快速以太网全双工技术构成的主从式环形结构

这个过程利用了以太网设备独立处理双向传输（Tx 和 Rx）的特点，并运行在全双工模式下，发出的报文又通过 Rx 线返回控制单元

报文经过从站节点时，从站识别出相关的命令并做出相应的处理。信息的处理在硬件中完成，延迟时间约为 100～500ns（取决于物理层器件），通信性能独立于从站设备控制微处理器的响应时间。每个从站设备有最大容量为 64KB 的可编址内存，可完成连续的或同步的读写操作。多个 EtherCAT 命令数据可以被嵌入一个以太网报文中，每个数据对应独立的设备或内存区。

从站设备可以构成多种形式的分支结构，独立的设备分支可以放置于控制柜中或机器模块中，再用主线连接这些分支结构。

5.7.2 EtherCAT 物理结构

EtherCAT 采用了标准的以太网帧结构，几乎适用所有标准以太网的拓扑结构，也就是说可以使用传统的基于交换机的星形结构，但是 EtherCAT 的布线方式更为灵活。由于其主从的结构方式，无论多少节点都可以一条线串接起来，无论是菊花链形还是树形拓扑结构。布线也更为简单，布线只需要遵从 EtherCAT 协议的所有的数据帧都会从第一个从站设备转发到后面连接的节点，数据传输到最后一个从站设备又逆序将数据帧发送回主站。这样的数据帧处理机制允许在 EtherCAT 同一网段内，只要不打断逻辑环路都可以用一根网线串接起来，从而使得设备连接布线非常方便。

传输电缆的选择同样灵活，与其他现场总线不同的是，它不需要采用专用的电缆连接头。对于 EtherCAT 的电缆选择，可以选择经济而低廉的标准超五类以太网电缆，采用 100BASE-TX 模式无交叉地传送信号，并且可以通过交换机或集线器等实现光纤和铜电缆等介质的以太网连线的组合。

EtherCAT 网段内从站设备的布置在逻辑上构成一个开口的环形总线。在开口的一端，主站设备直接或通过标准以太网交换机插入以太网数据帧，并在另一端接收经过处理的数据帧。所有的数据帧都从第一个从站设备转发到后续的节点，最后一个从站设备再将数据帧返回主站。

EtherCAT 从站的数据帧处理机制允许在 EtherCAT 网段内的任一位置使用分支结构，同时不打破逻辑环路。分支结构可以构成各种物理拓扑或者各种拓扑结构的组合，使设备连接布线非常灵活方便。

5.7.3 EtherCAT 数据链路层

1. EtherCAT 数据帧

EtherCAT 数据遵从 IEEE 802.3 标准，直接使用标准的以太网帧数据格式传输，不过 EtherCAT 数据帧使用的是以太网帧的保留字 0x88A4。EtherCAT 数据报文由两个字节的数据头和 44～1498B 的数据组成，一个数据报文可以由一个或者多个 EtherCAT 子报文组成，每一个子报文映射到独立的从站设备存储空间。

2. 寻址方式

EtherCAT 的通信由主站发送 EtherCAT 数据帧读写从站设备的内部存储区来实现。在通信时，主站首先根据以太网数据帧头中的 MAC 地址来寻址所在的网段，寻址到第一个从站

后，网段内的其他从站设备只需要依据 EtherCAT 子报文头中的 32 位地址去寻址。在一个网段里面，EtherCAT 支持使用设备寻址和逻辑寻址两种方式。

3. 通信模式

EtherCAT 的通信方式分为周期性过程数据通信和非周期性邮箱数据通信。

（1）周期性过程数据通信

周期性过程数据通信主要用在工业自动化环境中实时性要求高的过程数据传输场合。周期性过程数据通信时，需要使用逻辑寻址，主站使用逻辑寻址的方式完成从站的读、写或者读写操作。

（2）非周期性邮箱数据通信

非周期性过程数据通信主要用在对实时性要求不高的数据传输场合，在参数交换、配置从站通信等操作时，可以使用非周期性邮箱进行数据通信，并且不可以双向通信。在从站到从站通信时，主站作为类似路由器的功能来管理。

4. 存储同步管理器（SM）

存储同步管理（SM）是 ESC 用来保证主站与本地应用程序数据交换的一致性和安全性的工具，其实现的机制是在数据状态改变时产生中断信号来通知对方。EtherCAT 定义了缓存模式和邮箱模式两种同步管理器运行模式。

（1）缓存模式

缓存模式使用了三个缓存区，允许 EtherCAT 主站的控制权和从站控制器双方在任何时候都访问数据交换缓存区。接收数据的那一方随时可以得到最新的数据，数据发送那一方也随时可以更新缓存区里的内容。假如写缓存区的速度比读缓存区的速度快，则旧数据会被覆盖。

（2）邮箱模式

邮箱模式通过握手机制完成数据交换，这种情况下只有一端完成读或写数据操作后另一端才能访问该缓存区，这样数据就不会丢失。数据发送方首先将数据写入缓存区，接着缓存区被锁定为只读状态，一直等到数据接收方将数据读走。这种模式通常用在非周期性的数据交换，分配的缓存区也称为邮箱。邮箱模式通信通常是使用两个 SM 通道，一般情况下主站到从站通信使用 SM0，从站到主站通信使用 SM1，它们被配置成为一个缓存区方式，使用握手来避免数据溢出。

5.7.4　EtherCAT 应用层

应用层（Application Layer，AL）是 EtherCAT 协议级别最高的一个功能层，是直接面向控制任务的一层，它为控制程序访问网络环境提供手段，同时为控制程序提供服务。应用层不包括控制程序，它只是定义了控制程序和网络交互的接口，使符合此应用层协议的各种应用程序可以协同工作，EtherCAT 协议结构如图 5 - 26 所示。

1. 通信模型

EtherCAT 应用层区分主站与从站，主站与从站之间的通信关系是由主站开始的，从站之间的通信是由主站作为路由器来实现的。不支持两个主站之间的通信，但是两个具有主站功能的设备其中一个具有从站功能时仍可实现通信。

EtherCAT 通信网络仅由一个主站设备和至少一个从站设备组成。系统中的所有设备必须支持 EtherCAT 状态机和过程数据（Process Data）的传输。

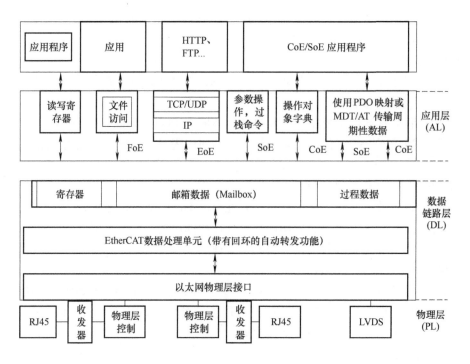

图 5 – 26　EtherCAT 协议结构

2. 从站

（1）从站设备分类

从站应用层可分为不带应用层处理器的简单设备与带应用层处理器的复杂设备。

（2）简单从站设备

简单从站设备设置了一个过程数据布局，通过设备配置文件来描述。在本地应用中，简单从站设备要支持无响应的 ESM 应用层管理服务。

（3）复杂从站设备

复杂从站设备支持 EtherCAT 邮箱、CoE 目标字典、读写对象字典数据入口的加速 SDO 服务以及读对象字典中已定义的对象和紧凑格式入口描述的 SDO 信息服务。

为了过程数据的传输，复杂从站设备支持 PDO 映射对象和同步管理器 PDO 赋值对象。复杂从站设备要支持可配置过程数据，可通过写 PDO 映射对象和同步管理器 PDO 赋值对象来配置。

（4）应用层管理

应用层管理包括 EtherCAT 状态机（ESM），ESM 描述了从站应用的状态及状态变化。由应用层控制器将从站应用的状态写入 AL 状态寄存器，主站通过写 AL 控制寄存器进行状态请求。从逻辑上来说，ESM 位于 EtherCAT 从站控制器与应用之间。ESM 定义了初始化状态（Init）、预运行状态（Pre-Operational）、安全运行状态（Safe-Operational）、运行状态（Operational）四种状态。

（5）EtherCAT 邮箱

每一个复杂从站设备都有 EtherCAT 邮箱。EtherCAT 邮箱数据传输是双向的，可以从主站到从站，也可以从站到主站，支持双向多协议的全双工独立通信。从站与从站通信通过主站进行信息路由。

（6）EtherCAT 过程数据

过程数据通信方式下，主从站访问的是缓冲型应用存储器。对于复杂从站设备，过程数据的内容将由 CoE 接口的 PDO 映射及同步管理器 PDO 赋值对象来描述。对于简单从站设备，过程数据是固有的，在设备描述文件中定义。

3. 主站

主站各种服务与从站进行通信。在主站中为每个从站设置了从站处理机（Slave Handler），用来控制从站的状态机（ESM）；同时每个主站也设置了一个路由器，支持从站与从站之间的邮箱通信。

主站支持从站处理机通过 EtherCAT 状态服务来控制从站的状态机。从站处理机通过发送 SDO 服务去改变从站状态机状态。路由器将客户从站的邮箱服务请求路由到服务从站，同时服务从站的服务响应路由到客户从站。

EtherCAT 设备行规包括以下几种。

（1）CANopen over EtherCAT（CoE）

CANopen 最初是为基于 CAN（Control Area Network）总线系统所制定的应用层协议。EtherCAT 协议在应用层支持 CANopen 协议，并做了相应的扩充，其主要功能有：

1）使用邮箱通信访问 CANopen 对象字典及其对象，实现网络初始化。

2）使用 CANopen 应急对象和可选的事件驱动 PDO 消息，实现网络管理。

3）使用对象字典映射过程数据，周期性传输指令数据和状态数据。

CoE 协议完全遵从 CANopen 协议，其对象字典的定义也相同，针对 EtherCAT 通信扩展相关通信对象 0x1C00 ~ 0x1C4F，用于设置存储同步管理器的类型、通信参数和 PDO 数据分配。

1）应用层行规。CoE 完全遵从 CANopen 的应用层行规，CANopen 标准应用层行规主要有：

- CiA401 I/O 模块行规。
- CiA402 伺服和运动控制行规。
- CiA403 人机接口行规。
- CiA404 测量设备和闭环控制。
- CiA406 编码器。
- CiA408 比例液压阀等。

2）CiA402 行规通用数据对象字典。数据对象 0x6000 ~ 0x9FFF 为 CANopen 行规定义数据对象，一个从站最多控制 8 个伺服驱动器，每个驱动器分配 0x800 个数据对象。第一个伺服驱动器使用 0x6000 ~ 0x67FF 的数据字典范围，后续伺服驱动器在此基础上以 0x800 偏移使用数据字典。

（2）Servo Drive over EtherCAT（SoE）

IEC 61491 是国际上第一个专门用于伺服驱动器控制的实时数据通信协议标准，其商业名称为 SERCOS（Serial Real-time Communication Specification）。EtherCAT 协议的通信性能非常适合数字伺服驱动器的控制，应用层使用 SERCOS 应用层协议实现数据接口，可以实现以下功能：

1）使用邮箱通信访问伺服控制规范参数（IDN），配置伺服系统参数。

2）使用 SERCOS 数据电报格式配置 EtherCAT 过程数据报文，周期性传输伺服指令数据和伺服状态数据。

（3）Ethernetover EtherCAT（EoE）

除了前面描述的主从站设备之间的通信寻址模式外，EtherCAT 也支持 IP 标准的协议，比如 TCP/IP、UDP/IP 和所有其他高层协议（HTTP 和 FTP 等）。EtherCAT 能分段传输标准以太网协议数据帧，并在相关的设备完成组装。

这种方法可以避免为长数据帧预留时间片，大大缩短周期性数据的通信周期。此时，主站和从站需要相应的 EoE 驱动程序支持。

（4）File Access over EtherCAT（FoE）

该协议通过 EtherCAT 下载和上传固定程序和其他文件，其使用类似 TFTP（Trivial File Transfer Protocol，简单文件传输协议）的协议，不需要 TCP/IP 的支持，实现简单。

5.7.5 EtherCAT 系统组成

1. EtherCAT 网络架构

EtherCAT 网络是主从站结构网络，网段中可以有一个主站和一个或者多个从站组成。主站是网络的控制中心，也是通信的发起者。一个 EtherCAT 网段可以被简化为一个独立的以太网设备，从站可以直接处理接收的报文，并从报文中提取或者插入相关数据。然后将报文依次传输到下一个 EtherCAT 从站，最后一个 EtherCAT 从站返回经过完全处理的报文，依次逆序传递回到第一个从站并且最后发送给控制单元。整个过程充分利用了以太网设备全双工双向传输的特点。如果所有从设备需要接收相同的数据，那么只需要发送一个短数据包，所有从设备接收数据包的同一部分便可获得该数据，刷新 12000 个数字输入和输出的数据耗时为 300μs。对于非 EtherCAT 的网络，需要发送 50 个不同的数据包，充分体现了 EtherCAT 的高实时性，所有数据链路层数据都是由从站控制器的硬件来处理，EtherCAT 的周期时间短，是因为从站的微处理器不需处理 EtherCAT 以太网的封包。

EtherCAT 是一种实时工业以太网技术，它充分利用了以太网的全双工特性。使用主从模式介质访问控制（MAC），主站发送以太网帧给主从站，从站从数据帧中抽取数据或将数据插入数据帧。主站使用标准的以太网接口卡，从站使用专门的 EtherCAT 从站控制器（EtherCAT Slave Controller，ESC），EtherCAT 物理层使用标准的以太网物理层器件。

从以太网的角度来看，一个 EtherCAT 网段就是一个以太网设备，它接收和发送标准的 ISO/IEC 8802-3 以太网数据帧。但是，这种以太网设备并不局限于一个以太网控制器及相应的微处理器，它可由多个 EtherCAT 从站组成，EtherCAT 系统运行如图 5-27 所示，这些从站可以直接处理接收的报文，并从报文中提取或插入相关的用户数据，然后将该报文传输到下一个 EtherCAT 从站。最后一个 EtherCAT 从站发回经过完全处理的报文，并由第一个从站作为响应报文将其发送给控制单元。

实时以太网 EtherCAT 技术采用了主从介质访问方式。在基于 EtherCAT 的系统中，主站控制所有的从站设备的数据输入与输出。主站向系统中发送以太网帧后，EtherCAT 从站设备在报文经过其节点时处理以太网帧，嵌入在每个从站中的现场总线存储管理单元（FM-

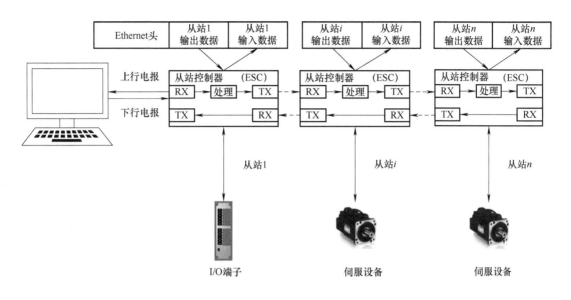

图 5 - 27 EtherCAT 系统运行

MU) 在以太网帧经过该节点时读取相应的编址数据，并同时将报文传输到下一个设备。同样，输入数据也是在报文经过时插入报文中。当该以太网帧经过所有从站并与从站进行数据交换后，由 EtherCAT 系统中最末一个从站将数据帧返回。

整个过程中，报文只有几纳秒的时间延迟。由于发送和接收的以太网帧压缩了大量的设备数据，所以可用数据率可达 90% 以上。

EtherCAT 支持各种拓扑结构，如总线型、星形、环形等，并且允许 EtherCAT 系统中出现多种结构的组合。支持多种传输电缆，如双绞线、光纤等，以适用于不同的场合，提升布线的灵活性。

EtherCAT 支持同步时钟，EtherCAT 系统中的数据交换基于纯硬件机制，由于通信采用了逻辑环结构，主站时钟可以简单、精确地确定各个从站传播的延迟偏移。分布时钟均基于该值进行调整，在网络范围内使用精确的同步误差时间基。

EtherCAT 具有高性能的通信诊断能力，能迅速地排除故障，同时也支持主站从站冗余检错，以提高系统的可靠性。EtherCAT 实现了在同一网络中将安全相关的通信和控制通信融合为一体，并遵循 IEC 61508 标准论证，满足安全 SIL4 级的要求。

2. EtherCAT 主站组成

EtherCAT 无需使用昂贵的专用有源插接卡，只需使用无源的网络接口卡（Network Interface Card，NIC）或主板集成的以太网 MAC 设备即可。EtherCAT 主站很容易实现，尤其适用于中小规模的控制系统和有明确规定的应用场合。使用 PC 构成 EtherCAT 主站时，通常是用标准的以太网卡作为主站硬件接口，网卡芯片集成了以太网通信的控制器和收发器。

EtherCAT 使用标准的以太网 MAC，不需要专业的设备，EtherCAT 主站很容易实现，只需要一台 PC 或其他嵌入式计算机即可实现。

EtherCAT 映射不是在主站产生，而是在从站产生，该特性进一步减轻了主机的负担。EtherCAT 主站完全在主机中采用软件方式实现，主站的实现方式是使用倍福公司或者

ETG 社区样本代码。软件以源代码形式提供，包括所有的 EtherCAT 主站功能，甚至还包括 EoE。

EtherCAT 主站使用标准的以太网控制器，传输介质通常使用100BASE-TX 规范的五类 UTP 线缆，如图 5 – 28 所示。

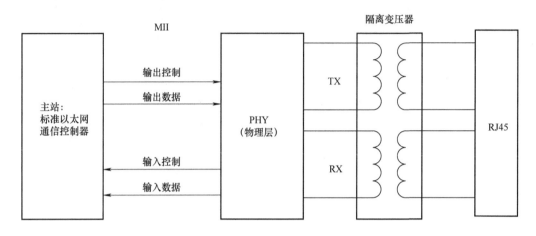

图 5 – 28　EtherCAT 物理层连接原理图

通信控制器完成以太网数据链路的介质访问控制（Media Access Control, MAC）功能，物理层芯片 PHY 实现数据编码、译码和收发，它们之间通过一个介质独立接口（Media Independent Interface, MII）交互数据。MII 是标准的以太网物理层接口，定义了与传输介质无关的标准电气和机械接口，使用这个接口将以太网数据链路层和物理层完全隔离开，使以太网可以方便地选用任何传输介质。隔离变压器实现信号的隔离，以提高通信的可靠性。

在基于 PC 的主站中，通常使用网络接口卡（NIC），其中的网卡芯片集成了以太网通信控制器和物理数据收发器。而在嵌入式主站中，通信控制器通常嵌入微控制器中。

3. EtherCAT 从站组成

EtherCAT 从站设备主要完成 EtherCAT 通信和控制应用两大功能，是工业以太网 EtherCAT 控制系统的关键部分。从站通常分为四大部分：EtherCAT 从站控制器（ESC）、从站控制微处理器、物理层（PHY）器件和电气驱动等其他应用层器件。

从站的通信功能是通过从站 ESC 实现的。EtherCAT 通信控制器使用双端口存储区实现 EtherCAT 数据帧的数据交换，各个从站的 ESC 在各自的环路物理位置通过顺序移位读写数据帧。报文经过从站时，ESC 从报文中提取要接收的数据存储到其内部存储区，要发送的数据又从其内部存储区写到相应的子报文中。数据报文的读取和插入都是由硬件自动来完成，速度很快。EtherCAT 通信和完成控制任务还需要从站微控制器主导完成，通常是通过微控制器从 ESC 读取控制数据，从而实现设备控制功能，并将设备反馈的数据写入 ESC，返回给主站。由于整个通信过程数据交换完全由 ESC 处理，与从站设备微控制器的响应时间无关。从站微控制器的选择不受到功能限制，可以使用单片机、DSP 和 ARM 等。

从站使用物理层的 PHY 芯片来实现 ESC 的 MII（物理层接口），同时需要隔离变压器等标准以太网物理器件。

　　从站不需要微控制器就可以实现 EtherCAT 通信，EtherCAT 从站设备只需要使用一个价格低廉的从站控制器芯片（ESC）。从站的实施可以通过 I/O 接口实现的简单设备加 ESC、PHY、变压器和 RJ45 接头。微控制器和 ESC 之间使用 8 位或 16 位并行接口或串行 SPI。从站实施要求的微控制器性能取决于从站的应用，EtherCAT 协议软件在其上运行。ESC 采用德国倍福自动化有限公司提供的从站控制专用芯片 ET1100 或者 ET1200 等。通过 FPGA，也可实现从站控制器的功能，这种方式需要购买授权以获取相应的二进制授权代码。

　　EtherCAT 从站设备同时实现通信和控制应用两部分功能，其结构如图 5 - 29 所示，由四部分组成。

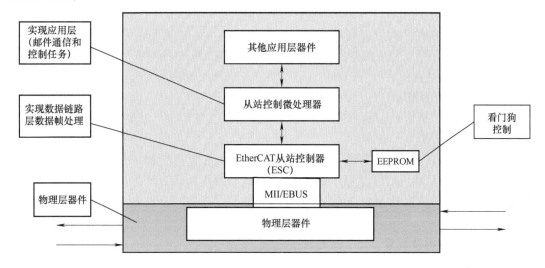

图 5 - 29　EtherCAT 从站组成

　　（1）EtherCAT 从站控制器（ESC）

　　EtherCAT 从站通信控制器芯片（ESC）负责处理 EtherCAT 数据帧，并使用双端口存储区实现 EtherCAT 主站与从站本地应用的数据交换。各个从站 ESC 按照各自在环路上的物理位置顺序移位读写数据帧。在报文经过从站时，ESC 从报文中提取发送给自己的输出命令数据并将其存储到内部存储区，输入数据从内部存储区又被写到相应的子报文中。数据的提取和插入由数据链路层硬件完成。

　　ESC 具有 4 个数据收发端口，每个端口都可以收发以太网数据帧。

　　ESC 使用两种物理层接口模式：MII 和 EBUS。MIL 是标准的以太网物理层接口，使用外部物理层芯片，一个端口的传输延时约为 500ns。EBUS 是德国倍福公司使用 LVDS（Low Voltage Differential Signaling）标准定义的数据传输标准，可以直接连接 ESC 芯片，不需要额外的物理层芯片，从而避免了物理层的附加传输延时，一个端口的传输延时约为 100ns。EBUS 最大传输距离为 10m，适用于距离较近的 I/O 设备或伺服驱动器之间的连接。

　　（2）从站控制微处理器

　　微处理器负责处理 EtherCAT 通信和完成控制任务。微处理器从 ESC 读取控制数据，实现设备控制功能，并采样设备的反馈数据，写入 ESC，由主站读取。通信过程完全由 ESC

处理，与设备控制微处理器响应时间天关。从站控制微处理器性能选择取决于设备控制任务，可以使用 8 位、16 位的单片机及 32 位的高性能处理器。

（3）物理层器件

从站使用 MII 时，需要使用物理层芯片 PHY 和隔离变压器等标准以太网物理层器件。使用 EBUS 时不需要任何其他芯片。

（4）其他应用层器件

针对控制对象和任务需要，微处理器还可以连接其他控制器件。

5.7.6 EtherCAT 系统主站设计

EtherCAT 系统的主站可以利用倍福公司提供的 TwinCAT 组态软件实现，用户可以利用该软件实现控制程序以及人机界面程序。用户也可以根据 EtherCAT 网络接口及通信规范来实现 EtherCAT 的主站。

1. TwinCAT 系统

TwinCAT 软件是由德国倍福公司开发的一款工控组态软件，以实现 EtherCAT 系统的主站功能以及人机界面。

TwinCAT 系统由实时服务器（Realtime Server）、系统控制器（System Control）、系统 OCX 接口、PLC 系统、CNC 系统、输入输出系统（I/O System）、用户应用软件开发系统（User Application）、自动化设备规范接口（ADS-Interface）及自动化信息路由器（AMS Router）等组成。

2. 系统管理器及配置

系统管理器（System Manger）是 TwinCAT 的配置中心，涉及 PLC 系统的个数及程序，轴控系统的配置及所连接的 I/O 通道配置。它关系到所有的系统组件以及各组件的数据关系，数据域及过程映射的配置。TwinCAT 支持所有通用的现场总线和工业以太网，同时也支持 PC 外设（并行或串行接口）和第三方接口卡。

系统管理器的配置主要包括系统配置、PLC 配置、CAM 配置以及 I/O 配置。系统配置包括了实时设定、附加任务以及路由设定。实时设定就是要设定基本时间及实时程序运行的时间限制。PLC 配置就是要利用 PLC 控制器编写 PLC 控制程序加载到系统管理器中。CAM 配置是一些与凸轮相关的程序配置。I/O 配置就是配置 I/O 通道，涉及整个系统的设备。I/O 配置中要根据系统中的不同的设备编写相应的 XML 配置文件。

XML 配置文件的作用就是用来解释整个 TwinCAT 系统，包括主站设备信息、各从站设备信息、主站发送的循环命令配置以及输入输出映射关系。

3. 基于 EtherCAT 网络接口的主站设计

EtherCAT 主站系统可以通过组态软件 TwinCAT 配置实现，并且具有优越的实时性能。但是该组态软件主要支持逻辑控制的开发，如可编程逻辑控制器、数字控制等，在一定程度上约束了用户主站程序的开发。可利用 EtherCAT 网络接口与从站通信实现主站系统，在软件设计上要以 EtherCAT 通信规范为标准。

实现基于 EtherCAT 网络接口的主站系统就是要实现一个基于网络接口的应用系统程序的开发。Windows 网络通信构架的核心是网络驱动接口规范（NDIS），它的作用就是实现一个或多个网卡（NIC）驱动与其他协议驱动或操作系统通信，它支持三种类型的网络驱动：网卡驱动（NICDriver）、中间层驱动（Intermediate Driver）和协议驱动（Protocol Driver）。

网卡驱动是底层硬件设备的接口，对上层提供发送帧和接收帧的服务；中间层驱动主要作用就是过滤网络中的帧，协议驱动就是实现一个协议栈（如 TCP/IP），对上层的应用提供服务。一个 EtherCAT 主站网络通信构架的实例如图 5 - 30 所示。

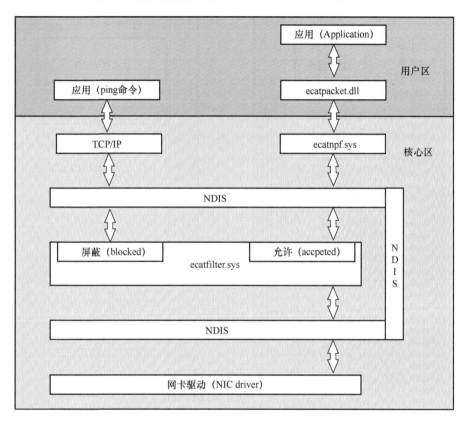

图 5 - 30　EtherCAT 主站网络通信构架

其中 ecatpacket.dll、ecatnpf.sys、ecatfilter.sys 是德国倍福公司提供的驱动，ecatnpf.sys 是一个 NPF（NetGroup PacketFilter Drive）的修正版本，它是一个 NDIS 的协议驱动，它用来支持网络通信分析。ecatpacket.dll 是 packet.dll 的一个修订版，该动态链接库提供了一组底层函数去控制 NPF 驱动（如 ecatnpf.sys）。ecatfilter.sys 是一个中间层驱动，用于阻塞非 EtherCAT 帧。

4. EtherCAT 主站驱动程序

EtherCAT 主站可由 PC 或其他嵌入式计算机实现，使用 PC 构成 EtherCAT 主站时，通常用标准的以太网网卡（NIC）作为主站硬件接口，主站动能由软件实现。从站使专用芯片 ESC，通常需要一个微处理器实现应用层功能。EtherCAT 通信协议栈如图 5 - 31 所示。

EtherCAT 数据通信包括 EtherCAT 通信初始化、周期性数据传输和非周期性数据传输。

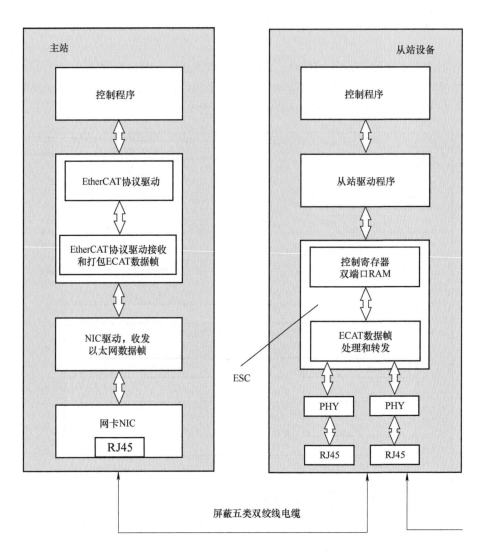

图 5 – 31   EtherCAT 通信协议栈

5. 7. 7   EtherCAT 系统从站设计

EtherCAT 系统从站也称为 EtherCAT 系统总线上的节点，从站主要包括传感部件、执行部件或控制器单元。节点的形式是多种多样的，EherCAT 系统中的从站主要有简单从站设备及复杂从站设备。简单从站设备没有应用层的控制器，而复杂从站设备且有应用层的控制器，该控制器主要用于处理应用层的协议。

EtherCAT 从站是一个嵌入式计算机系统，其关键部分就是 EtherCAT 从站控制器，由它来实现 EtherCAT 的物理层与数据链路层协议。应用层的协议的实现是通过它的应用层控制器来实现的，应用层的实现根据项目的不同的需要由用户来实现。应用层控制器与 EtherCAT 从站控制器完成 EtherCAT 构成从站系统，实现 EtherCAT 网络通信。

EtherCAT 主使用标准的以太网设备，能够发送和接收符合 IEEE 802.3 标准以太网数据帧的设备都可以作为 EtherCAT 主站。在实际应用中，可以使用基于 PC 计算机或嵌入式计算机的主站，对其硬件设计没有特殊要求。

EtherCAT 从站使用专用 ESC 芯片，需要设计专门的从站硬件。

ET1100 芯片只支持 MII 接口的以太网物理层 PHY 器件。有些 ESC 器件也支持 RMII（Reduced MIl）。但是由于 RMI 接口 PHY 使用发送 FIFO 缓存区，增加了 EtherCAT 从站的转发延时和抖动，所以不推荐使用 RMII。

EtherCAT 从站控制器具有完成 EtherCAT 通信协议所要求的物理层和数据链路层的所有功能。这两层协议的实现在任何 EtherCAT 应用中是不变的，由厂家直接将其固化在从站控制器中。

1. EtherCAT 从站控制器硬件设计

EtherCAT 从站控制芯片（EtherCAT Slave Controller，ESC）是实现 EtherCAT 数据链路层协议的专用集成电路芯片。它处理 EtherCAT 数据帧，并为从站控制装置提供数据接口，EtherCAT 物理层使用标准的以太网物理层器件。ESC 结构如图 5-32 所示。

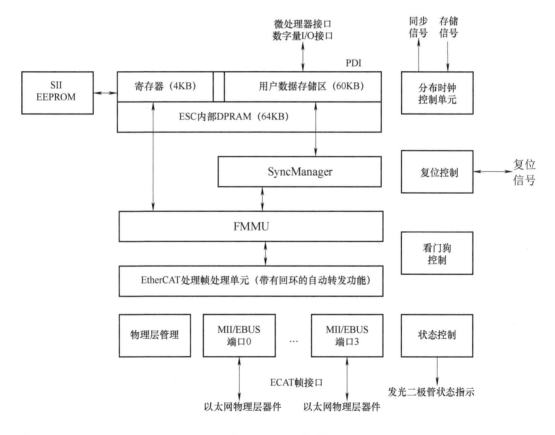

图 5-32 ESC 结构图

ESC 具有以下主要功能：

1）集成数据帧转发处理单元，通信性能不受从站微处理器性能限制。每个 ESC 最多可以提供 4 个数据收发端口，主站发送 EtherCAT 数据帧操作被 ESC 称为 ECAT 帧操作。

2）最大 64KB 的双端口存储器（DPRAM）存储空间，其中包括 4KB 的寄存器空间和 1～60KB 的用户数据区，DPRAM 可以由外部微处理器使用并行或串行数据总线访问，访问 DPRAM 的接口称为物理设备接口（Physical Device Interface，PDI）。

3）可以不用微处理器控制，作为数字量输入/输出芯片独立运行，具有通信状态机处理功能，最多提供 32 位数字量输入输出。

4）具有 FMMU 逻辑地址映射功能，提高数据帧利用率。

5）由存储同步管理器通道 SyncManager（SM）管理 DPRAM，保证了应用数据的一致性和安全性。

6）具有集成分布时钟（Distribute Clock）功能，为微处理器提供高精度的中断信号。

7）具有 EEPROM 访问功能，存储 ESC 和应用配置参数，定义从站信息接口（Slave Information Interface，SII）。

ESC 由德国倍福自动化有限公司提供，包括 ASIC 芯片和 IP-Core。目前，有两种规格的 ASIC 从站控制专用芯片，即 ET1100 和 ET1200，见表 5-13。

表 5-13　EtherCAT 通信 ASIC 芯片

特　性	ET1100	ET1200
端口数	4 个端口，使用 EBUS 或 MII 模式	3 个端口，最多 1 个 MII 端口
FMMU 单元	8	3
存储同步管理单元	8	4
过程数据	8KB	1KB
分布式时钟	64 位	32 位
物理设备接口（PDI）	32 位数字量 IO8/16 位异步/同步微处理器接口（MCI）串行接口（SPI）	16 位数字量 IO 串行外设接口（SPI）
EEPROM 容量	16kbit	16kbit～4Mbit
封装	BGA128，10mm×10mm	QFN48，7mm×7mm

用户也可以使用 IP-Core 将 EtherCAT 通信功能集成到设备控制 FPGA 中，并根据需要配置功能和规模。使用 Altra 公司 Cvclone 系列 FPGA 和 IP-Core 的 ET18xx 功能见表 5-14。

表 5-14　IP-Core 功能配置

特　性	FPGA 的 IP-Core 的 ET18xx
端口数	2 个 MII 或 RMII（Reduced MII）端口
FMMU 单元	0～8 个可配置
存储同步管理单元	0～8 个可配置
过程数据 RAM	1～60KB 可配置
分布式时钟	可配置
物理设备接口（PDI）	32 位数字量 IO 8/16 位异步/同步微处理器接口 串行外设接口（SPI）Avalon/OPB 片上总线

2. 可编程实时单元（PRU）

利用 TI 的 AM3359 芯片中的可编程实时单元（PRU）实现 ESC 具有很大的优势。针对一个以上处理器进行编程会增加复杂度，而且处理器之间需要有通信协议，TI 的 AM3359 可以简化这种工作。因为 PRU 和处理器之间的通信可以利用共享存储，并且 PRU 代码通过主处理器下载，省去了 ESC 的代码编写。

可编程实时单元（PRU）是一种小型 32 位处理引擎，频率可达 200MHz，并且每个指令周期只有 5ns，单指令的执行周期使得实时性得到保证，可为片上实时处理提供更多的资源。PRU 是专门用于工业接口解决方案的嵌入式处理器，可为系统设计人员提供高灵活性的措施。PRU 具有实时处理功能的多核协处理器，拥有本地外设和内存，可帮助用户在系统设计中避免使用 FPGA 或 ASIC，节省时间和成本。

PRU 设计的一个重要目的就是尽可能地提供灵活性，以执行各种功能。PRU 的高灵活性可帮助开发人员在其终端产品中整合更多的接口，以进一步扩展产品功能或者其专有接口功能。PRU 可支持 EtherCAT、PROFINET、Ethernet/IP、PROFIBUS 等主流的工业以太网。

AM3359 中有两个可编程实时单元（PRU），两个 PRU 是独立的，可以协同工作，还可以同时和 AM3359 内核协同工作。AM3359 中的 ARM 处理器能够访问 PRU 中的资源和存储区，每个 PRU 都有 8KB 的程序存储区和 8KB 的数据储存区，这些存储区都可以映射到 ARM 的寻址空间。可以单独编写 PRU 程序的功能，编译成为 PRU 处理器所能执行的二进制代码，并下载到 PRU 存储区，ARM 启动后，PRU 就可以实现所需要的功能。

3. 硬件设计方案比较

EtherCAT 从站中，从站控制器（ESC）是实现 EtherCAT 数据链路层协议的专用集成电路芯片。目前的 EtherCAT 从站 ESC 的设计方案主要有三种：

1）采用德国倍福自动化有限公司提供的多款从站控制专用芯片，如 ET1100 和 ET1200 等，这些芯片是专门为 EtherCAT 开发的，具备从站的全部功能，包括数据接收发送端口、FMMI 单元、SM 同步管理器、分布式时钟等功能。

2）采用 IP-Core 方法将 EtherCAT 通信功能集成到设备控制 FPGA 中，可以根据需要配置功能和规模。主要是已经被授权的高端 FPGA 系列板，如 Altra 公司 Cyclone 系统 FPGA 的 IP-Core 的 ET18xx。

3）使用 ARM 处理器的协处理器（PRU）实现。TI 公司的 AM335x ARM 微处理器中独特的 PRU + ARM 架构无须外部 ASIC 或 FPGA，可降低系统复杂性，节省成本。此外，AM335x ARM 微处理器还包含其他重要的片上工业外设，比如 CAN、ADC、千兆以太网等，不但支持快速网络连接与快速数据吞吐，而且还可连接传感器、传动器以及电机控制。

方案 1）和方案 2）实现 EtherCAT 从站开发的难度较小，开发周期相对较短，在简单的数字输入/输出功能的工业场合大多采用这两种方案，但是由于需要额外加控制处理器芯片，导致开发成本高，因为只能支持某一种类的工业以太网，灵活性大大降低。采用方案 3）可以降低成本，不仅提高了系统灵活性，还可以支持如 POWERLINK、PROFIBUS 等多种工业以太网，而且同一硬件平台可以兼容 EtherCAT 主站和从站。

4. 从站的软件结构

基于 ARM 的 EtherCAT 从站控制器具体的实现结构框架如图 5 – 33 所示。

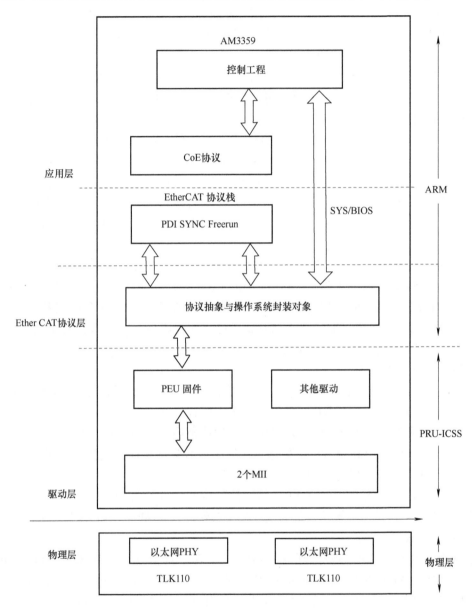

图 5 – 33　从站控制器的软件结构

结构框架是基于 SYS/BIOS 操作系统的，该系统是一个抢占式的实时操作系统，并且可移植到 16 位 MCU、32 位 DSP 或 ARM 控制器中。基于实时操作系统 SYS/BIOS 开发 Ether-CAT 从站控制器可以缩短 EtherCAT 的开发周期，增加从站控制器软件的可维护性、可重用性和移植性。EtherCAT 从站控制器的控制软件使用分层的软件设计方法，驱动层软件实现了从站控制器（ESC）初始化和外设驱动程序，EtherCAT 协议栈实现了 FtherCAT 从站控制器通信链路建立和 EtherCAT 数据帧收发，应用层软件实现了控制。

5. 驱动程序设计

(1) PRU-ICSS 实现 ESC

PRU-ICSS (Programmable Real-Time Unit Subsystem and Industrial Communication Subsystem) 又称可编程实时单元工业通信子系统，它可实现片上各种协议处理，将 EtherCAT 协议集成到 AM335x 处理器中，可以大大简化处理器器件联网工作量，因其可编程性，让 PRU-ICSS 成为支持所有流行工业自动化协议（包括 PROFIBUS、PROFINET、EtherCAT 和 Ethernet/IP 等）实时通信接口的理想选择。AM3359 中有两个 PRU，均可以通过编程让 PRU 实现 EtherCAT 从站控制器 ESC 中的数据帧处理单元、FMMU、SM、支持分布式时钟等功能，可以使用 PRUSS 中 12KB 的共享内存来实现 ESC 的所有功能。TI 公司的 AM335x 开发套件里面包含了 PRU EtherCAT 固件程序，所以 PRU 能够实现 EtherCAT 从站控制器所有的硬件功能。

(2) PRU-ICSS 初始化

PRU-ICSS 的硬件初始化配置是整个驱动函数的核心，主要完成 4 个初始化任务：

1）初始化全局变量，这些变量是硬件相关的。

2）初始化 PRU-ICSS 中断控制器，ARM 和 PRU 的通信接口。

3）初始化 ESC 寄存器的属性，从 EEPROM 加载寄存器初值。

4）加载 PRU0 和 PRU1 固件，使得 PRU-ICSS 具有 ESC 功能。

EtherCAT 从站以 EtherCAT 从站控制器（ESC）芯片为核心，ESC 实现 EtherCAT 数据链路层，完成数据的接收和发送以及错误处理。从站使用微处理器操作 ESC 芯片，实现应用层协议，包括以下任务：

1）微处理器初始化、通信变量和 ESC 寄存器初始化。

2）通信状态机处理，完成通信初始化：查询主站的状态控制寄存器，读取相关配置寄存器，启动或终止从站相关通信服务。

3）周期性数据处理，实现过程数据通信：从站以查询模式（自由运行模式）或同步模式（中断模式）处理周期性数据和应用层任务。

从站设备可以运行在自由运行模式和同步模式，自由运行模式使用查询方式处理周期性数据，同步模式则在中断服务例程中处理周期性过程数据。

5.7.8　EtherCAT 应用协议

IEC 61800 标准系列是一个可调速电子功率驱动系统通用规范。其中，IEC 61800—7 定义了控制系统和功率驱动系统之间的通信接口标准，包括网络通信技术和应用行规，如图 5-34 所示。EtherCAT 作为网络通信技术，支持了 CANopen 协议中的行规 CiA402 和 SERCOS 协议的应用层，分别称为 CoE 和 SoE。

基于 EtherCAT 从站控制器的二次开发，可以构成实时以太网系统。系统的主站硬件基于 Windows 操作系统，通过普通的网卡与通信介质相连。主站系统的设计主要完成主站的人机界面、主站设备系统的实现、用户控制程序以及主站与网络的接口。从站数据通信功能由 EtherCAT 的从站控制器 ET1200 和应用控制器实现，ET1200 中固化了 EtherCAT 的物理层与数据链路层协议，采用 DSP 作为从站应用控制器实现应用层协议。

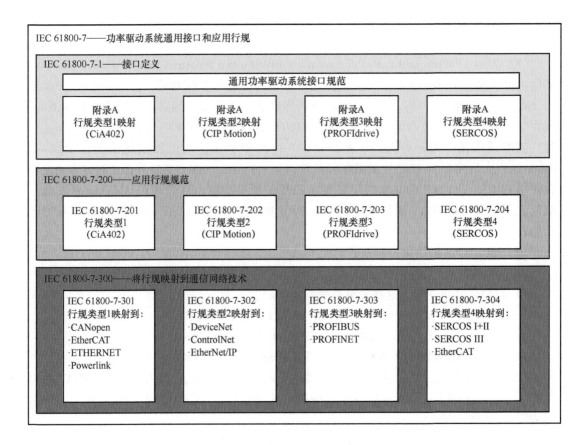

图 5 - 34　IEC 61800 - 7 体系结构

5.8　习题

1. 试叙述 7 种总线的特点和应用场合？
2. 7 种总线的总线协议有什么不同？
3. 论述现场总线的发展趋势？

第6章　集散控制系统性能指标与工程设计规范

6.1　集散控制系统的性能指标

6.1.1　集散控制系统的可靠性

第6章微课视频

1. 可靠度 $R(t)$

（1）定义

可靠度即是用概率来表示的零件、设备和系统的可靠程度。它的具体定义是：设备在规定的条件下（指设备所处的温度、湿度、气压、振动等环境条件和使用方法及维护措施等），在规定的时间内（指明确规定的工作期限），无故障地发挥规定功能（应具备的技术指标）的概率。可靠度是一个定量的指标，它是通过抽样统计确定的。设有 N_0 个同样的产品，在同样的条件下同时开始工作，经 t 时间运行后有 $N_f(t)$ 个产品未发生故障，则其可靠度：

$$R(t) = N_f(t)/N_0 \quad (0 \leqslant R(t) \leqslant 1) \tag{6-1}$$

式中，求取概率 $R(t)$ 的 N_0 和 $N_f(t)$ 必须符合数据统计中的大数规律。N_0 必须足够大，$R(t)$ 才有意义。也就是说，对于一种产品，必须抽取足够多的样本进行实验，得到的 $R(t)$ 才真正反映它的可靠度。

根据可靠度的定义，若产品测试时规定条件、规定时间和规定功能不同，则 $R(t)$ 便不同。例如：同一产品在实验室和现场工作可靠度不同；在同一条件下，工作 1 年和工作 5 年的可靠性也不同，考查的时间越长，产品发生故障的可能性越大，$R(t)$ 将减小。

（2）串并联系统可靠度

一个复杂系统的可靠度除了与构成系统的子系统及其元器件的可靠度有关外，还与系统的结构形式有关。在串联系统中只要有一个发生故障，系统就会发生故障；而并联系统中除非全部子系统发生故障，系统才出故障。

1）串联系统可靠度。串联系统可靠度 R_s 是各子系统可靠度的乘积，用公式表示为

$$R_s = R_1 R_2 R_3 \cdots R_n = \prod_{i=1}^{n} R_i \tag{6-2}$$

式中，R_1、R_2、R_3、$\cdots$、R_n 为各子系统的可靠度。

2）并联系统可靠度。从理论上说，并联的单元越多，可靠性越高，但是并联子系统越多，系统的硬件将增加，实际工程中两者必须兼顾。并联系统可靠度 R_p 表示如下：

$$R_p = 1 - (1 - R_1)(1 - R_2)(1 - R_3)\cdots(1 - R_n) = 1 - \prod_{i=1}^{n}(1 - R_i) \tag{6-3}$$

式中，$(1 - R_1)$、$(1 - R_2)$、$(1 - R_3)\cdots(1 - R_n)$ 为各子系统发生故障的概率。

如果并联系统中各子系统的可靠度均为 r，则 $R_p = 1 - (1 - r)^n$。

表 6-1 列出了 r、n 不同取值的计算结果，由表可知，并联子系统越多，系统的可靠度越高。另外，当 $r = 0.9$ 时，并联子系统数为 2 和 3 时，两者 R_p 都在 0.99 以上，差别仅在小数点后面第三位。这说明当 $n > 2$ 时，并联子系统对增加系统可靠度的贡献并不显著，实际工程中常选用 $n = 2$ 的并联子系统。这一结果即是冗余技术的基础。

表 6-1　子系统可靠度与并联系可靠度的关系

n ＼ r	0.60	0.70	0.90
2	0.840	0.910	0.990
3	0.930	0.973	0.999

2. 失效率 $\lambda(t)$

失效率 $\lambda(t)$ 是指系统运行到 t 时刻后，单位时间内可靠度的下降与 t 时刻可靠度之比，用公式表示为

$$\lambda(t) = \frac{\dfrac{R(t) - R(t + \Delta t)}{\Delta t}}{R(t)} \tag{6-4}$$

将式（6-4）改写成微分形式，得

$$\lambda(t) = -\frac{1}{R(t)} \times \frac{\mathrm{d}R(t)}{\mathrm{d}t} \tag{6-5}$$

对 $\lambda(t)$ 从 $0 \sim t$ 积分，可得

$$\int_0^t \lambda(t)\,\mathrm{d}t = -\ln(R(t)) \,\big|\,_{R(t)} \tag{6-6}$$

即

$$R(t) = \mathrm{e}^{-\int_0^t \lambda(t)\,\mathrm{d}t} \tag{6-7}$$

$\lambda(t)$ 的单位是时间的倒数，一般采用 h^{-1}，它的物理意义是指系统工作到 t 时刻，单位时间内失效的概率。由式（6-5）可见，不同产品由于 $R(t)$ 不同，$\lambda(t)$ 亦各不相同，对于电子产品而言，$\lambda(t)$ 与时间 t 的关系如图 6-1 所示，这就是著名的浴盆曲线。

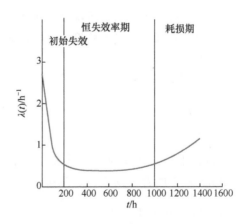

图 6-1　失效率浴盆曲线

该曲线可分为 3 个部分：初期失效区、偶然失效区、耗损失效区。

1）初期失效区。$\lambda(t)$ 随 t 的增大而减小，引起产品失效的主要原因是生产过程中的缺陷，随着时间的推移，这种情况迅速减少。

2）偶然失效区。该区间内 $\lambda(t)$ 很低，且几乎与时间无关，这一时期也称为寿命期或恒失效区，它持续的时间很长。

3）耗损失效区。这期间 $\lambda(t)$ 随时间的增大而增大，此时因产品已达到其寿命，所以失效率迅速上升。

通常情况下，一种产品经过适当的老化处理，可以很快地渡过初期失效区而进入偶然失效期。偶然失效期是一个长期稳定的过程，因此在分析产品的可靠性指标时，一般是指产品在偶然失效期的可靠性。电子产品在偶然失效期内 $\lambda(t)$ 可近似为常数 λ，代入式（6-7）得

$$R(t) = \mathrm{e}^{-\lambda t} = \exp(-\lambda t) \tag{6-8}$$

利用式（6-8），即可根据偶然失效期内的失效率求取不同工作时间内的可靠度。

3. 平均故障间隔时间（MTBF）

平均故障间隔时间（Mean Time Between Failure，MTBF）是指各次故障间隔时间 t_i 的平均值，平均故障间隔时间即各段连续工作时间的平均值。可用式（6-9）表示为

$$\mathrm{MTBF}(h) = \frac{\sum_{i=1}^{n} t_i}{n} \qquad i = 1,2,3,\cdots,n \tag{6-9}$$

MTBF 是一个通过多次采样检测，长期统计后求出的平均数值。

4. 平均故障修复时间（MTTR）

平均故障修复时间（Mean Time To Repair，MTTR）是指设备或系统经过维修，恢复功能并投入正常运行所需要的平均时间。用公式表示为

$$\mathrm{MTTR}(h) = \frac{\sum_{i=1}^{n} \Delta t_i}{n} \qquad i = 1,2,3,\cdots,n \tag{6-10}$$

式中，Δt_i 为每次维修所花费的时间。

MTTR 也是一个统计值，它远小于 MTBF。MTBF 越大，MTTR 越小的系统可靠性越高。

5. 平均寿命 m

按照可靠度的定义，如果一种产品在时刻 t 内正常工作的概率为 $R(t)$，该产品的平均寿命 m 可用 $R(t)$ 的数学期望值来表达：

$$m = \int_0^{+\infty} R(t)\,\mathrm{d}t \tag{6-11}$$

对电子产品 $R(t) = \mathrm{e}^{-\lambda t}$，有

$$m = \int_0^{+\infty} \mathrm{e}^{-\lambda t}\mathrm{d}t = \frac{1}{\lambda} \tag{6-12}$$

也就是说，电子产品的平均寿命是其失效率的倒数。

如果产品出现故障后无法修复，则其寿命 m 又可称作平均无故障时间（Mean Time To Failure，MTTF）；如果故障后可以修复，则其寿命 m 代表的是平均故障间隔时间（MTBF）。集散控制系统的故障应是可修复的，所以可将平均寿命 m 称为 MTBF。

6. 利用率 A

利用率是可修复产品的一个可靠性指标，又称有效率或有效度，它表征了产品正常工作时间和总时间的比率。有效度有三种形式：瞬时有效度、平均有效度和极限有效度。

（1）瞬时有效度

它是系统在某一时刻具有规定功能的概率，记作 $A(t)$，这是一个时间函数。假定系统在偶发故障期，故障次数服从失效率为 λ 的泊松分布，由此可推出其瞬时有效度为

$$A(t) = \frac{\mu}{\lambda + \mu} + \frac{\lambda}{\mu + \lambda} e^{-(\lambda + p)t}, p = (0,0) = 1 \tag{6-13}$$

式中，λ 为失效率，$\lambda = \dfrac{1}{\text{MTBF}}$；$\mu$ 为修复率，$\mu = \dfrac{1}{\text{MTTR}}$。

（2）平均有效度

它是在某段规定时间内瞬时有效度的平均值。

（3）极限有效度

亦称稳态有效度，是时间趋于无限大时瞬时有效度的极限值。

根据式（6-13），可求得 $A(\infty)$ 为

$$A(\infty) = \frac{\mu}{\mu + \lambda} = \frac{\text{MTBF}}{\text{MTBF} + \text{MTTR}} \tag{6-14}$$

如果把系统的 MTBF 作为完成正常运行的时间，把 MTTR 看作为故障时间，则极限有效度就是设备或系统可能工作的时间系数，亦称为利用率或使用率。

对串联系统：
$$A = A_1 A_2 A_3 \cdots A_n \tag{6-15}$$

对并联系统：
$$A = 1 - \left[(1 - A_1)(1 - A_2)(1 - A_3) \cdots (1 - A_n) \right] \tag{6-16}$$

式中，A_1、A_2、$\cdots$、A_n 为各子系统的利用率，在实际计算中，串、并联系统的划分应根据集散控制系统的具体结构而定。

6.1.2　提高系统利用率的措施

由利用率 A 的定义式可以看出，要提高利用率就需要增加平均故障间隔时间（MTBF）和减少平均故障修复时间（MTTR）。这涉及好多技术领域，如产品的制造工艺、元器件质量、系统设计方案的优劣、使用人员水平、维护条件的好坏和维修人员的技术水平等，所有这些条件又都受经济指标的约束，需要综合考虑。集散控制系统提高利用率的措施归纳起来有三个方面：提高元器件和设备的可靠性；采用抗干扰措施，提高系统对环境的适应能力；采用可靠性技术。

1. 提高元器件和设备的可靠性

硬件质量的好坏是系统可靠与否的基础，必须加强对硬件的质量管理。

1）建立严格的可靠性标准，优选元器件，建立元器件的性能老化模型，有效地筛选元器件，消除元器件早期失效对系统可靠性的影响。

2）研究元器件失效的机制，并制定有效措施，规定合理的使用条件。

3）提高组件的制造工艺水平，强化检验措施，把由组件制造工艺引起的故障降到 $10^{-9} \sim 5 \times 10^{-9}$。

集散控制系统组件一般要经过目测检查、高温老化、冷热缩胀循环试验。元器件在 0 ～

125℃间反复循环 10 次，每次持续 15 min，间隔 30 s；对塑料封装的元器件要在 25 ～ 100℃间做交替试验，最后进行交流参数测试。如此严格的预处理，一方面是择优与筛选，更重要的是使元器件的初期失效特性事先在实验室中暴露，从而在正式投入运行时已达到失效率低且恒定的偶然失效期，提高了组件的 MTBF。

另外集散控制系统的维修已达到板级更换的水平，所以对插卡的质量检查特别严格，大多由计算机控制的流水线进行操作，并由特殊的测试设备予以全面测试。

有些集散控制系统更进一步采用表面安装技术，避免了线路焊接和印制板打孔引起的接触不良现象的发生，组件采用全密封真空封装技术，提高了抗恶劣环境的能力。

2. 提高系统对环境的适应能力

提高系统的环境适应能力，也是提高集散控制系统可靠性的一个重要方面。集散控制系统中的控制单元或接口单元，有时甚至是操作站也要置于现场，因此必须要采取严格的抗干扰措施，防止电磁耦合、空间传输或导线传输引入干扰信号。

电磁干扰的形式主要有电源噪声、输入线引入的噪声和静电噪声。对电源引进的干扰通常采用电源低通滤波器，通过电感、电容组成的吸收装置抑制电源噪声。在电源进线端加装浪涌吸收器，可有效防止感应雷电对设备的破坏。供电系统进线应注意尽量用粗线。稳压电源要加静电屏蔽，且与继电器、灯泡、开关等分开供电。与计算机接口的线要用双绞线，扭绞的绞距要小。地线是侵入噪声的主要渠道，通常应按标准采用汇流排或粗导线接地。当组件之间有电位差时，采用光耦合器件或变压器进行信号的隔离传输，可收到很好的效果。

为确保系统安全，各类装置均有接地系统，例如：防雷接地、信号接地、电源公共端接地、同轴电缆接地、机壳接地、防爆栅安全接地、上位计算机单独接地等。

为了适应不同工业环境的需要，集散控制系统设计了不同形式的机柜，有透气、敞架式，也有密封强制循环式的机柜，使组件与现场的恶劣环境完全隔离。

3. 容错技术的应用

容错技术是指当系统出现错误或故障时，仍能正确执行全部程序。容错技术可分成局部容错技术和完全容错技术。前者是从系统中去除有"病"的功能部件，重新组成一个新系统，让原系统降级使用；而后者则是切换前后功能完全相同。当然这两者都是自动进行的，无须人工干预。

要达到容错目标的根本办法是采用冗余技术，就是采用多余的资源来换取系统的可靠性。一般包括硬件冗余技术、软件冗余技术、信息冗余技术和时间冗余技术。

（1）硬件冗余技术

硬件冗余技术就是增加多余的硬件设备，以保证系统可靠地工作。按冗余结构在系统中所处的位置，可分为元件级、装置级和系统级冗余。按冗余结构的形式可分为工作冗余（热备用）、后备冗余（冷备用）和表决系统 3 种。

1）工作冗余。工作冗余是使若干同样装置并联运行，只有当组成系统的并联装置全部失效时系统才不工作。设由可靠度为 0.90 的两台装置组成并联系统，按并联系统的可靠度计算公式

$$R_p = 1 - (1 - R_1)(1 - R_2) = 0.99 \tag{6-17}$$

并联系统的可靠度的时间函数式：$R_p(t) = e^{-\lambda_1 t} + e^{-\lambda_2 t} - e^{-(\lambda_1 + \lambda_2)t}$

通过对系统可靠度 $R_p(t)$ 由 0 到 ∞ 积分，求得该并联系统的平均故障间隔时间：

$$\text{MTBF} = \int_0^\infty R_s(t)\,\mathrm{d}t = \frac{1}{\lambda_1} + \frac{1}{\lambda_2} - \frac{1}{\lambda_1 + \lambda_2} \tag{6-18}$$

现 $\lambda_1 = \lambda_2 = \lambda$，故 $\text{MTBF} = \dfrac{3}{2\lambda}$。

由此可见，两个装置组成的并联系统与单装置相比，平均故障间隔时间是原来的 1.5 倍。集散控制系统中操作站常采用 2~3 台共用的冗余措施，各操作站独立工作，互为后备，一个操作站的信息，可向其他站传递。

2）后备冗余。后备冗余是指仅在主设备故障时才投入工作的储备，它可以采取一用一备的方式，即为 1:1 后备冗余，也可以是多用一备的方式，即 n:1 后备冗余。假定备用单元不工作时失效为零，从理论上说，后备冗余的系统连续工作时间可无限长。在 1:1 备用系统中，若各单元的可靠度为 $R_i = \mathrm{e}^{-\lambda t}$，则备用系统可靠度为

$$R_b(t) = \mathrm{e}^{-\lambda t}(1 + \lambda t) \tag{6-19}$$

单台设备的有效度为

$$A = \frac{\mu}{\lambda + \mu} \tag{6-20}$$

n 台设备有一台后备的有效度，可用马尔可夫过程状态转移矩阵求解

$$A = \frac{\mu^2 + n\lambda + \mu}{\mu^2 + n\lambda\mu + n\lambda(n\lambda + \lambda)} \tag{6-21}$$

随着微型计算机技术的发展，硬件价格不断下降，集散控制系统中大多采用 1:1 后备冗余。

3）表决系统。表决系统由若干个工作单元和一个表决器组成，每个工作单元的信息输入表决器，只有当有效的单元数超过失效的单元数时，才能做出输入为正确的判断，也即失效部件数小于有效部件数时，系统才正常工作。

对于 3 取 2 的表决系统，当各子系统失效率皆为 λ，其可靠度为

$$R_{3,2}(t) = \binom{3}{0}\mathrm{e}^{-3\lambda t} + \binom{3}{1}(1 - \mathrm{e}^{-\lambda t})\mathrm{e}^{-2\lambda t} = 3\mathrm{e}^{-2\lambda t} - 2\mathrm{e}^{-3\lambda t} \tag{6-22}$$

（2）冗余系统的选择

系统硬件可靠性设计一般采用以下方法：

1）根据系统元器件的失效率，计算系统的可靠度，同时考虑经济性、可维护性、操作性等，以确定最佳方案。

2）在元器件可靠度不符合要求时，实行降额使用，即让元器件工作在规定的环境条件及负载条件 1/2 或以下的数值，以降低使用要求来换取可靠性的提高。

3）当单个元器件达不到要求的可靠度时，应考虑采用冗余结构。图 6-2 给出了几种冗余系统可靠度的比较。设单元的可靠度均为单个设备的可靠度，曲线 2 为两设备并联时的可靠度，曲线 3 为 1:1 后备冗余的可靠度，曲线 4 为 3 取 2 表决系统的可靠度。

单个设备的可靠度 $R_i = \mathrm{e}^{-\lambda t}$，两并联设备的可靠度 $R = 2\mathrm{e}^{-\lambda t} - \mathrm{e}^{-2\lambda t}$，1:1 后备冗余的可靠度 $R_i = \mathrm{e}^{-\lambda t}(1 + \lambda t)$，3 取 2 表决系统的可靠度 $R = 3\mathrm{e}^{-2\lambda t} - 2\mathrm{e}^{-3\lambda t}$。由图 6-2 可见，备用系统可靠度 > 并联系统可靠度 > 单个设备可靠度。3 取 2 表决系统在 $t < 1.44/\lambda$ 时，可靠度较单个设备高，一旦超过此值，其可靠度还不如单个设备。随着时间的推移，可靠呈下降趋势。$t < 1/\lambda$ 时，可靠度急剧下降，这说明冗余系统在短时期内工作，能显著提高系统的可靠性。

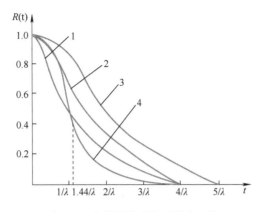

图 6-2　几种冗余系统可靠度比较

（3）信息冗余技术

信息冗余技术是利用增加的多余信息位提供检错甚至纠错的能力。增加多余的信息位后，能实现检错还是纠错，主要取决于出错后的数据相对于原数据怎样分布，如果原数据的出错码相互之间并不重复，则能根据出错数据判定原数据是什么，因此能纠错，这样的代码称作"纠错码"。另一种情况是原数据的出错码之间互相重复，根据接收的错误码不能判断其发送的原码，这样的代码只能称作检错码。至于某种代码能检错还是纠错，以及能检几重错和纠几重错，由理查德海明所提出的办法能给出某种关系式，此处不作详细介绍，请参阅有关书籍。

（4）检错码实例

在差错控制系统中所采用的检错码种类很多，常用的有奇偶检验码和循环码。

1）奇偶校验码。奇偶校验码是最简单的检错码，它是使代码（包括 n 位信息位和 1 位校验位）中含"1"的个数保持奇数或偶数，前者称为奇数校验，后者称为偶数校验。例如：对于信息 001100 采用奇数校验时代码是 0011001，末位校验位是"1"，采用偶数校验时，代码是 0011000，末位校验位是"0"。这种简单的奇偶校验，可以发现 1 位错，但是当代码传输中同时出现偶数个代码错误时，它是无法发现的。

为了提高奇偶校验码的差错检测能力，可以对一个信息组进行奇偶校验编码。将这组代码看作是一个二维代码模式，分别沿横向与纵向进行奇偶校验编码。这种同时具有水平奇偶校验位和垂直奇偶校验位的代码称为二维奇偶校验码，其模式见表 6-2，表中采用偶数校验。

表 6-2　二维校验模式

1	0	1	1	0	1	0	0	
1	1	0	1	1	0	1	1	
0	1	1	0	0	1	0	1	
1	0	0	1	1	0	1	0	水平偶校验位
1	1	1	0	1	0	1	1	
0	0	0	1	0	1	0	0	
1	1	0	1	0	1	0	0	
1	0	1	1	1	0	1		
垂直偶校验位								

显而易见，这种校验码可以发现全部字符的二重错（即同时出现两个错误），甚至某一字符的完全丢失。

2）循环码。循环码的编码方式有以下两种：

第一种将 n 位信息的代码多项式 $F(x)$ 乘以 x^m（m 为冗余位的数目）除以某个 m 次生成多项式 $G(x)$（模 2 除法），得到的余数 $R(x)$ 另加在 $F(x)$ 上，作冗余位一起发送。接收方收到循环码后，用已知的 $G(x)$ 去除，若不能整除，即表示出错。

例如：数据 110101，写成代码多项式 $F(x) = x^5 + x^4 + x^2 + 1$，并设 $G(x) = x^2 + 1$，即（102）2，则按 $F(x)x^2/G(x) = (x^7 + x^6 + x^4 + x^2)/(x^2 + 1) = (x^5 + x^4 + x^3 + x + 1) \oplus (x + 1)$，即余数为 11。因此所得循环码是 11010111，接收方将它除以 101，如能整除即判为正确信息。TDC-3000 BASIC 中的 31 位 HW 字，其中最后 5 位 BCH 码就是循环检错码。

第二种是发送 $F(x)$ 与 $G(x)$ 的乘积。这样接收方只需判断所得代码是否能被 $G(x)$ 整除，若不能就是出错。而且所得的商就是信息位。对上例，发送的代码多项式为 $(x^5 + x^4 + x^2 + x + 1)(x^2 + 1) = x^7 + x^6 + x^5 + 1$，即所得的循环码是 11100001。

循环码的检错能力与选择的生成多项式 $G(x)$ 有关，所进行的除法是模 2 除法。

（5）时间冗余技术

通过消耗时间资源达到容错的目的。这种错误都带有瞬时性和偶然性，过一段时间可能不再出现。

1）指令复执方法。当计算机出错后，让当前指令重复执行。若不是永久性故障，可能不会再出现，程序可顺利地执行下去。它的基本要求是出错后保留现行指令地址，以备重新执行，执行一次后不自动往下继续执行，待预定的复执次数或复执时间到达后才往下继续执行新的程序，若复执完毕仍然处于故障状态，则复执失败。

2）程序卷回方法。程序卷回方法不是只对一条指令的重复执行，而是针对一小段程序重复执行。重复执行成功，则继续往前执行，重复执行失败，可以再卷回若干次。时间监视由定时计数器来完成，程序正常后自动停止计时。

3）冗余传送方式又分为以下 3 种方式：

① 返送方式。当接收到正确无误的全部消息后，接收设备将发出一个回波，如果发信端得不到正确的响应，说明对方接收的是错误信息。当然这种冗余传送方式的前提应该是信号通道的高可靠性，否则信息正确而返回信道有误也要出现差错。

② 连发方式。发送端对同一信息发送两次，接收端进行比较，有不一致即说明"有错"。这种传送一个信息要发两次，效率极低，为提高效率也有改成先等待双方的应答脉冲，若收不到，再连发。

③ 返送校验信息方式。接收端根据收到的信息编制成校验信息，再返回到发送端，与发送端保存的校验信息进行比较，如发现有错，则加上重发标记再发一次。

（6）全系统的多级操作控制

集散控制系统除了横向的分散控制、分散显示、分散数据库外，还具有纵向的分级控制特性，使得上位机、操作站、控制器甚至手操单元，都可直接控制现场执行机构，实现了纵向冗余。只要最低一级的控制功能不消失，系统仍能工作，所以多级控制系统的可靠性是十分高的，据资料介绍，多级控制系统的有效度可达 99.999903%，而子系统的最高有效度仅 99.99643% 。

（7）自诊断技术

要缩短系统的平均故障修复时间，延长平均故障间隔时间，一个有效的措施就是采用自诊断技术，包括离线诊断和在线诊断。离线诊断一般在系统投运之前全面地测试集散控制系统的性能，为开车做好准备，这时有专门的诊断软件提供用户调试。投运以后就进入在线诊断，一般分设备级和卡级自诊断。例如：控制器每个工作周期对自身检查一遍，如发现差错，立即在屏幕上告知用户，以便及时进行处理。常用的自检方法有方格图形法、指令代码求和法、程序时间监视法等。

1）RAM 的自检。方格图形法常用于对空白 RAM 的检测，预编制好一个程序，先向 RAM 写入检查字，然后再读出，比较前后两次结果，即可判断 RAM 的工作是否正常。若有差错，则指示出错，并给出出错的地址号。测试用的检查字常为 AAH 和 55H，A 的代码是 1010，5 的代码是 0101，很像黑白相间的方格，故称为方格图形。AAH 和 55H 互为反码，循环一遍，即可检查 RAM 各位读写 "1" 和 "0" 的能力。

当程序投运之后，作为数据区的 RAM 已存放有一定的信息，检查程序绝对不能破坏原来存入的内容，因此方格图形法已不再适用，通常采用 "异或" 的方法进行检查。先从被检查的 RAM 单元中读出信息，求反后再与原单元的内容进行 "异或" 运算，如果结果为全 "1"，则表明该 RAM 工作正常，否则应给出出错信息，并指示出错地址。

2）ROM 的自检。ROM 中存放着系统工作的程序、各类常数及表格等信息，它的内容决定了系统的工作。常用指令代码求和的方法对 ROM 进行检查，即将指令代码逐条进行 "异或" 运算，并把最终的检验 "和" 写入程序的最后一个单元，对 ROM 自检时只要把 "异或" 的结果与标准的检验 "和" 相比较，两者不同，则说明 ROM 的内容有问题。

3）传送信息的自检。除了前面提到的采用信息冗余、传送冗余的方法以外，对系统中信息还进行多种检测。

① 传输波形检错。对通信字的每一位进行波形检查，看其是否包含规定的正、负脉冲，如果有错，将拒绝接收。

② 位计数检错。检查每个通信字的位数，计少了就显示出错。

③ 基准位检错。检查每个通信字的基准位是否符合规定的要求，例如：为 "0" 或 "1"，假如不符，则认为出错。

6.1.3　集散控制系统的安全性

1. 系统的安全性概述

（1）安全性分类

1）功能安全（Functional Safety）是指系统正确地响应输入从而正确地输出。控制的能力（按 IEC 61508 的定义）。在传统的工业控制系统中，特别是在所谓的安全系统（Safety systems）或安全相关系统（Safety Related Systems）中，所指的安全性通常都是指功能安全；比如在连锁系统或保护系统中，安全性是关键性的指标，其安全性也是指功能安全。功能安全性差的控制系统，其后果不仅仅是系统停机的经济损失，而且往往会导致设备损坏、环境污染，甚至人身伤害。

2）人身安全（Personal Safety）是指系统在人对其进行正常使用和操作的过程中，不会直接导致人身伤害。比如，系统电源输入接地不良可能导致电击伤人，就属于设备人身安全设计必须考虑的问题。通常，每个国家对设备可能直接导致人身伤害的场合，都颁布了强制性的标准规范，产品在生产销售之前应该满足这些强制性规范的要求，并由第三方机构实施认证，这就是通常所说的安全规范认证，简称安规认证。

3）信息安全（Information Safety）是指数据信息的完整性、可用性和保密性。信息安全问题一般会导致重大经济损失，或对国家的公共安全造成威胁。病毒、黑客攻击及其他的各种非授权侵入系统的行为都属于信息安全研究的重点问题。

（2）安全性与可靠性的关系

安全性强调的是系统在承诺的正常工作条件或指明的故障情况下，不对财产和生命带来危害的性能。可靠性则侧重于考虑系统连续正常工作的能力。安全性注重于考虑系统故障的防范和处理措施，并不会为了连续工作而冒风险。可靠性高并不意味着安全性肯定高。安全性总是要依靠一些永恒的物理外力作为最后一道屏障，比如，重力不会因停电而消失，往往用于紧急情况下关闭设备。

当然，在一些情况下，停机就意味着危险的降临，比如飞机发动机停止工作。在这种情况下，几乎可以认为可靠性就是安全性。

（3）功能安全

几乎所有的工业系统都存在安全隐患，也就是说它们在某些时刻不能正确响应系统的输入，导致人身伤害、设备损坏或环境污染。

按照IEC 61508的定义，功能安全是系统总体安全中的一部分，而不是全部。功能齐全强调的是以下内容：

1）危险前有信息输入。

2）系统能正确响应输入，发出控制指令，避免危险的发生。

举例来说，电动机线圈过热保护装置，其工作原理是：在线圈内安装温度探头，装置设定温度保护点，当探头测量到的温度超过设定点时，装置就切断电动机的电源。这就是一个完整的功能安全的例子。另一个例子：如果改善电动机线圈的材质或者提供高温保护层，就不属于功能安全，因为没有输入，这种安全保护属于对象本身的内在安全（Inherent Safety）。

如果一个系统存在某些功能上的要求，以确保系统将危险限制在可以接受的水平，就将这样的系统称为安全相关系统（Safety Related System）。这些功能上的要求就是所谓的安全功能（Safety Functions），安全功能包含两方面的内容：

1）安全功能需求：描述每项安全功能的作用，来源于危险分析（Hazard Analysis）过程。

2）安全度（Degree of Safety）要求：规定系统完成安全功能的概率，具体应用的安全度要求，从风险评估（Risk Assessment）过程中得到。

所以，当描述一个安全相关系统时，总是围绕"什么功能需要安全地执行"和"这些功能需要安全到什么程度"这两个主题来进行的。

一个安全相关系统，可以是一个独立于其他控制系统的系统，也可以包含在通用的控制系统之中。

（4）人身安全及安规认证

所有可能威胁人身安全的产品，在销售之前都必须通过某种要求的认证，一般每个国家都会列出一系列的产品目录，并规定每类产品应按何种标准进行安规认证或产品认证。产品认证主要是指产品的安全性检验或认证，这种检验或认证是基于各国的产品安全法及其引申出来的单一法规而进行的。在国际贸易中，这种检验或认证具有极其重要的意义。因为通过这种检验或认证，是产品进入当地市场合法销售的通行证，也是对在销售或使用过程中，因产品安全问题而引发法律或商务纠纷时的一种保障。

一般而言，产品安全性的检验、认证和使用合法标志的分类情况如图 6-3 所示。

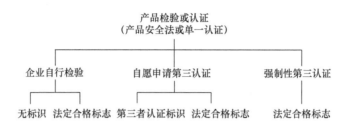

图 6-3　产品认证分类

1）产品责任法。在欧美国家，政府为了充分保护消费者的利益和社会整体的安定，制定了相当严格的产品责任法（Product Liability Law）。与一般的民事或刑事法律相比，产品责任法有两个需要企业特别重视的基本原则：产品责任法强调的是 "非过失责任"；在发生纠纷时，首先举证的责任在产品的供应方。

① 所谓 "非过失责任"，主要的意思是：即使产品的供应者并无意伤害他人，但只要在产品的常规使用过程中，发生了伤害，产品的供应者也必须承担相关的民事或刑事责任。这一基本原则实际上是要求，产品的供应者在设计和制造产品时，必须对常规使用过程中有可能发生的伤害做充分的评估，并在最大程度上采取可靠的防护措施。这种措施包括技术性措施，也包括警示性措施。麦当劳用来装热饮的杯子上的警语 "小心：热饮烫口"，就是一个常见的例子。

② 所谓 "首先举证的责任在产品的供应方"，主要的意思是：若产品的使用者提出指控，因使用某产品而遭受伤害，他并不需要证明该伤害确实是由该产品造成的。相反的，被告的产品供应者必须设法证明，该伤害不是由其产品造成的。若产品的供应者无法证明这一点，则指控成立。

在欧盟，上述的伤害并不局限于对人员的伤害，也包括对财产的伤害，乃至家畜的伤害。

2）企业自行检验。在了解上述两条产品责任法的基本原则之后，便可以较正确地理解欧美国家对于产品认证的管理政策，即在市场准入方面，给企业提供多重选择性；在市场监管和执法方面，采取从严处理的措施。

关于中国出口欧美地区的大部分产品，如轻工产品、机电产品中的一部分，进入市场的合格检验原则上可以由企业自己执行。在这种情况下，产品进入市场后一旦发生产品责任，亦全部由企业自己承担。

一般而言，在企业可自检的产品范围内，是不存在任何法定合格标识的。但是，在欧盟，随着一系列 CE 指令的实施，玩具、灯具、家用电器、工业机械和信息产品的一部分自检类产品，在进入市场销售时，必须使用欧盟法定的 CE 标志。

3）自愿申请第三者认证。本着在市场准入方面给企业提供多重选择性的原则，欧美各国针对可自检类产品也认可一批专业认证机构，允许企业向这些认证机构申请产品的安全认证。企业选择第三者认证有三大好处。

① 利用认证机构在产品法规和检验标准方面的专业性，确保产品检验的正确性和完整性，以避免检验不完整而带来的后顾之忧，包括避免买方或消费者借产品安全的理由人为地制造一些同务纠纷。

② 在通过认证后，企业可以在产品上使用认证机构的认证标志，以此将自己的产品与同行的自检产品加以区分，增加买方的信任，提高市场的接受度。

③ 在产品进入市场后一旦发生产品责任问题时，可以取得认证机构的技术支持和法律支持。

这种自愿性的第三者认证制度，是机电产品范围内最常见的现象。以欧美最流行的两大认证标志为例，美国的 UL 和德国的 GS 都是这样一种自愿性的第三者认证。类似的例子还有英国的 BS、加拿大的 CSA、法国的 NF、意大利的 IMQ 等。

事实上，这种基于自愿原则的认证，由于买方的强烈要求和市场的接受度，已产生了一种商业活动意义上的强制性。没有 UL 标志的机电产品，几乎无法外销美国；没有 GS 标志的机电产品出口德国将困难重重。

在欧盟，由于 CE 指令要求采用欧洲标准作为统一的检验标准，各国原有的认证机构也迅速地采用欧洲标准，作为自愿性认证的技术标准。所以，产品在通过认证机构的认证后，同时也符合了 CE 的要求，这样企业便可以在产品上同时使用法定的 CE 标志和认证机构的认证标志。

4）强制性第三者认证。在欧美，强制性第三者认证主要适用于高风险产品范围，如医疗器械、承压设备、爆炸性产品、人员运输设备、金属切割机械、食品及药品等直接关系到人身安全的产品。在很长一段时间内，这类产品的上市许可程序，即使在一个国家内，也有很大的差别，也包括许多政府行为。欧盟的 CE 指令提出了较符合现代经济发展和科技进步的认证管理方法。

① 管理机构负责监督法规的执行情况，而将直接的测试和认证工作授权给专业的认证机构执行。

② 所有产品范围内，统一认证程序主要包括两个部分：第一部分是样品的技术检验，第二部分是生产时的质量保证体系认证。

在欧洲，强制性第三者认证的范围正在逐步精简。在某些国家，强制性第三者认证的范围则仍较广泛，亦涵盖家用电器和信息产品等。俄罗斯的 GOST-R 认证和中国的 CCC 标志就是这样的例子。

5）主要的机电产品认证标志。主要机电产品的认证标志见表6-3。

（5）信息安全

1）信息安全概述。计算机网络在政治、经济、社会及文化等领域起着越来越大的作用，基于因特网的电子商务也迅速发展。信息安全如果得不到保障，将会给庞大的计算机网络造成巨大的损失。

表6-3　主要机电产品认证标志

国家或地区	认证标志	使 用 范 围	国家或地区	认证标志	使 用 范 围
欧盟	CE E-Mark Key-Mark ENEC	CE 指令清单中强制要求的产品 汽车、摩托车产品 家电产品 电器零部件	北美和南美	UL CSA FCC NOM IRAM	美国保险业者实验室安规认证 加拿大安规认证 美国电磁干扰要求 墨西哥安规认证 阿根廷安规认证
德国	VDE TUV MPRII ISO9241 ECO	电器零部件 电器或机械零部件 计算机监视器的辐射要求 计算机监视器的人体工程学要求 计算机监视器的综合指标	亚太地区	K-Mark PSB CCC	韩国安规认证 新加坡安规认证 中国 CCC 认证
欧洲	BS LCIE IMQ KEMA S-Mark Nordic TCO GOST-R PCBC EZU MEEI	英国安规认证 法国安规认证 意大利安规认证 荷兰安规认证 瑞士安规认证 北欧四国安规认证 瑞典计算机监视器标准 俄罗斯进口要求 波兰认证要求 捷克安规认证 匈牙利安规认证	非洲	SABS	南非安规认证

目前我国已形成国家公用网络、国家专用网络和企业网络三大类别的计算机网络系统，信息安全问题已经成为我国信息化进程中比较突出而且亟待解决的难题。

通俗地讲，信息安全是要保证信息的完整性、可用性和保密性。目前的信息安全可以分为 3 个层面：网络的安全、系统的安全及信息数据的安全。

① 网络层安全问题的核心在于网络是否得到控制，也就是说，是不是任何一个 IP 地址来源的用户都能够进入网络。一旦危险的访问者进入企业网络，后果是不堪设想的。这就要求网络能够对来访者进行分析，判断来自这一 IP 地址的数据是否安全，以及是否会对本网络造成危害；同时还要求系统能自动将危险的来访者拒之门外，并对其进行自动记录，使其无法再次危害。

② 系统层面的安全问题主要是病毒对于网络的威胁。病毒的危害已是人尽皆知了，它就像是暗藏在网络中的炸弹，系统随时都有可能遭到破坏而导致严重后果，甚至造成系统瘫痪。因此企业必须做到实时监测，随时查毒、杀毒，不能有丝毫的懈怠与疏忽。

③ 信息数据是安全问题的关键，其要求保证信息传输的完整性、保密性等。这一安全问题所涉及的是，使用系统中的资源和数据的用户是否是那些真正被授权的用户。这就要求系统能够对网络中流通的数据信息进行监测、记录，并对使用该系统信息数据的用户进行强有力的身份认证，以保证企业的信息安全。

目前，针对这 3 个层面而开发出的信息安全产品主要包括杀毒软件、防火墙、安全管理、认授权及加密等。其中以杀毒软件和防火墙应用最为广泛。

2) 信息安全标准和法规。根据《中华人民共和国计算机信息系统安全保护条例》，依据公安部《计算机信息系统安全专用产品检测和销售许可证管理办法》规定程序，我国信息安全产品实行销售许可证制度，由公安部计算机管理监察部门，负责销售许可证的审批颁发工作和安全专用产品安全功能检测机构的审批工作。

信息安全的管理和评价实行分等级制度，GB 17859—1999《计算机信息系统安全保护等级划分准则》，就是中国在信息安全等级保护方面的强制性国家标准。

GB 17859 规定了计算机系统安全保护能力的 5 个等级。

第一级：用户自主保护级；

第二级：系统审计保护级；

第三级：安全标记保护级；

第四级：结构化保护级；

第五级：访问验证保护级。

国际方面，信息安全等级标准的发展过程如图 6-4 所示。

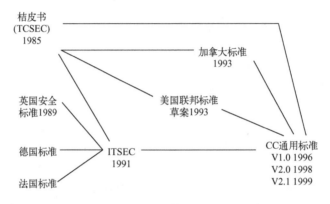

图 6-4　国际信息安全等级标准的发展过程

① TCSEC 标准。在 TCSEC 中，美国国防部按处理信息的等级和应采用的相应措施，将计算机安全从高到低分为：A、B、C、D 四类 8 个级别，共 27 条评估准则。其中，D 级为无保护级、C 级为自主保护级、B 级为强制保护级、A 级为验证保护级。随着安全等级的提高，系统的可信度随之增加，风险逐渐减少。

② 通用标准 CC。CC 共包含的 11 个安全功能类。

FAU 类：安全审计；

FCO 类：通信；

FCS 类：密码支持；

FDP 类：用户数据保护；

FIA 类：标识与鉴别；

FMT 类：安全管理；

FPR 类：隐秘；

FPT 类：TFS 保护；

FAU 类：资源利用；

FTA 类：TOE 访问；

FTP 类：可信信道/路径。

安全保证要求部分提出了 7 个评估保证级别（EAL）。

EAL1：功能测试；

EAL2：结构测试；

EAL3：系统测试和检查；

EAL4：系统设计、测试和复查；

EAL5：半形式化设计和测试；

EAL6：半形式化验证的设计和测试；

EAL7：形式化验证的设计和测试。

各评估标准之间的对应关系见表6-4。

表6-4　国际信息安全评估标准分级对应表

CC	TCSEC	ITSEC
—	D	E0
EAL1	—	—
EAL2	C1	E1
EAL3	C2	E2
EAL4	B1	E3
EAL5	B2	E4
EAL6	B3	E5
EAL7	A1	E6

3）信息安全技术。信息安全主要采用以下几种技术：

① 防火墙。防火墙在某种意义上可以说是一种访问控制产品。它在内部网络与不安全的外部网络之间设障碍，阻止外界对内部资源的非法访问，防止内部对外部的不安全访问。主要技术：包过滤技术、应用网关技术和代理服务技术。防火墙能够较为有效地防止黑客利用不安全的服务对内部网络的攻击，并且能够实现数据流的监控、过滤、记录和报告功能，较好地隔断内部网络与外部网络的连接。但其本身可能存在安全问题，也可能会是一个潜在的瓶颈。

② 虚拟专有网。虚拟专有网（VPN）是在公共数据网络上，通过采用数据加密技术和访问控制技术，实现两个或多个可信内部网之间的互联。VPN 的构筑通常都要求采用具有加密功能的路由器或防火墙，以实现数据在公共信道上的可信传递。

③ 安全服务器。安全服务器主要针对一个局域网内部信息存储、传输的安全保密问题，其实现功能包括对局域网资源的管理和控制，对局域网内用户的管理，以及局域网中所有安全相关事件的审计和跟踪。

④ 电子签证机构。电子签证机构（CA）作为通信的第三方，为各种服务提供可信任的认证服务。CA 可向用户发行电子签证证书，为用户提供成员身份验证和密钥管理等功能。

⑤ 用户认证产品。由于 IC 卡技术的日益成熟和完善，IC 卡被更为广泛地用于用户认证产品中，用来存储用户的个人私钥，并与其他技术如动态口令相结合，对用户身份进行有效识别。同时，还可利用 IC 卡上的个人私钥与数字签名技术结合，实现数字签名机制。随着

模式识别技术的发展，诸如指纹、视网膜及脸部特征等高级的身份识别技术也将投入应用，并与数字签名等现有技术结合，必将使得用户身份的认证和识别更趋完善。

⑥ 安全管理中心。由于网上的安全产品较多，且分布在不同的位置，这就需要建立一套集中管理的机制和设备，即安全管理中心。它用来给各网络安全设备分发密钥，监控网络安全设备的运行状态，负责收集网络安全设备的审计信息等。

⑦ 安全操作系统。给系统中的关键服务器提供安全运行平台，构成安全 WWW 服务、安全 FTP 服务、安全 SMTP 服务等，并作为各类网络安全产品的坚实底座，确保这些安全产品的自身安全。

针对工业控制行业的信息安全技术，ISA 在 2004 年发布了如下对应的技术报告：

ISATR 99.00.01—2004：Security Technologies for Manufacturing and Control Systems。

ISATR 99.00.02—2004：Integrating Electronic Security into the Manufacturing and Control Systems Environment。

2. 环境适应性设计技术

环境变量是影响系统可靠性和安全性的重要因素，所以研究可靠性，就必须研究系统的环境适应性。通常纳入考虑的环境变量有：温度、湿度、气压、振动、冲击、防尘、防水、防腐、防爆、抗共模干扰、抗差模干扰、电磁兼容性（EMC）及防雷击等。下面简单说明一下各种环境变量对系统可靠性和安全性构成的威胁。

（1）温度

环境温度过高或过低都会对系统的可靠性带来威胁。

低温一般指低于 0℃ 的温度。低温的危害有电子元器件参数变化、低温冷脆及低温凝固（如液晶的低温不可恢复性凝固）等。低温的严酷等级可分为：-5℃、-15℃、-25℃、-40℃、-55℃、-65℃、-80℃等。

高温一般指高于 40℃ 以上的温度。高温的危害有电子元器件性能破坏、高温变形及高温老化等。高温严酷等级可分为：40℃、55℃、60℃、70℃、85℃、100℃、125℃、150℃、200℃等。

温度变化还会带来精度的温度漂移。

设备的温度指标有两个：工作环境温度和存储环境温度。

1）工作环境温度：设备能正常工作时，其外壳以外的空气温度，如果设备装于机柜内，指机柜内空气温度。

2）存储环境温度：指设备无损害保存的环境温度。

对于 PLC 和 DCS 类设备，按照 IEC 61131-2 的要求，带外壳的设备，其工作环境温度为 5~40℃；无外壳的板卡类设备，其工作环境温度为 5~55℃。而在 IEC 60654—1：1993 中，进一步将工作环境进行分类：有空调场所为 A 级 20~25℃，室内封闭场所为 B 级 5~40℃，有掩蔽（但不封闭）场所为 C 级 -25~55℃，露天场所为 D 级 -50~40℃。

关于温度，在一些文章中，也经常被分为商业级、工业级和军用级三种等级，这些说法是元器件厂商的习惯用语，一般并无严格定义。通常，将元器件按下列温度范围分别划分等级（不同厂家的划分标准可能不同）：商业级 0~70℃，工业级 -40~85℃，军用级 -55~125℃。

关于工业控制系统的温度分级标准，可以参见 IEC 60654—1：1993（对应国标 GB/T

17214. 1—1998——工业过程测量和控制装置的工作条件第 1 部分：气候条件）或 ISA—71. 01—1985——Environmental Conditions for Process Measurement and Control Systems：Temperature and Humidity。

（2）湿度

工作环境湿度：设备能正常工作时，其外壳以外的空气湿度，如果设备装于机柜内，指机柜内空气湿度。

存储环境湿度：指设备无损害保存的环境湿度。

混合比：是水汽质量与同一容积中空气质量的比值。

相对湿度：相对湿度是空气中实际混合比（r）与同温度下空气的饱和混合比（r_s）之百分比。相对湿度的大小可以直接表示空气距离饱和的程度。

在描述设备的相对湿度时，往往还附加一个条件——不凝结（Non-condensing），指的是不结露。因为当温度降低时，湿空气会饱和结露，所以不凝结实际上是对温度的附加要求。

在空气中水汽含量和气压不变的条件下，当气温降低到使空气达到饱和时的那个温度称为露点温度，简称为露点。

在气压不变的条件下，露点温度的高低只与空气中的水汽含量有关。水汽含量越多，露点温度越高，所以露点温度也是表示水汽含量多少的物理量。当空气处于未饱和状态时，其露点温度低于当时的气温；当空气达到饱和时，其露点温度就是当时的气温，由此可知，气温与露点温度之差，即温度露点差的大小也可以表示空气距离饱和的程度。

温度对设备的影响如下：

1）相对湿度超过 65%，就会在物体表面形成一层水膜，使绝缘劣化。

2）金属在高湿度下腐蚀加快。相对湿度的严酷等级可分为：5%、10%、15%、50%、75%、85%、95%、100% 等。关于工业控制系统的湿度分级标准，可以参见 IEC 60654 – 1：1993（对应国标 GB/T 17214. 1—1998——工业过程测量和控制装置的工作条件第 1 部分：气候条件）或 ISA 71. 01—1985——Environmental Conditions for Process Measurement and Control Systems：Temperature and Humidity。

（3）气压

空气绝缘强度随气压降低而降低（海拔每升高 100 m，气压降低 1%）。散热能力随气压降低而降低（海拔每升高 100 m，元器件的温度上升 0. 2 ~ 1℃）气压的严酷等级常用海拔表示，比如海拔 3000 m。一个标准大气压 = 气温在 0℃ 及标准重力加速度（$g = 9. 80665 m/s^2$）下 760 mmHg 所具有的压强，即一个大气压 = $1. 35951 × 10^4 kg/m^3 × 9. 80665 m/s^2 × 0. 76 m$ = 101325 Pa。海拔每升高 100 m，气压就下降 5 mmHg(0. 67 kPa)。

（4）振动和冲击

振动（Vibration）是指设备受连续交变的外力作用。

振动可导致设备紧固件松动或疲劳断裂。设备安装在转动机械附近，即典型的振动 DCS 系统的振动要求标准主要是 IEC 606534—3：1983《工业过程测量和控制装置的工作条件第 3 部分：机械影响》（对应国标 GB/T 17214. 3—2000）。

控制设备的振动分为低频振动（8 ~ 9 Hz）和高频振动（48 ~ 62 Hz）两种，严酷等级一般以加速度表示：0. 1g、0. 2g、0. 5g、1g、2g、3g、5g。

振动的位移幅度一般分 0.35 ~ 15 mm 等级。

冲击（Shock）是短时间的或一次性的施加外力。跌落就是典型的冲击。DCS 系统的冲击要求标准也主要是由 IEC60654 - 3 规定。

冲击的严酷等级以自由跌落的高度来表示，一般分 25 mm、50 mm、100 mm、250 mm、500 mm、1000 mm、2500 mm、5000 mm 和 10000 mm。

（5）防尘和防水

防尘和防水常用标准 IEC 60529（对应国标 GB/T 4208—2017）——外壳防护等级。其他标准有 NEMA250，UL 50 和 508，CSAC 22.2No. 94 - M91。上述标准规定了设备外壳的防护等级，包含两方面的内容：防固体异物进入和防水。IEC 60529 采用 IP 编码（International Protection，IP）代表防护等级，在 IP 字母后跟两位数字，第一位数字表示防固体异物的能力，第二位数字表示防水能力，如 IP55。IEC 60529/IP 编码含义见表 6-5。各类防护标准等级简易对照见表 6-6。

表 6-5　IEC 60529/IP 编码含义

第一位	含　　义	第二位	含　　义
0	无防护	0	无防护
1	防 50 mm，手指可入	1	防垂滴
2	防 12 mm，手指可入	2	防斜 15°垂滴
3	防 2.5 mm，手指可入	3	防淋，防与垂直线成 60°以内淋水
4	防 1 mm，手指可入	4	防溅，防任何方向可溅水
5	防尘，尘入量不影响工作	5	防喷，防任何方向可喷水
6	尘密，无尘进入	6	防浪，防强海浪冲击
7		7	防浸，在规定压力水中
8		8	防潜，能长期潜水

表 6-6　各类防护标准等级简易对照表

NEMA	UL	CSA	近似的 IEC 60529/IP
1	1	1	IP23
2	2	2	IP30
3	3	3	IP64
3R	3R	3R	IP32
4	4	4	IP66
4X	4X	4X	IP66
6	6	6	IP67
12	12	12	IP55
13	13	13	IP65

（6）防腐蚀

IEC 60654-4：1987 将腐蚀环境分为几个等级。主要根据硫化氢、二氧化硫、氯气、氟化氢、氨气、氧化氮、臭氧和三氯乙烯等腐蚀性气体；盐雾和油雾；固体腐蚀颗粒三大类腐蚀条件和其浓度进行分级。

腐蚀性气体按种类和浓度分为 4 级：一级为工业清洁空气，二级为中等污染，三级为严重污染，四级为特殊情况。

油雾按浓度分为 4 级：一级 <5/μg/kg 干空气，二级 <50/μg/kg 干空气，三级 <500μg/kg 干空气，四级 >500μg/kg 干空气。

盐雾按距海岸线距离分为 3 级：一级距海岸线 0.5km 以外的陆地场所，二级距海岸线 0.5km 以内的陆地场所，三级为海上设备。

固体腐蚀物未在 IEC 60654-4：1987 标准中分级，但该标准也叙述了固体腐蚀物腐蚀程度的组成因素，主要是空气湿度、出现频率或浓度、颗粒直径、运动速度、热导率、电导率及磁导率等。

上述规定可以参见 IEC 654-4：1987（等效标准 GB/T 17214.4—2005）《工业过程测量和控制装置的工作条件第 4 部分：腐蚀和侵蚀影响》。

另外，ISA-71.04—1985——Environmental Conditions for Process Measurement and Control Systems：Airborne Contaminants 也规定了腐蚀条件分级。

（7）防爆

在石油化工和采矿等行业中，防爆是设计控制系统时关键安全功能要求。每个国家和地区都授权权威的第三方机构，制定防爆标准，并对申请在易燃易爆场所使用的仪表进行测试和认证。

美国电气设备防爆法规的国家电气代码（National Electric Code，NEC，由 NFPA 负责发布）中，最重要的条款代码为 NEC500 和 NEC505，属于各州法定的要求，以此为基础，美国各防爆标准的制定机构发布了相应的测试和技术标准，这些机构主要有如下几个：

1）国家防火协会（National Fire Protection Association，NFPA）。

2）保险业者实验室（Underwriters Laboratories，UL）。

3）工厂联研会（Factory Mutual，FM）。

4）美国仪表协会（Instrumentation Systems and Automation Society，ISA）。

不过多数产品都选择通过 UL 或 FM 的认证。

加拿大防爆标准的制定机构主要是加拿大标准协会（Canadian Standards Association，CSA）。

在欧洲，相应的标准由欧洲电工标准委员会（CENELEC）制定。国际标准中，主要遵循 IEC 60079 系列标准。

在中国，国家制定了防爆要求的强制性标准，即 GB 3836 系列标准。检验机构主要是国家级仪表防爆安全监督检验站（National Supervision and Inspection Center for Explosion Protection and Safety of Instrumentation，NESPI），设在上海自动化仪表所。各种防爆标准近似对应见表6-7。

表6-7　各类防爆标准近似对应

标准类型	欧洲标准	IEC 标准	FM 标准	UL 标准	ANSI/ISA	CSA 标准	中 国 标 准
总则	EN50014	IEC 60079 - 0	FM3600 FM3810		ANSI/ISAS12. 0. 01	CSA79 - 0 - 95	GB 3836. 1—2010
充油型	EN50015	IEC 60079 - 6		UL2279Pt. 6	ANSI/ISAS12. 26. 01	CSA79 - E79 - 6	GB 3836. 6—1987
正压型	EN50016	IEC 60079 - 2	FM3620	NFPA496		CSA79 - E79 - 2	GB 3836. 5—1987
充砂型	EN50017	IEC 60079 - 5		UL2279，Pt. 5	ANSI/ISAS12. 25. 01	CSA79 - E79 - 5	GB 3836. 7—1987
隔爆型	EN50018	IEC 60079 - 1	FM3615	UL2279，Pt. 1 UL1203	ANSI/ISAS12. 22. 01	CSA79 - E79 - 1	GB 3836. 2—2000
增安型	EN50019	IEC 60079 - 7		UL2279，Pt. 7	ANSI/ISAS12. 16. 01	CSA79 - E79 - 7	GB 3836. 3—2000
本安型	EN50020 EN50039	IEC 60079 - 11	FM3610	UL2279，Pt. 11 UL913	prANSI/ ISAS12. 02. 01	CSA79 - E79 - 11	GB 3836. 4—2021
无火花型	EN50021	IEC 60079 - 15	FM3611	UL2279，Pt. 15	prANSI/ ISAS12. 12. 01	CSA79 - E79 - 15	GB 3836. 8—2014
浇封型	EN50028	IEC 60079 - 18		UL2279，Pt. 18	ANSI/ ISAS12. 23. 01	CSA79 - E79 - 18	GB 3836. 9—2014

下面以 GB 3836 为例，简要介绍一下防爆的分类、等级和标记。

1）场所分类。

Ⅰ类：有甲烷等气体的煤矿井下。

Ⅱ类：各种易燃易爆气体的工业场所。

Ⅲ类：有易燃易爆粉尘的场所。

2）易爆等级分类（可燃物类型）。按易爆物质类型，其中Ⅰ类不再细分，Ⅱ类细分为 A、B、C 三级，Ⅲ类细分为 A、B 两级，A、B、C 三级依次变得易引爆。

3）温度分类。环境温度不一样，易爆程度也不同。

Ⅰ、Ⅱ类分为 6 个级别：T1(300～450℃)、T2(200～300℃)、T3(135～200℃)、T4(100～135℃)、T5(85～100℃)和 T6(低于 85℃)。

Ⅲ类分为 3 个级别：T1—1(200～270℃)、T1—2(140～200℃)和 T1—3(低于 140℃)

4）类型标记符号。仪表和系统可以采用多种技术原理实现防爆功能，每种技术原理类型采用一个英文字符表示，如隔爆型"d"、冲油型"o"、正压型"p"、增安型"e"、冲砂型"q"、浇封型"m"、本安型"i"、火花型"n"、气密型"h"。其中增安型是在隔爆型的基础上再加上无火花设计形成的；本安型又分为 ia 和 ib 两级，ia 安全数更大。

5）防爆仪表的标识。按"原理类型标记符号、场所类型、温度等级"的顺序，将上述的分类代号连成一串，组成防爆仪表的完整标识，如 dⅡBT3，表示隔爆型仪表，可用于乙烯环境中，其表面温度不超过 200℃；iaⅡAT5，表示本安 ia 型，可用于乙炔、汽油环境中，表面温度不超过 100℃。

在实际应用中，采用本安（Intrinsic Safety）型仪表或采用安全栅（Intrinsic Safety Barrier）是最常见的选择。

3. 电磁兼容性和抗干扰

（1）电子系统的电磁兼容性和抗干扰概述

DCS 作为复杂的电子系统，其电磁兼容性（EMC）和抗干扰能力在很大程度上决定了系统的可靠性，所以，从本节开始到本书结束，都是围绕这一主题展开讨论的。下面先介绍电磁兼容性和抗干扰的一些基本概念。

1）电磁兼容性（Electro Magnetic Compatibility，EMC）：设备在其电磁环境中能正常工作，且不具备对该环境中其他设备构成不能承受的电磁骚扰的能力。

2）骚扰（Disturbance）：专指本产品对别的产品造成的电磁影响。

3）干扰（Interference）：或称为抗干扰，专指本产品抵抗别的产品的电磁影响。

4）形成电磁干扰的三要素是：骚扰源、传播途径和接收器。

5）骚扰源：危害性电磁信号（即干扰信号，或称为噪声）的发射者。

6）传播途径：指电磁信号的传播途径，主要有辐射和传导两种方式。

7）辐射（Radiated Emission）：通过空间发射。

8）传导（Conducted Emission）：沿着导体发射。

注意：不要将发射和辐射混淆，辐射和传导都统属于发射。

9）接收器：收到电磁信号的电路。消除骚扰源（噪声）、传播途径和接收器这三要素之一，产品间电磁干扰就不存在了。

噪声的种类和产生原因噪声分为自然噪声和人为噪声两大类。

1）自然噪声：宇宙射线和太阳辐射（频率大于 10 MHz）；雷电（频率小于 10 MHz）。

2）人为噪声：故意行为，如雷达、电子战发射装置；无意行为，如电焊机、电源、继电器及静电等。

在 DCS 系统中，噪声通过辐射或传导叠加到电源、信号线和通信线上，轻则造成测量的误差，严重的噪声（如雷击、大的串模干扰）可造成设备损坏。DCS 中常见的干扰（噪声）有以下几种：

1）电阻耦合引入的干扰（传导引入）：

① 当几种信号线在一起传输时，由于绝缘材料老化、漏电而影响到其他信号中引入干扰。

② 在一些用电能作为执行手段的控制系统中（如电热炉、电解槽等）信号传感器漏电，接触到带电体，也会引入很大的干扰。

③ 在一些老式仪表和执行机构中，现场端采用 AC 220V 供电，有时设备烧坏，造成电源与信号线间短路，也会造成较大的干扰。

④ 由于接地不合理，例如，在信号线的两端接地，会因为地电位差而加入一较大的干扰，如图6-5 所示。信号线的两端同时接地，这样，如

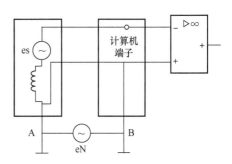

图 6-5　两点接地的干扰

果 A、B 两点的距离较远，则可能会有较大的电位差 eN，这个电位差可能会在 A、B 两端之间的信号线上产生一个很大的环流。

2）电容电感耦合引入的干扰。因为在被控现场往往有很多信号同时接入计算机，而且这些信号线或者走电缆槽，或者走电缆管，但肯定是很多根信号线在一起走线。这些信号之间均有分布电容存在，会通过这些分布电容将干扰加到别的信号线上，同时，在交变信号线的周围会产生交变的磁通，而这些交变磁通会在并行的导体之间产生电动势，这也会造成线路上的干扰。

3）计算机供电线路上引入的干扰。在一些工业现场（特别是电厂冶金企业、大的机械加工厂）大型电气设备起动频繁，大的开关装置动作也较频繁，这些电动机的起动、开关的闭合产生的火花会在其周围产生很大的交变磁场。这些交变磁场既可以通过在信号线上耦合产生干扰，也可能通过电源线上产生高频干扰，这些干扰如果超过容许范围，也会影响计算机系统的工作。

4）雷击引入的干扰。雷击可能在系统周围产生很大的电磁干扰，也可能通过各种接地线引入干扰。

噪声可以通过以下 3 种机构传播和接收。

1）通过天线或等效于天线的结构接收。

2）通过机箱接收。

3）通过导线接收。

对于上述三种基本的信号传播机构，可构成九种可能的耦合，其中，天线 – 天线，天线 – 导线、导线 – 导线是三种最主要的耦合方式，所以电磁兼容性的研究和标准也主要是围绕这种模式进行的。机箱 – 机箱模式除低频磁场外，一般不是主要的。

（2）电磁兼容性标准概述

早在 1934 年，IEC 成立"国际无线电干扰特别委员会"（法文缩写为 CISPR）开始制定一系列的电磁兼容标准。

1979 年，IEC 在 C65 专业（工业过程测量和控制设备专业委员会）下成立 WG4 工作组，专门研究该领域的电磁兼容性问题，并于 1984 年提出了著名的 IEC 801 系列标准。

1989 年，欧共体发布 89/336/EEC 产品指令，规定到 1995 年底为过渡期，之后凡未达到该指令中电磁兼容标准的产品，不得进入欧盟市场。

1990 年，IECTC77（专门研究电气设备电磁兼容的委员会）认为 IEC 801 的成果与其工作重叠，决定采纳 IEC 801 为基础标准，改标准号为 IEC61000 – 4 系列。

美国联邦通信委员会（FCC）也制定了相应的 EMC 标准。

电磁兼容性标准可以分为发射标准和抗扰度标准两大类（DCS 作为工业控制产品，其抗扰度受到更多的关注），每类标准根据标准的适用范围，又分为基础标准、通用标准、产品簇标准和专用产品标准，如图 6-6 所示。

发射（Emission/Disturbance）标准：用于表述产品发出电磁信号骚扰别的产品的具体规定，如IEC 61000 – 6 – 4 工业环境中的发射标准。

抗扰度（Immunity）标准：用于表述产品抵抗电磁骚扰信号的具体规定。如 IEC 61000 – 6 – 2工业环境中的抗扰度要求。

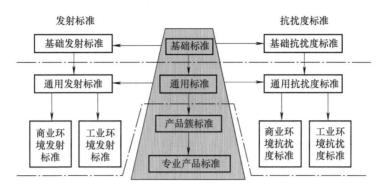

图 6-6　电磁兼容标准体系层次图

基础标准（Basic Standards）：只阐述测量和试验方法，不规定环境，不规定何种产品应达到什么等级的要求。如 IEC 61000 – 4 系列，规定了基础性抗扰度标准。

通用标准（Generic Standards）：对规定的某类环境中的产品提出一系列最低的电磁兼容性要求。如 IEC61000 – 6 系列，规定了住宅和工业环境的电磁兼容标准。

产品簇标准（Product Family Standards）：在通用标准和基础标准的基础上，具体规定了某类产品的电磁兼容要求和测试方法。如 GB/T 17618—2015（idt CISPR 24：1997）《信息技术设备　抗扰度　限值和测量方法》。

专用产品标准（Product Specific Standards）：具体规定某一型号产品的电磁兼容要求，一般不单独编制某产品的电磁兼容标准，而只是将其电磁兼容的要求编写在该产品的通用技术条件或产品标准中，以引用其他电磁兼容标准的条款的形式表达，如用于 PLC 的 IEC 61131 – 2。

在国际电磁兼容性标准中，最著名的是 IEC 61000 系列标准，分为以下几大系列：

IEC 61000 – 1 系列：《总论》，一般性的讨论和定义，术语。

IEC 61000 – 2 系列：《环境》，环境分类及描述。

IEC 61000 – 3 系列：《限值》，发射和抗扰度限值。

IEC 61000 – 4 系列：《测试技术》，测量和试验技术。

IEC 61000 – 5 系列：《安装于调试指南》，安装指南，调试方法与设备。

IEC 61000 – 6 系列：《通用标准》，规定不同环境下的抗扰度和发射要求。

在上述标准中，IEC 61000 – 4 系列标准是 DCS 中经常采用的抗扰度测试基础标准 IEC 61000 – 4 系列标准来源于原来的 IEC 801 系列标准，见表6-8。

表 6-8　IEC 61000 – 4 系列标准与原 IEC 801 系列标准对应表

标准内容	IEC 61000 – 4 标准	原 IEC 801 标准
抗扰度试验综述	IEC 61000 – 4 – 1	IEC 801 – 1
静电放电抗扰度	IEC 61000 – 4 – 2	IEC 801 – 2
辐射电磁场抗扰度	IEC 61000 – 4 – 3	IEC 801 – 3
快速瞬变脉冲群抗扰度	IEC 61000 – 4 – 4	IEC 801 – 4
浪涌抗扰度	IEC 61000 – 4 – 5	IEC 801 – 5
射频场传导骚扰抗扰度	IEC 61000 – 4 – 6	IEC 801 – 6
电压瞬时跌落和中断抗扰度	IEC 61000 – 4 – 11	无

DCS 的电磁兼容性的一般要求，目前国际国内并无专门的产品标准，但作为典型的工业控制设备，一般将其归为轻工类工业产品（Light Industry）或信息设备（Information Technology Equipment，ITE），从而采用对应的通用标准或产品簇标准。

CISPR 24 和 CISPR 22 是国际无线电干扰标准化委员会为信息技术设备制定的产品电磁兼容簇标准，前者为抗扰度标准，后者为发射标准。我国对应国标为 GB/T 17618—2015《信息技术设备抗扰度限值和测量方法》（idt CISPR 24：1997）；GB 9254—1998《信息技术设备的无线电骚扰限值和测量方法》（idt CISPR22：1997）；CISPR24 的测量方法引用基础标准 IEC 61000-4 系列（"电磁兼容试验和测量技术静电放电抗扰度试验" 即 GB/T 17626系列 1998）。

目前国外的 DCS 厂家，直接采用 IEC 61000-4 系列标准，并标明其产品的测试结果，一般来说，对于 DCS 产品，只要表 6-8 所列的几种 IEC 61000-4 标准的 2 级以上，就可以满足其使用环境的要求。2002 年，IEC 发表了适合于工业控制设备使用的 EMC 产品簇标准，即 IEC 61326：2002（废除和代替了 IEC 61326-1：1997 和 1998 及 2000 年的两次补充），也是以 IEC 61004 系列标准为基础编制的。

GB/T 17618—2015 中对信息技术电子设备抗扰度的要求见表 6-9。

表 6-9　信息技术电子设备抗扰度要求

项　目	标　准　号	要　求
静电放电抗扰度	GB/T 17618—2015 第 1 条	B 级合格
连续波辐骚扰抗扰度	GB/T 17618—2015 第 2 条	A 级合格
电快速瞬变脉冲群抗扰度	GB/T 17618—2015 第 3 条	B 级合格
浪涌（冲击）抗扰度	GB/T 17618—2015 第 4 条	B 级合格
连续波传导骚扰抗扰度	GB/T 17618—2015 第 5 条	A 级合格
电压暂降和短时中断抗扰度	GB/T 17618—2015 第 7 条	暂降：B 级，中断：C 级合格

GB/T 17618—2015 分级准则：

A 级：产品在试验中和试验后都能正常工作，且无性能下降。

B 级：产品在试验后能正常工作，且无性能下降；产品在试验中允许性能有降低，但不允许实际工作状态或存储数据有变化。

C 级：产品在试验中或试验后有暂时的性能下降或状态变化，但可以通过控制操作来自行恢复或人工恢复（比如重新上电复位）。

（3）产品的电磁兼容性和抗干扰设计

电子系统要在复杂的电磁环境中可靠地工作，必须从设计上确保各种干扰得到抑制。电磁兼容性和抗干扰是非常相近的内容。在电子系统设计中，提高其电磁兼容性和抗干扰能力的"六大法宝"是：接地、隔离、屏蔽、双绞、吸收、滤波。

在接下来将逐一对上述方法进行阐述。

4. 提高电磁兼容性和抗干扰能力的"六大法宝"

（1）接地

众所周知，地球可以视为一个巨大的电容器，可以存储海量的电荷。接地就是基于这样一个基本的物理基础所采取的技术手段。接地按其作用可分为保护性接地和功能性接地两大类。

1）保护性接地。

① 防电击接地：为了防止电气设备绝缘损坏或产生漏电流时，使平时不带电的外露导电部分带电而导致电击，将设备的外露导电部分接地，称为防电击接地。这种接地还可以限制线路涌流或低压线路及设备由于高压窜入而引起的高电压；当产生电器故障时，有利于过电流保护装置动作而切断电源。这种接地，也是通常的狭义的"保护接地"，它又分为保护导体接地（PE，也称为保护接地）和保护中性导体接地（PEN，也称为保护接零）两种方式。

② 防雷接地：将雷电导入大地，防止雷电流使人身受到电击或财产受到破坏。

③ 防静电接地：将静电荷引入大地，防止由于静电电压对人体和设备造成危害。特别是目前电子设备中集成电路用得很多，而集成电路容易受到静电作用产生故障，接地后可防止集成电路的损坏。

④ 防电蚀接地：地下埋设金属体作为牺牲阳极或阴极，以防止电缆、金属管道等受到电蚀。

2）功能性接地。

① 逻辑接地：为了确保稳定的参考电位，将电子设备中的某个参考电位点（通常是电源的零电位点）接地，也称为电源地或直流地。

② 屏蔽接地：将电气干扰源引入大地，抑制外来电磁干扰对电子设备的影响，也可减少电子设备产生的干扰影响其他电子设备。

③ 信号回路接地：如各变送器的负端接地，开关量信号的负端接地等。

④ 本安接地：为保证系统向防爆区传送的能量在规定的范围之内，将安全栅等设备安全地连接到供电电源的零电位点。

配电型式决定 DCS 的保护性接地方式。

保护性接地的主要目的是避免人身伤害，所以在介绍保护性接地之前，先介绍一下人体对电流的反应。通过人体的工频电流达到 $2 \sim 7\,mA$，人会感到电击处强烈麻刺，肌肉痉挛；$2 \sim 10\,mA$，手已难以摆脱电源；$20 \sim 25\,mA$，人体已经不能自主，无法自己摆脱电源，且人体将感到痛苦和呼吸困难；$25 \sim 80\,mA$，呼吸肌痉挛，电击时间为 $25 \sim 30\,s$，可发生心室纤维性颤动或心跳停止，将危及生命；$80 \sim 100\,mA$，电击时间为 $0.1 \sim 0.3\,s$，即引起严重心室纤维性颤动造成死亡。因而通过人体的工频电流要在 $20\,mA$ 以下，才能被认为是安全的。通过人体的电流值与加在人体上的电压及人体的电阻有关。人体在皮肤完好状态下的电阻是很高的，有时可达 $M\Omega$ 级，但当皮肤处于潮湿或损伤状态时，人体电阻将急剧降低，在这种不利情况下，认为人体电阻 $1 \sim 1.5\,k\Omega$ 是合适的。如再考虑到人足与大地间的接触电阻，则总电阻在 $2\,k\Omega$ 以上。如果用电压来衡量，人体最高可承受的安全电压为 $50\,V$ 交流有效值以下。

为了保证在设备外壳带电时的人身安全，必须采用保护性接地措施，主要有保护接地（PE）和保护接零（PEN）两种选择。

保护接地（PE）可用于变压器中性点不接地、通过阻抗接地或直接接地供电系统，它是把一根导线，一端接在设备的金属外壳上，另一端接在接地体（专门埋入地下的金属棒管）上，让电器的金属外壳与大地连成一体。这样，万一金属外壳因某种原因带电时，电流就会通过导线流进大地，装在供电线路上的熔丝由于流过的电流突然增大而熔断，从而保护了人身和电器的安全。保护接地的接地电阻一般要求小于 4 Ω。

保护接零（PEN）仅用于三相四线制且变压器中性点直接接地的供电系统，它是把电器的金属外壳接到供电线路系统中的专用接零地线上，而不必专门自行埋设接地体。当某种原因造成电器金属外壳带电时，通过供电线路的相线（某一相导线）→金属外壳→专门接零地线，构成了一个单相电源短路的回路，供电线路的熔丝在流过很大的电流时熔断，从而消除了触电的危险。采用保护接零，必须确保三点：零线不可以断线、零线需要重复接地、中性点接地良好。

关于保护性接地的型式选择和安全要求，由国家强制性标准 GB 14050—2008《系统接地的型式及安全技术要求》规定。

按照 GB l4050，低压配电系统的接地方式有 IT、WI′、TN 3 种。在 TN 型中又分有 TN-C、TN-S 和 TN-C-S 3 种派生型。字母代号含义如下：

第一个字母反映电源中性点接地状态：T——表示电源端（变压器）中性点接地；I——表示电源中性点没有接地（或采用阻抗接地）。

第二个字母反映负载侧的接地状态：T——表示负载保护接地，但独立于电源端（变压器）接地；N——表示电气装置外壳与电源端接地点直接连接。

第三个字母 C——表示中性导体与保护导体共用一线。

第四个字母 S——表示中性导体与保护导体是分开的。

1）逻辑接地。逻辑地即电源地，逻辑地一般可以在本机柜内直接以星形方式连接到一点，该点一般也是与机柜绝缘的汇流条。通常，逻辑地可与屏蔽地共用汇流条。

2）屏蔽接地。对于 DCS 而言，大部分信号为低频信号，信号屏蔽层采用单端接地的方法，并且为了获得更高的模拟测控精度，机柜内屏蔽地为单独的汇流条，该汇流条与机柜体的其他部分绝缘。

3）本安接地。本安接地是指本安仪表或安全栅的接地。这种接地除了抑制干扰外，还可使仪表和系统具有本质安全特性。本安接地会因为采用的设备的本安措施不同而不同，下面以齐纳式安全栅为例，说明其接地内容。如图 6-7 所示为一个齐纳式安全栅的接地原理图。

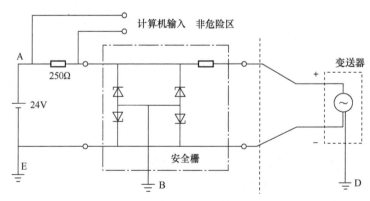

图 6-7　齐纳式安全栅的接地原理图

安全栅的作用是保护危险现场端永远处于安全电源和安全电压范围之内。如果现场端短路，由于负载电阻和安全栅电阻 R 的限流作用，会将导线上的电流限制在安全范围内，使现场端不至于产生很高的温度，引起燃烧。如果计算机一端产生故障，则高压电信号加入了信号回路，由于齐纳二极管的钳位作用，也使电压位于安全范围。

值得提醒的是，由于齐纳安全栅的引入，使得信号回路上的电阻增大了许多，因此，在设计输出回路的负载能力时，除了要考虑真正的负载要求以外，还要充分考虑安全栅的电阻，留有余地。

上面介绍了几种接地：保护地、逻辑地、屏蔽地和安全地。对这几种接地，各家有各家的要求，可能略有不同，最常见的接地方法示意如图 6-8 所示，接地实施步骤如下：

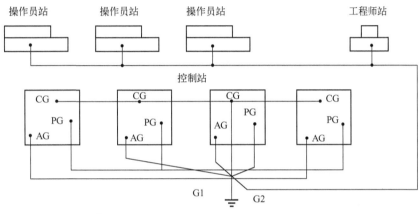

图 6-8 DCS 系统的接地示意图

1）保护地。如前所述，目前很多工厂的供电系统为 TT 系统，所以 AC 220V 电源引入DCS 时，只需要接入相线（L）和零线（N），电源系统的地线（E）并不接入，此时Ⅸ：5系统内保护地的接法是：首先，在安装时用绝缘垫和塑料螺钉垫圈保证各机柜与支撑底盘间绝缘（底盘由 DCS 厂家提供，焊接在地基槽钢上）；其次，将系统内务机柜（柜门和柜顶风扇等可动部分必须用导线与机柜良好接触）接地螺钉用接地导线用菊花链的形式连接起来，再从中间的机柜的接地点用一根接地线连接到 ECS 接地铜排（图 6-8 中 G1 点）。操作员站等 PC 的机壳也采用类似方法接入 G1，需要注意的是，PC 的 5V 电源地与其外壳是连在一起的，所以相当于 PC 的逻辑地是通过保护地接地的。

2）逻辑地。首先，各站内的逻辑地必须在本柜汇集于一点（柜内汇流排），然后，各柜内用粗绝缘导线以星形汇集到 DCS 接地铜排（G1 点）。逻辑地除了获得稳定的参考点，还有助于为静电积累提供释放通路，所以，即使是隔离电路，其逻辑地也应该是接地或通过大电阻（比如 1 MΩ 以上）接地，不建议采用所谓的"浮空"处理。即使是在航天器等无法接入大地的场合，也需要将逻辑地接到设备中最大的金属片上。

3）屏蔽地。屏蔽地也叫模拟地（AG），几乎所有的系统都提出 AG 一点接地，而且接地电阻小于 1 Ω。DCS 设计和制造中，在机柜内部都安置了 AG 汇流排或其他设施。用户在接线时将屏蔽线分别接到 AG 汇流排上，在机柜底部，用绝缘的铜辫连到一点，然后将各机柜的汇流点再用绝缘的铜辫或铜条以星形汇集到 G1 点。大多数的 DCS 要求，不仅各机柜

AG 对地电阻小于1Ω，而且各机柜之间的电阻也要小于1Ω。

4）安全栅地。我们回过头来再看图6-7所示的安全栅原理图。从图6-7中可以看出有3个接地点：B、E、D。通常B和E两点都在计算机这一侧，可以连在一起，形成一点接地。而D点是变送器外壳在现场的接地，若现场和控制室两接地点间有电位差存在，那么，D点和正点的电位就不同了。假设以E作为参考点，假定是D点出现10V的电势，此时，A点和正点的电位仍为24V，那么A和D间就可能有34V的电位差了，已超过安全极限电位差，但齐纳管不会被击穿，因为A和E间的电位差没变，因而起不到保护作用。这时如果不小心，现场的信号线碰到外壳上，就可能引起火花，从而点燃周围的可燃性气体，这样的系统也就不具备本安性能了。所以，在涉及安全栅的接地系统设计与实施时，一定要保证D点和B(E)点的电位近似相等。在具体实践中可以用以下方法解决此问题：用一根较粗的导线将D点与B点连接起来，来保证D点与B点的电位比较接近。另一种就是利用统一的接地网，将它们分别接到接地网上，这样，如果接地网的本身电阻很少，再用较好的连接，也能保证D点和B点的电位近似相等。

5）DCS接地点设置。各机柜内的地都用铜线连接到DCS接地铜排（G1点）后，需要用一根更粗的铜线将G1连接到工厂选定DCS接地点（G2），需要注意的是G2的选择。在很多企业，特别是电厂、冶炼厂等，其厂区内有一个很大的地线网，将变压器端接地与用电设备的接地连成一片。但是为了防止供电系统地的影响，建议供电线路用隔离变压器隔开。这对那些电力负荷很重，而且负荷经常起停的场合是应注意的。从抑制干扰的角度来看，将电力系统地和计算机系统的所有地分开是很有好处的，因为一般电力系统的地线是不太干净的。但从工程角度来看，在有些场合下，单设计算机系统地并保证其与供电系统地隔开一定距离是很困难的。考虑能否将计算机系统地和供电地共用一个，这要考虑如下几个因素：

① 供电系统地上是否干扰很大，如大电流设备起停是否频繁，因为大电流入地时，由于土壤电阻的存在，离入地点越近，地电位上升越高，起落变化越大。

② 供电系统地的接地电阻是否足够小，而且整个地网各个部分的电位差是否很小，即地网的各部分之间是否阻值很小（小于1Ω）。

③ DCS的抗干扰能力及所用到的传输信号的抗干扰能力，例如有无小信号（热电偶、热电阻）的直接传输等。

以上讨论了几种接地的方法和DCS接地点的设置。在不同的系统中，对这几种接地的要求可能不同，但大多数系统对AG的接地电阻一般要求小于1Ω，而安全栅的接地电阻应小于4Ω，最好小于1Ω，PG和CG的接地电阻应小于4Ω。总的来说，一般工控机系统（包括自动化仪表）的接地系统，由接地线接地汇流排、公用连接板及接地体等几部分组成，如图6-9所示。

总之，对于DCS或其他电气系统的接地，其本质就是"能接地的接好地，并且一点接地"，不能"借河"出海，"百川"必须各自"归海"（否则各"河道"水位相互影响，而大地可视为海量的电容，"水位"几乎不变）。

（2）隔离

电路隔离的主要目的是通过隔离元器件把噪声干扰的路径切断，从而达到抑制噪声干扰的效果。在采用了电路隔离的措施以后，绝大多数电路都能够取得良好的抑制噪声的效果，使设备符合电磁兼容性的要求。电路隔离主要有：模拟电路间的隔离、数字电路间的隔离、数字电路与模拟电路之间的隔离。所使用的隔离方法有：变压器隔离法、脉冲变压器隔离法、继电器隔离法、光电耦合器隔离法、直流电压隔离法、线性隔离放大器隔离法及光纤隔离法等。

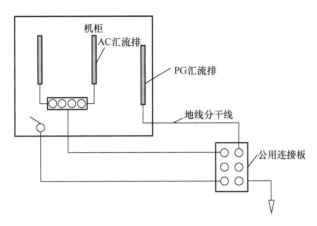

图 6-9　DCS 接地系统的组成

数字电路的隔离主要有：脉冲变压器隔离、继电器隔离、光电耦合器隔离及光纤隔离等。

模拟电路的隔离主要有：互感器隔离、线性隔离放大器隔离。模拟电路与数字电路之间的隔离可以采用 A/D 转换器转换成数字信号后再采用光电耦合器隔离；对于要求较高的电路，应提前在 A/D 转换装置的前端采用模拟隔离元器件隔离。电路隔离都需要提供隔离电源，即被隔离的两部分电路使用无直接电气联系（如共地）的两个电源分别供电。电源隔离方法主要有变压器（交流电源）和隔离型 DC/DC 变换器。

1）供电系统的隔离。

① 交流供电系统的隔离。由于交流电网中存在着大量的谐波、雷击浪涌、高频干扰等噪声，所以对由交流电源供电的控制装置和电子电气设备，都应采取抑制来自交流电源干扰的措施。采用电源隔离变压器，可以有效地抑制窜入交流电源中的噪声干扰。但是，普通变压器却不能完全起到抗干扰的作用。这是因为，虽然一次绕组和二次绕组之间是绝缘的，能够阻止一次侧的噪声电压、电流直接传输到二次侧，有隔离作用。然而，由于分布电容（绕组与铁心之间，绕组之间，层匝之间和引线之间）的存在，交流电网中的高频噪声会通过分布电容耦合到二次侧。为了抑制噪声干扰，必须在绕组间加屏蔽层，这样就能有效地抑制噪声，消除干扰，提高设备的电磁兼容性。如图 6-10a、b 所示为不加屏蔽层和加屏蔽层的隔离变压器分布电容的情况。

在图 6-10a 中，隔离变压器不加屏蔽层，C_{12} 是一次绕组和二次绕组之间的分布电容，在共模电压 U_{1C} 的作用下，二次绕组所耦合的共模噪声电压为 U_{2C}，C_{2E} 是二次侧的对地电容，则知二次侧的共模噪声电压 U_{2C} 为

$$U_{2C} = U_{1C} \cdot C_{12}/(C_{12} + C_{2E}) \tag{6-23}$$

在图 6-10b 中，隔离变压器加屏蔽层，其中 C_{10}、C_{20} 分别代表一次绕组和二次绕组对屏蔽层的分布电容，Z_E 是屏蔽层的对地阻抗，C_{2E} 是二次侧的对地电容，则从图可知二次侧的

共模电压 U_{2C} 为

$$U_{2C} = \left[U_{1C} \cdot Z_E / (Z_E + 1/jwC_{10}) \right] \cdot \left[C_{2E} / (C_{20} + C_{2E}) \right] \qquad (6-24)$$

在低频范围内，$Z_E \ll (jwC_{10})$，所以 $U_{2C} \to 0$。由此可见采取屏蔽措施后，通过隔离变压器的共模噪声电压被大大地削弱了。

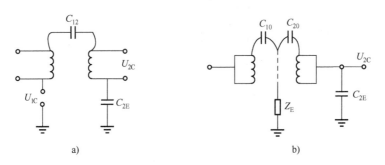

图 6-10　无屏蔽和有屏蔽隔离变压器

a）无屏蔽　b）有屏蔽

② 直流供电系统的隔离。当控制装置和电子电气设备的内部子系统之间需要相互隔离时，它们各自的直流供电电源间也应该相互隔离，其隔离方式如下：第一种是在交流侧使用隔离变压器，如图 6-11a 所示；第二种是使用直流电压隔离器（即 DC/DC 变换器），如图 6-11b 所示。

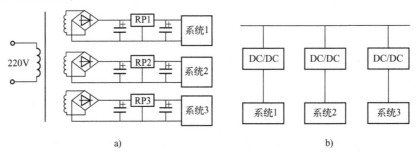

图 6-11　直流供电系统的隔离

a）交流侧隔离　b）直流侧隔离

2）模拟信号的隔离。对于具有直流分量和共模噪声干扰比较严重的场合，在模拟信号的测量中应采取措施，使输入与输出完全隔离，彼此绝缘，消除噪声的耦合。

① 高电压、大电流信号的隔离。高电压、大电流信号采用互感器隔离，其抑制噪声的原理与隔离变压器类似。互感器隔离的应用如图 6-12a 所示。

② 4～20 mA/0～5 V/0～10 V/m V 信号的隔离。一般采用线性隔离放大器的应用如图 6-12b 所示。

3）数字电路的隔离。在数字电路中，一般采用光电耦合器、脉冲变压器及继电器来进行隔离。

① 光电耦合器隔离。光电耦合器隔离方法是用光耦合器把输入信号与内部电路隔离开来，或者是把内部输出信号与外部电路隔离开来，如图 6-13 所示。

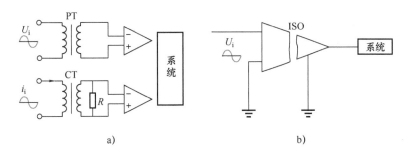

图 6-12　模拟信号输入隔离系统

a) 互感器隔离电路　b) 线性隔离电路

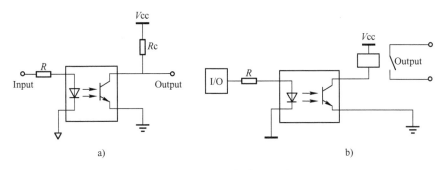

图 6-13　光电耦合器电路

a) 外部输入与内部电路的隔离　b) 控制输出与外部电路的隔离

　　目前，大多数光电耦合器件的隔离电压都在 2.5 kV 以上，有些器件达到了 8 kV，既有高压大电流大功率光电耦合器件，又有高速高频光电耦合器件（频率高达 10 MHz）。

　　② 脉冲变压器隔离。脉冲变压器是以太网接口常用的隔离方式。脉冲变压器的匝数较少，而且一次绕组和二次绕组分别绕于铁氧体磁心的两侧，这种工艺使得它的分布电容特小，仅为几皮法，所以可为脉冲信号的隔离器件。脉冲变压器传递输入、输出脉冲信号时，不传递直流分量。图 6-14 所示是脉冲变压器的示意图。高频（比如 100 kHz）脉冲变压器也是隔离型开关电源中的关键器件。

　　③ 继电器隔离。继电器是常用的数字输出隔离器件，用继电器作为隔离器件简单实用，价格低廉。

　　图 6-15 所示为继电器输出隔离的实例示意图。在该电路中，通过继电器把低压直流与高压交流隔离开来使高压交流侧的干扰无法进入低压直流侧。

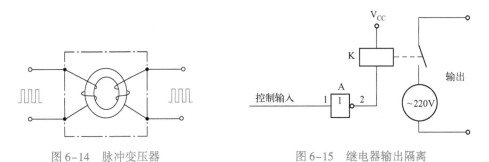

图 6-14　脉冲变压器　　　　　　　　图 6-15　继电器输出隔离

（3）屏蔽

屏蔽就是用金属导体，把被屏蔽的元器件、组合件、电话线及信号线包围起来。这种方法对电容性耦合噪声抑制效果很好。最常见的就是用屏蔽双绞线连接模拟信号。

在很多场合下，信号除了受电噪声干扰以外，主要还受到强交变磁场的影响，如电站、冶炼厂及重型机械厂等。那么，除了要考虑电气屏蔽以外，还要考虑磁屏蔽，即考虑用铁、镍等导磁性能好的导体进行屏蔽。

要想使屏蔽起到作用，屏蔽层必须接地。屏蔽层的接地，有时采用单点接地，有时采用多点接地，在多点接地不方便时，在两端接地。主要的理论依据是：屏蔽层也是一个导线，当其长度与电缆芯线传送信号的 1/4 波长接近时，屏蔽层也相当于一根天线。为简便起见，在 DCS 系统中，对于低频的信号线，只能将屏蔽层的一端接地，否则屏蔽层两端地电位差会在屏蔽层中形成电流，产生干扰；对于信号频率较高（100 kHz 以上）的信号，比如 PROFIBUS-DP 电缆，其屏蔽层推荐两端接地。

虽然使用屏蔽电缆是一种很好地抑制耦合性干扰的方法，但其成本较高，另外，只要采取适当的措施，并不是所有信号都要采用屏蔽电缆才能满足使用要求，比如，正确的电缆敷设，就可以做到这一点，基本方法如下：

1）使所有的信号线很好地绝缘，使其不可能漏电，这样，防止由于接触引入的干扰。

2）正确敷设电缆的前提是对信号电缆进行正确分类，将不同种类的信号线隔离敷设（不在同一电缆槽中，或用隔板隔开），可以根据信号不同类型将其按抗噪声干扰的能力分成几类：

① 模拟量信号（特别是低电平的模拟信号如热电偶信号、热电阻信号等）对高频的脉冲信号的抗干扰能力是很差的。建议用屏蔽双绞线连接，且这些信号线必须单独占用电缆管或电缆槽，不可与其他信号在同一电缆管（或槽）中走线。

② 低电平的开关信号（干接点信号）、数据通信线路（RS-232、RS-485 等）对低频的脉冲信号的抗干扰能力比模拟信号要强，但建议最好采用屏蔽双绞线（至少用双绞线）连接。此类信号也要单独走线，不可和动力线及大负载信号线在一起平行走线。

③ 高电平（或大电流）的开关量的输入/输出及其他继电器输入/输出信号，这类信号的抗干扰能力又强于以上两种，但这些信号会干扰别的信号，因此建议用双绞线连接，也单独走电缆管或电缆槽。

④ 供电线（AC 220 V/380 V）以及大通断能力的断路器、开关信号线等，这些线的电缆选择主要不是依抗干扰能力，而是由电流负载和耐压等级决定，建议单独走线。

以上说明，同一类信号可以放在一条电缆管（或槽）中，相近种类信号如果必须在同一电缆槽中走线，则一定要用金属隔板将它们隔开。

（4）双绞

用双绞线代替两根平行导线是抑制磁场干扰的有效办法，其原理如图 6-16 所示。

图 6-16　双绞统一管理抑制磁场干扰的原理图

在图 6-16 中，每个绞扭环中会通过交变的磁通，而这些变化磁通会在周围的导体中产生电动势，它由电磁通感应定律决定（如图 6-16 中导线的箭头所示）。从图 6-16 中可以看出，相邻绞扭环中在同一导体上产生的电动势方向相反，相互抵消，这对电磁干扰起到了较好的抑制作用。单位长度内的绞数越多，抑制干扰的能力越强。

5. 功能安全性设计

功能安全性设计不仅与产品狭义上的开发设计过程有关，而且与产品的安装和使用过程有关，因此 IEC 61508 提出了系统的"安全生命周期"概念。涉及的步骤如图 6-17 所示。IEC 61508 对系统功能安全性进行了等级划分，共分为四个等级（SIL1 ~ SIL4），其定义见表 6-10。

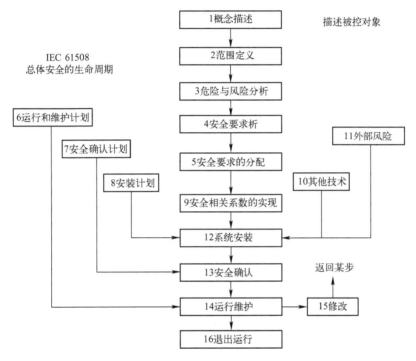

图 6-17　IEC 61508 安全生命周期

表 6-10　IEC61508 对安全度等级的划分

安全度等级 （Safety Integrity Level，SIL）	低要求模式 （单位：平均失效概率）	高要求模式 （单位：每小时危险概率）
4	$\geqslant 10^{-5} \sim < 10^{-4}$	$\geqslant 10^{-9} \sim < 10^{-8}$
3	$\geqslant 10^{-4} \sim < 10^{-3}$	$\geqslant 10^{-8} \sim < 10^{-7}$
2	$\geqslant 10^{-3} \sim < 10^{-2}$	$\geqslant 10^{-7} \sim < 10^{-6}$
1	$\geqslant 10^{-3} \sim < 10^{-1}$	$\geqslant 10^{-6} \sim < 10^{-5}$

低要求模式（Low Demand Mode）：非连续使用的系统，每年最多使用一次且预防性检修周期在半年以内（每年检修不少于两次）。

高要求模式（High Demand or Continuous Mode）：每年使用两次以上，或者使用一次，预防性检修周期大于半年（每年检修少于两次）。

一些典型产品的 SIL 等级如下（通过 TUV 第三方认证）所述。

1）Siemens：Teleperm-XS SIL3。

2）Bently Nevada：3500 汽机监测保护系统 SIL 3。

另外，IEC 61508 作为基础标准产生其他安全标准，如 IEC 61511 Functional Safety：Safety Instrumented Systems for the process industry sector（功能安全：用于过程工业的安全仪表构成的系统）。

6.2 集散控制系统工程设计规范

集散控制系统的设计一般分 4 个阶段：方案论证、方案设计、工程设计和系统文件设计，本节将介绍每一阶段应做的工作和必须达到的目的。

6.2.1 方案论证

这是集散控制系统工程设计的第一步，其目的是完成系统功能规范的制定，选出一个最合适的集散控制系统，为后面方案设计、工程设计打下基础。方案论证是工程设计的基础，将关系到系统应用的成败。

方案论证阶段主要做两件事：一是制定系统功能规范；二是完成有关厂家的配置，拟定出若干配置的方案图。

1. 功能规范的确定

功能规范主要需明确目标系统具体干些什么，而不是详细说明它如何干。系统功能规范是后续设计的基础，必须有操作、工艺、仪表、过程控制、计算机和维修等各方面负责人员的签字。

功能规范的主要内容是系统功能、性能指标和环境要求等。

（1）系统功能

包括功能概述、信号处理、显示功能、操作功能、报警功能、控制功能、打印功能、管理功能、通信功能、冗余性能和扩展性能。

（2）性能指标

可参照有关评价内容制定。各项技术性能的指标是将来系统验收的依据，所以确定必须慎重。

（3）环境要求

集散控制系统为了适应不同的现场工作环境，其结构、模件都有不同的要求，价格也相应地有所差别，因此需要在系统的功能规范中明确系统的环境要求，避免不必要的浪费。环境要求的具体内容是：温度和湿度指标，分别规定系统存放时和运行时的温度、湿度极限值；抗振动、抗冲击指标；电源电压的幅值、频率以及允许波动的范围，系统对接地方式和接地电阻的要求；电磁兼容性指标、安全指标、系统物理尺寸、防静电和防粉尘指标等。

2. 系统配置

选择几种集散控制系统有针对性地进行系统硬件配置，确定操作站、现场监控站和 I/O 卡件等的数量和规格，拟定出几种配置方案。

3. 评价及选型

此部分内容将在下节中阐述。

6.2.2　方案设计

在进行方案论证之后，集散控制系统设计的第二步是方案设计。在这一阶段中主要是针对选定的系统，依据系统功能规范作进一步核实，考核产品是否能完全符合生产过程提出的要求，核查无误后，再作方案设计。

方案设计时根据工艺要求和厂方的技术资料，确定系统的硬件配置，包括操作站、工程师站、监控站、通信系统、打印机、记录仪端子柜、安全栅和 UPS 电源等。配置时除要考虑一定的冗余外，还要为今后控制回路和 I/O 点等的扩展留出 10% 的余量，另外要留足三年左右维护期的备品、备件。最后制定出一张详细的订货单，与制造厂进一步进行实质性谈判，正式签订购买合同。合同中除了规定时间进度及厂商提供的技术服务、文档资料外，尤其要包含双方认可的系统的功能规范。

6.2.3　工程设计

工程设计是集散控制系统设计的最后一个阶段。在这一阶段中，各方人员要完成各类图纸设计及集散控制系统的应用软件设计。这一阶段应完成文档建立与设计、系统应用软件和机房等基础设施的设计。这一阶段因牵涉到的专业门类较多，应特别注意技术管理，协调好各类人员之间的关系。

1. 文档建立与设计

在工程设计阶段首先应设计和建立应用技术文档。需完成的图纸及文件有：

1）回路名称及说明表。

2）工艺流程图，包括控制点及系统与现场仪表接口说明。

3）特殊控制回路说明书。

4）网络组态数据文件，包括各单元站号，各设备和 I/O 卡件编号。

5）I/O 地址分配表。

6）组态数据表。

7）联锁设计文件，包括联锁表、联锁逻辑图。

8）流程图画面设计，包括各流程画面布置图、图示和用色规范。

9）操作编程设计书，包括操作编组、报警编组和趋势记录编组等。

10）硬件连接电缆表，包括型号、规格、长度、起点和终点。

11）系统硬件和平面布置图。

12）硬件及备品件的清单。

13）系统操作手册，介绍整个系统的控制原理及结构。

2. 集散系统应用软件设计

集散系统各种监测和控制功能都是通过软件来实现的，所以应用软件的设计是关键一步。首先要掌握生产商提供的系统软件的功能和用法，然后再结合实际生产工艺过程，进行集散系统的显示画面组态、动态流程组态、控制策略组态、报警组态、报表生成组态和网络组态等应用软件的设计。设计好的系统应用软件必须反复运行检查，不断修改至正确为止，最后生成正式的系统应用软件。

（1）应用软件组态的任务

应用软件组态就是在系统硬件和系统软件的基础上，将系统提供的功能块以软件组态的方式连接起来，以达到对过程进行控制的目的。例如一个模拟回路的组态就是将模拟输入卡与选定的控制算法连接起来，再通过模拟输出卡将输出控制信号送至执行器。应用软件具体组态的内容包括数据点的组态、控制程序的编号、用户画面、报警画面、动态流程画面以及报表生成等的组态。随着集散控制系统硬件和系统软件的发展，集散控制系统应用软件的组态方式也在不断更新，从早期的填表式组态，发展到提供图形式的过程控制策略组态。它利用生成工具，使复杂的控制问题能用直观的图形来进行组态，这样既简化了程序开发，又容易维护和查错。

（2）应用软件的组态途径

一般有两种途径：一种是直接在集散控制系统上，通过操作站进行组态；另一种是通过PC进行组态。

1）在操作站上进行组态。应用软件在操作站上组态比较直接、方便，但是常常受生产厂交货时间的影响。如果产品交货拖延，或者施工现场受条件的限制，就会影响用户在操作站上组态的时间，势必拖延开工期限。

2）在PC上组态。用户在集散控制系统尚未进场的情况下，先在PC上进行模拟组态，可为工厂调试赢得时间。模拟组态有如下几种情况：

① 生产厂为用户提供一整套软件和转换设备，使用户在PC上组态的结果转换成集散控制系统能直接接收的编码，省去了编译、调试和组态键入的过程。

② 有的集散控制系统硬件处理器采用Intel公司的80386，就为使用IBMPC及其兼容机进行软件模拟组态提供了方便。例如FOXBORO公司I/AS的系统软件可装入IBMPC及其兼容机中，通过PC完成集散控制系统应用软件的组态，包括用户画面的编制。

③ 较多工厂提供的模拟组态软件仅能进行数据点的组态，而不能在PC上进行编译和调试。借助CAD手段进行用户画面编制是一个发展方向。

（3）TDC—3000应用软件的组态途径

TDC—3000应用软件的组态途径有两条：一条是通过万能操作站（US）和万能工作站（UWS）直接进行组态；另一条是通过Honeywell公司提供的一套能在IBMPC及其兼容机上使用的模拟组态软件——LCNWORKBOOK和转换设备进行组态。

3. 集散系统的控制室设计

根据系统性能规范中关于环境的要求，仪表、电工和土建部门的设计人员应合作完成目标系统的控制室设计，应考虑DCS控制室的位置选择、房间配置要求、照明和空调要求，以及供电电源、接地和安全各个方面。

（1）控制室位置确定

集散控制系统控制室应位于非防爆区域，其位置应符合有关技术规范的要求。对于有粉尘，有易燃、易爆物质，有腐蚀性介质的车间装置，控制室必须布置在主导风向的上游侧。控制室要求设置在远离振动源、强噪声和强电磁干扰的场所。控制室对振动和电磁干扰的限制条件为：

1）振动幅度小于0.1mm（双振幅）。

2）振动频率小于25Hz。

3）电磁场强度小于250A/m。

4）噪声小于60dB。

（2）控制室房间配置

集散控制系统控制室应包括操作控制室、机柜室、软件工作室、集散控制系统控制系统及仪表不间断电源（UPS）室和空调机室。此外，还应根据需要设置 DDC 维修间、值班室、仪表维修间、备件间以及更衣卫生间等。为保证机柜和操作室清洁度，通常需设外操作室以作缓冲间。

1）操作控制室：主要放置操作站、打印机、火灾报警盘、对讲电话和广播系统盘、特殊仪表盘等。一般操作站前的操作空间净距离应大于 6 m，后面留作维修空间的净距离应大于 2 m，火灾报警盘等一般以靠墙放置为宜。

2）机柜室：放置各种机柜、辅助仪表柜、电源分配盘、端子柜和继电器柜等，还可布置工业色谱盘、可燃气体报警等。机柜和盘一般分开排列，为便于机柜前后开门，所以前后各需留 1.5 m 空间，便于安装和维修。

3）工程师站：集散控制系统与管理站连接的专用卡件均安装在工程师站。另外，集散控制系统的 AM、HM、NIM 和 CM 等均安装在工程师站的 LCN 机柜中。

4）上位机室：带有上位机的集散控制系统，还应专门配置一间计算机室，把上位机及屏幕显示器、打印机等放在里面。

5）软件工作室：专供组态或编制软件用。

所有各类用房的设备及面积应根据人员配置、设备多少和系统要求而定。

（3）控制室建筑要求

集散控制系统控制室内机柜室、操作控制室、计算机房应按《建筑设计防火规范》防火等级一级标准执行，其他房间按三级标准执行。机柜室、计算机房和软件室应采用抗静电活动地板，且应确保足够强度，以保证能承受机柜和其他可能进场设备的全部重量。活动地板负荷约为 $0.4 \sim 0.8 \mathrm{kg/m^2}$，高度在 $0.4 \sim 0.6 \mathrm{m}$ 为宜。室内地板平面应高于室外 $0.4 \sim 0.8 \mathrm{m}$。操作控制室内一般采用水磨石地面，操作站底部设置电缆沟，并与机柜室的抗静电活动地板隔层相通，所以常用双向弹簧门；它与机柜室间应有推拉门直接相通。操作室与机柜室门的尺寸应考虑设备的搬运要求。现场电缆从室外埋地进入抗静电活动地板夹层时，在入口处应进行防水、防鼠害等密封处理。

（4）照明要求

控制室内应采用人工照明，保证室内光线柔和，照度均匀，照射方向适当，灯具一般宜采用吸顶格栅内附反光板的灯具，光线不直接照在操作站屏幕上，不产生强光和阴影。工作照明在离地面 0.8 m 处，要求屏幕周围照度为 250 ~ 300Lx，打印机周围和机柜室照度为 400 ~ 500Lx。事故照明要求离地面 1 m 处照度不低于 50Lx。

（5）空调要求

操作站控制室、机柜室、计算机房、软件工作室、外操作室和 UPS 电源室等应采用集中空调，其余可采用分散空调。下面是具体要求。

1）温、湿度要求：

夏季温度为 $23 \pm 2 ℃$；

冬季温度为 $20 \pm 2 ℃$；

在南方，建议一年四季为 $23 \pm 2 ℃$；

相对湿度为 40% ~ 60%；

室内温度变化率不能大于 4℃/h。

2）空调的新鲜气体应取自无害的洁净环境。空调气体洁净度要求：

尘埃粒度小于 0.5/m；

平均含尘量为 0.2mg/m。

（6）供电及接地要求

DCS 应采用双回路自动切换的不中断电源供电，蓄电池应保证停电后能继续供电 30 min 以上。

集散控制系统接地是关系到人身安全、系统抗干扰能力以及通信畅通的重要环节，必须倍加重视。集散控制系统的接地要求一般为：

本安系统接地电阻小于 1Ω；

安全保护接地电阻小于 1Ω；

避雷保护接地电阻小于 1Ω。

接地系统的施工必须严格按照制造厂的要求进行。另外，现场信号电缆的屏蔽地应与机柜室端子柜的地汇于一点接地。

（7）安全设施

操作控制室外、机柜室、机房和 UPS 电源间的吊顶上方及活动地板下方，均应设置火灾报警探测器，以便在火灾危险发生时自动关闭空调系统，启动灭火装置。

4. 各类专业人员的分工

集散控制系统设计阶段牵涉的专业较多，各类人员的协调配合是很重要的。合理分工，将使工作效率得到提高。

1）工艺人员的职责。工艺人员应从头至尾参与整个项目的设计，开工前应作为测试人员，参加制造厂产品的出厂验收和生产开工前的回路测试，开工时参加系统投运。工艺人员还要提供工艺流程图、回路名称及说明表、流程图画面设计书和操作（编程）设计书。在应用软件设计中，工艺人员应参加画面组态与报表生成工作。因此，工艺人员必须具备基本的计算机知识，并积极学习集散系统的知识，以了解和熟悉集散控制系统的设计。

2）计算机人员的职责。计算机人员应完成集散控制系统与全厂信息管理系统的联网设计，完成生产控制与全厂信息管理一体化的设计文件。计算机人员应协助工艺、仪表和自控人员完成应用软件的设计和应用软件的调试和生成。计算机人员还应向其他专业人员介绍系统中有关计算机方面的知识，并负责有关问题的答疑。

3）仪表控制人员的职责。仪表控制人员应熟悉集散控制系统的应用功能及系统与现场的接口，他们同时又是系统投运后的系统维护人员，因此系统安装和调试中应充分掌握硬件维护方法，负责完成网络组态数据文件、I/O 地址分配表、组态数据表、硬件连接电缆表和硬件及备品备件清单的设计，参与出厂验收、系统安装及开工前的现场测试。按工艺人员提供的各路数据，进行控制策略的组态，参与系统应用软件的设计、调试和系统投运的工作。仪表控制人员应设计完成控制回路说明书、联锁设计文件和系统操作手册。

4）电工人员的职责。电工人员应负责完成机房和系统的供电、照明和空调。电工人员应提供 UPS 电源供电图、机房接地图和机房配电图。

5）土建人员的职责：土建人员应提供机房平面图、设备的平面布置图和机房电缆走线图，完成机房和环境的建设。

5. 集散控制系统的项目组织

集散控制系统的应用是一个系统工程。它从系统设计、制造、调试一直到投运,整个过程涉及多个部门、多个专业,必须协同作战才能完成。因此要把这些千头万绪的事情一件件有序地展开,必须合理地组织和管理。这里推荐一种工作流程图和一种工作计划表供参考使用。

(1) 工作流程图

图 6-18 是集散系统应用工作流程图。此图把集散系统应用工程中涉及的各项工作按其展开和完成的先后进行排列,从初步设计开始一直到开工投运,应用软件的再开发都列入在内。由图可清晰地看到,哪些工作应该先做,哪些可以并行开展。对工作流程图中的每一项还可细化,如负责人、参加人、工作内容和前后衔接的工作范畴等,以利于明确职责,加强管理。

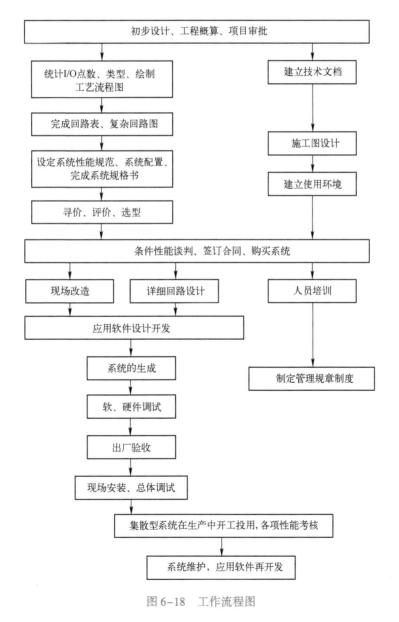

图 6-18 工作流程图

（2）工作计划表

集散控制系统应用工程从立项开始到正式投运可能要经过 1～2 年的时间，因此必须在时间上做好计划安排，做到管理人员和工作人员都心中有数，便于分阶段检查，以保证全局按时完成。表 6-11 是一张按工作内容排列的计划表，表中 A、B、…、M 表示不同的工作内容，其水平短划表示完成此项工作的起止时间，例如 C 项工作是从 3 月 1 日开始至 3 月 21 日完成。

表 6-11　工作计划表

工作内容	1 月	2 月	3 月	4 月	5 月		11 月	12 月
A	1 日　31 天							
B		1 日　28 天						
C			1 日 21 天					
D		1 日　43 天						
E			22 日　40 天					
⋮					⋮	⋮	⋮	1 日　31 天
M								

6.3　集散控制系统的评价与选择

6.3.1　集散控制系统的评价

集散控制系统从国外引入到中国已有三十几年了，国内的集散控制系统也已逐步发展起来。因此，有必要总结其中的评价与选择方法，一方面使用户得到满足其过程要求的系统；另一方面，评选过程作为一种市场活动，也会对集散控制系统的发展起到推动作用。

集散控制系统的选型不是个人行为，个人做最终决定的依据还是集体评选所得出的意见。因此，评选过程应该是在组织之下的一系列活动。从决策的角度看，这个过程包括目标的设定、适用的准则、信息的收集与分析、对特征做加权和做出最终决定等几个方面。

集散控制系统是综合性很强的系统。因此，它的评价方法也就比较复杂，涉及很多因素，而见各种因素之间有密切的联系。为了解决同一个问题，几个厂家会有不同的方法。而之所以这样往往并不是因为技术的先进或落后，而是因为他们的系统分别采取了不同的方法。从技术应用的角度看，集散控制系统应用的技术有计算机技术、电子技术、软件工程、通信技术、自动控制技术等。从集散控制系统使用的功能角度看，可分成过程控制站部分、运行员操作站部分、工程师工作站部分、通信系统部分、接口部分等。在工程项目使用集散控制系统的过程中，可以分成设计方面、调试方面、使用方面、维护方面、更新方面等，为了选择合适的集散控制系统，就要综合地分析所有的方方面面。下面介绍的评价过程是从使用角度来分析的。

1. 过程控制站

过程控制站完成实时控制的单元，对它的要求主要有几个方面：可靠性、集散性、对控制对象的适应性、抗干扰能力等。过程控制站通常又包括控制器、I/O 模块、电源、机柜等几大部分。

（1）控制器

对控制器要有以下几个方面的要求：

1）硬件方面。控制器的硬件包括很多方面，例如，处理器的运算能力、运算速度、内存的大小、处理器与内存的关系、对外接口的方式等。要注意的是，不一定是处理器功能越强、速度越高越好，因为，为了做到这些，可能会带来别的成本。处理器的功能太强也可能带来不易集散化的问题。通常商用机可能有很强的图形处理能力，而实时控制并不需要；在耗电与发热方面，商用机也没有什么限制。因此，一般不能用商用机的指标来衡量控制器中的微处理机。

2）软件方面。包括软件的功能、软件功能所覆盖的范围、软件的运行方式、软件的灵活性等。由于控制器是用于工业控制的，因此其算法要尽可能覆盖各种工业控制要求。例如，除常规的 PI 运算外，还应对典型的工业设备有控制功能，如最典型的 ON/OFF 设备的控制。灵活性使系统的设计者可以实现各种特殊的控制要求。

3）对内接口方面。控制器以什么样的方式与上、下、平级的模块通信，以什么方式同更高级的通信网络或设备通信；对下，看控制器怎样与 I/O 模块交换信息或控制 I/O 模块，与 I/O 模块的关系是否为主从式；对其他控制器，看控制器之间的信息交换是主从式还是平等的通信方式。由于我们通常都希望控制器是独立的，所以一般要求它对上、对平级应该是平等的通信方式，而对它所控制的 I/O 模块是主从式的。

4）对外接口方面。对外接口指控制器与其他系统的接口能力。主要体现在，通信协议的适应性，通信的容量大小，设备是否可以方便地使用来自接口设备的各种数据或者信息，接口的"透明"程度，在实现接口的过程中，是否要在本项目中为接口编制专用的软件。接口的可靠性也是评价的重要指标，但是，一般来说对可靠性的要求是与接口在系统中的作用密切相关的。接口所通过的、用于保护和控制的信息越多，对接口的可靠性的要求就越高，希望减少系统之间的接口。

（2）I/O

对 I/O 模块的要求主要是看它对工业过程的适用性，是否满足工业过程的各种电气特性、实时、可靠方面的要求，以及同控制处理器之间的关系。

1）电气特性。应适应各种变送器、传感器、仪表的信号、供电方式、接地方式、屏蔽方式。

2）安装方面。适应各种安装、接线方法，尽可能提供现成的端子、插座，减少转接、配线。

3）对环境的要求。应能够最大限度地适应现场环境的要求。在这方面应特别注意的是，要提出具体的标准。所有的集散控制系统厂家在设计过程中都是依据标准来设计组件的环境要求的。而使用者往往关心的是现实中具体应用的环境，如灰尘大、潮气重、温度高、有震动等。

4）I/O 模块与控制器的关系。这是目前一般都比较重视的。它们之间的联系方式很大程度上决定了系统的实时性和集散性。一般要求控制器与 I/O 的关系是通过确定性总线通信的，而不是竞争性总线通信的。因为现场信号应在确定的时间内被采样、处理。

一般来说，集散控制系统的功能决非大量的单回路调节器的堆砌，集散控制系统的重要特征是充分利用过程信息于控制。如果过程受到多个变量的干扰，而在集散控制系统中又包含了这些变量，那么这些变量就应该用到控制器的设计上。这是一个非常重要而又常常被忽视的概念。有了信息而不用，就是没有充分发挥集散控制系统的作用。因此，I/O 模块的智能化成功能化的作用，首先应是提供更多的信息，而不是使控制下移到其中。这些信息不仅用于局部的过程控制，而且用于更大范围的管理、维护和控制。一般来说，驱动现场总线或者与现场总线实现接口是控制器的能力范围，而不是 I/O 模块的功能。

（3）电源

有了控制器与 I/O 模块之后，为它们创造、维持一个良好的工作环境是电源、机柜与安装系统的任务。考察电源时，既要从设备本身不出故障的可靠性的角度考虑，也要从冗余的方式分析电源系统的可利用率、供电能力、容量、抗电源波动的能力等。在分析供电方式时，模块化的电源显然灵活得多，特别是其可维护性大大提高，从而提高系统的可用率。安装系统也很重要，模块的环境越"舒适"，其可靠性越高。

2. 人机接口

（1）计算机硬件

计算机的处理能力是很重要的，但一般也是比较容易评价的。运算速度、内存、外设等都是比较具体的指标。但是，对这些资源的使用方式却与软件有密切的关系。再有，硬件能力的变化是很快的，不能指望系统总是当时及今后最先进的，而要看其与功能的适应性。

（2）软件

软件方面最重要的就是可靠性。也就是说往往是用软件是否成熟，对软件的评价方法是可靠性科学中的一个很重要的方面，从人机接口的角度上讲，应注意以下几个方面。

1）开放性。这里的开放性主要是针对通信系统而言的，而不是针对各种软件而言的。我们一般不希望在运行员的平台上运行各类软件，对软件的开放性往往是对工程师站和上位管理机的要求。通信上的开放性使运行员可以获得更多的信息，以了解、控制过程。同时使运行员操作站可以送出更多的数据，用于更高级的管理。

2）数据处理能力。以什么样的方式向运行员显示过程信息是人机接口站的重要特性，运行员对过程的控制、监视方式越来越向办公化方向发展，常规的柱状图、趋势曲线已不能满足要求，需要有更直观、更能深入反映过程动态特性的方式来显示分析的结果。

3）软件维护、更新的能力。这种能力有的属于软件本身，有的属于供货厂家的工程服务能力。软件如果能够不断地更新、升级、消除缺陷，显然对保护用户的投资有很大好处。

4）防病毒问题。一般来说，这不是过程控制软件厂家应解决的问题。病毒的种类与作用方式在不断变化，计算机的维护工作中应包括这部分内容，使人机接口时刻由最新的防毒软件保护着。

运行员操作站与工程师工作站共用一个平台的做法一般来说是不好的，除非在一些较小或特殊的工程上。一般应该把两者分开，因为工程设计与过程监控是两类不同性质的工作，有不同的管理方法。我们目前很大的问题是对设计及修改维护的工作管理得不严、不科学，造成系统的作用不能充分发挥。把设计与运行合并在一个操作台上会加剧这种功能分配的不合理。

3. 工程师站 EWS

工程师站的主要工作是组态设计，因此，对它的要求主要体现在以下几个方面。

（1）EWS 功能

考察 EWS 可以在多大程度上控制，监视集散控制系统。最基本的功能显然是用 EWS 做包设计，然后将设计结果下载到模块中执行。但是还有很多功能都可以在 EWS 上完成。如果我们把 EWS 看作集散控制系统的设计、管理中心的话，那么它应该能完成以下一些功能。

1）监视集散控制系统设备的状态。反映控制系统中的所有设备的状态，包括静态状态，如模块是运行、停止，还是故障状态；以及动态状态，如反映模块运行到什么程度了，负荷怎样，有无故障的趋势，发生了什么故障等。

2）监视过程变量的动态变化。反映系统中非控制设备的状态，如人机接口通信系统，对外的接口，特别是对这些设备的运行状态做出评价，如数据库利用率、通信负荷、对外接口的忙闲程度等。另一方面就是对这些设备的故障诊断，这种诊断应高于人机接口上的由运行员做出的诊断，因为一般用户的责任划分是由运行员发现故障，而且主要是与过程相关的故障，而由工程师找出内部的深层原因，而这时的工具应是 EWS。

3）对所有集散控制系统的设备做组态设计。设计可以分成"硬"的和"软"的。"硬"的设计指设置地址开关之类的设计；"软"的设计指控制功能的组态。可以设想，如果集散控制系统的所有设备的设计都可以用"软"的方法实现，那我们的"硬"工作就只有安装设备、连好电缆了。所有的开关、跳线选择、操作系统都由 EWS 用"软"方法来实现，那就会使我们的工作性质发生重大的变化。目前的集散控制系统与这样的水平还有一些距离，因此，EWS 设计的全面性和深入性就是评价它的一个重要指标。

（2）EWS 开发性

集散控制系统组态是其工程中的一部分工作，如果 EWS 只能做集散控制系统本身设备的组态，则它就是集散控制系统 EWS，而不是工程 EWS。用户自然希望工程师站是工厂里工程项目的工程师站，希望 EWS 至少有下面的两种能力：

1）运行第三方软件，如公共的办公软件、数据库软件、工程设计软件，甚至管理软件。

2）使集散控制系统文件与其他软件能相互调用。这样用户的其他的工程文件就可以方便地引用集散控制系统的设计结果，反之亦然。这样的开放能使 EWS 发挥更大的作用，这个作用不仅是用 EWS 来干其他的工作，而是让 EWS 把针对集散控制系统的设计结果扩充到别的方面，把工程上的其他设计融为一体。

（3）EWS 的其他效能

管理功能使工程师能够在 EWS 上更好地控制集散控制系统的设计过程。例如，图纸的版本管理，资料、符号库、典型设计的共享管理，多设计人员针对同一工程设计时，文件内容的一致性管理，DCS 资源的登录、等级、软件版本方面的管理等。这些管理将减少设计过程及维护过程的大量时间，而后者是用户非常关心的。

要求 EWS 提供大量方便地解决实际问题的工具。首先是画图、组态的工具，这是设计人员最常用的工具，所有组态过程一定要方便、灵活、好学。为了维护的需要，EWS 应提供对各种可能碰到的问题的解答，提供各种维护经验、窍门、注意事项等工具。

综上所述，EWS 的核心是其软件上的能力。尽管任何软件都是运行在硬件平台上的，从这个角度讲，硬件基础很重要。但是，硬件方面的能力并不是 EWS 的特征，而是计算机的特征。通常出现的现象是过于重视 EWS 的硬件，同时认为 EWS 提供的设计软件主要用于设计，而用户不参与设计，因此不够重视 EWS 软件的作用，这是在评价 EWS 时应该注意的问题。

4. 通信系统

集散控制系统与其出现以前的过程控制系统的最主要的差别不在于集散控制系统采用了计算机控制，而在于信息传递的方式的不同。以前的信息传递是直接的，而在集散控制系统中，过程信息从现场到集散控制系统的传递是间接的。集散控制系统中通信技术的发展，使通信速度不断提高，可靠性不断提高，都是在设法弥补与以往系统相比所存在的缺陷。因而对这些问题的解决方法自然也就成为评价集散控制系统通信系统的重要方面。

集散控制系统厂家所使用的通信方法是针对过程控制的有效方法。在通用性与实时效率的权衡上，厂家无疑都更注重后者。因为通用性的能力可以通过通用的接口来实现，没必要把内部网络本身设计得让别人可以随意直接接入。因此，集散控制系统内部的通信协议往往是不公开的，这无疑又加大了评价通信系统的难度。我们在评价通信系统时应更注重外部效果而不是其内部机制。有一种倾向是去探究集散控制系统的通信机理，然后进行分析比较，这是应该非常慎重的。对通信机制的评价涉及很深入的通信理论、数学理论。

通信系统的评价应考虑以下几个问题：

1）可靠性。信息检验的可靠性，通信硬件的可靠性，工作方式对可靠性的影响。

2）恢复能力。发现故障后如何处理，故障信息是否被传递，故障本身是否会蔓延甚至致命。

3）速度与容量。速度与容量在一定意义上来说是一回事。速度不应只看传输速度，还应看包括处理速度在内的最终效果，这是硬指标。容量指网络容纳的标签量、节点的数量等。

4）效率。效率是速度与容量的另一个方面，是否为不同级别的信息提供不同的通信方式以提高系统的效率。

5）集散性、对等性。通信是否是双向的，节点之间是否是对等的，会不会由于某个节点的故障而造成别的节点的故障或系统的故障。

6）开放性。指其他系统与集散控制系统交换信息的能力，这些能力包括以下几个方面：

① 通信协议是否标准。

② 通信速度与方向性。

③ 软件协议是否通用。

④ 接口对集散控制系统本身的影响。

⑤ 信息的覆盖面。

⑥ 信息的深入程度是否可以读到各种变量、数据、状态。

⑦ 外部诊断能力。对通信系统负荷状态的指示，故障的识别能力及消除故障的帮助等。

6.3.2　集散控制系统的选择依据

由于集散控制系统是以系统的方式提供的，因此，其采购过程就不能仅仅像一般的产品的采购过程一样，一次性地结束了，集散控制系统的采购过程是一个比较长的过程。在这个过程中供货商与用户要进行反复的交涉，使系统能满足用户的要求。这个阶段的开始就是我们现在讨论的选择过程，它应充分体现购买一个系统的特点。在选型过程中除了系统本身的性能指标以外，更主要的是要考虑供货方使用系统的功能来达到用户要求的能力，这些能力包括以下几个方面：

1）工程设计的能力。集散控制系统提供的标准过程要求的设计。

2）系统组装与生产的能力。

3）系统调试的能力。

4）组织工程项目的能力。

这些能力的很多方面都超过了通常的售后服务产品三包的概念，对这些能力的定量衡量是很复杂的事。这节的目的不是提出一种标准，而是指出这些方面是重要的、应考虑的。

1. 工程设计能力

这里的工程设计是指公司利用集散控制系统的全部功能来提供一种设计，这种设计的实现能够使集散控制系统满足工艺过程的要求。从这个简化的定义来看，工程设计的能力包括以下几个方面：

1）理解、掌握集散控制系统功能的能力。要能理解集散控制系统的功能及其这些功能的设计初衷。

2）表述系统的能力与设计结果。将系统的能力以工程语言表述出来，使用户能够从工程的角度理解很多指标与设计方案。一些方案当用计算机语言表达时，会令工程技术人员不知所云。能够用工程图纸、工程计算数据单这种工程形式来说明系统的能力、指标是很重要的。表述方式也包括图纸的出图方式。

3）应用系统功能的能力。将集散控制系统的功能应用到项目上时，会遇到特殊的问题。这时不能直接套用通常的标准功能，而要在其基础上提出特殊的解决方案。这时，有没有能力解决各种特殊问题就是判断厂家能力的重要标准。对这些特殊方案的表述方式是否能与一般方案的表述方式一致也可以看出厂家的设计能力。

4）对工艺过程的了解。设计实现的结果要满足工艺过程的要求，在设计开始之前就首先要了解工艺过程。了解工艺过程并不是非要成为该行业的专家，而是要具备这样的能力。能够理解工艺专家的要求，而不需要用户专门为集散控制系统的设计提出特殊说明。比如，要根据工艺要求控制一个开关式的阀门，集散控制系统的设计者应能根据工艺图纸、工艺描述、阀门的控制回路接线及操作要求得出控制方案与组态的逻辑图。

2. 系统组装、集成的能力

在现场运行的集散控制系统是由模块组装而成的，而且组装的过程与系统设计的过程有很大的不同，这就提出了另一类要求，比如组装过程的规范化，包括工作程序、工具、组装状态的表示等，都应有明确的要求。这样才能使集散控制系统的组装过程不产生对系统的损坏或造成潜在的损坏。一个规范的组装过程应对这些工作程序有明确的要求，并且切实执行。

3. 调试能力

调试能力作为集散控制系统厂家的工程能力是很容易理解的。但是，在考察调试能力时，往往只注意调试的结果而忽视过程。作为集散控制系统厂家，很少有不能调试的，但调试过程是否受控、是否可追溯、是否给后续的运行维护提供指导，就是更高的要求了。调试的目的不仅仅是让系统运转起来，达到控制目的，而且应包括为后续的运行、维护工作提供第一次运行的实验记录与程序供今后使用。特别是当调试工作在明确的目标下有组织的实现时，可以少走很多弯路。在电力行业中，很多工程的工艺设计、集散控制系统设计、电厂运行都与调试单位不在一个组织机构下。因此，集散控制系统的设计者理解调试的目的、过程、方法就非常重要。只有这样，调试工作才能顺利进行而且达到目的。如果把调试理解为只靠专家的经验则只看到了调试过程中解决问题的一面，而没有看到它是系统性活动的另一面。

4. 项目管理能力

项目管理是一个很大的课题。集散控制系统的项目执行过程区别于产品供货的重要方面之一就是项目管理。在一般产品的交货过程中，产品的设计、制造过程是与销售过程独立进行的。而集散控制系统的工程项目中，设计、制造是在项目管理的范围内进行的。这就使项目管理对合同是否能成功完成起到重要的作用。在考察项目管理的能力时应注意的几个方面：

1）项目管理的组织机构。指人员的组成形式。有的公司采用小组承包的方式，有的公司采用职能部门在项目经理的管理下配合工作的方式，有的公司采用向外分包协作的方式等。不同的方式影响到责任的分配、信息（特别是经验）的使用方法、工程的传递性等方面的因素。双方应把握住其中的关键点。

2）项目经理在工程中的作用。在采用项目经理负责方式的公司，要分析项目经理在工程中的决策作用，对公司内部、对用户的关系。他们对项目的进程及相关问题的处理能力。包括技术、商务、公共关系等方面的问题。

3）项目经理的工作方式。指项目经理在工程中的负责方式，是一人从头至尾负责，还是分段负责，分工作类型负责。

4）项目经理的工程经验。指项目经理是否能理解工程中的各种问题，是否理解用户的项目管理模式，并能够做出相应的配合。

5. 质量保证体系

笼统地说，质量保证体系反映的是公司系统化地满足用户要求的能力。具体到集散控制系统的工程应用上来说，就是看一个公司有没有能力把自己向用户所承诺的各项要求系统地、有组织地实现，看这种能力有没有可靠的保证。厂家的质量保证体系与其集散控制系统产品的质量是两个概念。产品的质量是产品满足用户要求的能力。而质量体系是公司的一种运作机制，使项目的所有活动都在受控的方式下进行，而这种控制的目的是使项目的方方面面都满足用户要求。一个具有工程设计能力的公司的质量保证体系应包括什么样的内容、达到什么样的要求是有国际标准的。ISO 9001 就是被广泛采用的标准之一。

在考察质量体系时，人们最关心的是供货厂家是否通过了 ISO 9001 质量体系的认证。其实，这个考察过程完全可以再深入一步，具体分析供货商对 ISO 9001 中某些要素的实现方法及实际效果，以确保厂家对质量体系的理解及执行方式是适用于本工程的。

对厂家的集散控制系统工程能力的评价很难给出具体的指标，因此这里只列出了几个要点，但是，当针对某个具体工程时，还是可以也是应该将这些要求具体化的，这反映了使用者对项目管理的能力。

6.3.3　技术规范书

由于集散控制系统工程的针对性很强，所以我们不是在为一种标准的应用选择不同的产品，而是在为一个特殊的应用选择不同的供货商。因此，充分描述应用要求有很重要的作用，描述得越清楚，厂家的供货才越准确，用户的投资才能使用得越合理。同时，应按照要求来评价系统，做出决策。描述技术要求的最重要的文件就是技术规范书。

1. 技术规范书的作用

一般来说，技术规范书是用户对集散控制系统提出技术要求的文件，因此，技术规范书应包括项目中各方面的技术要求。技术规范书在集散控制系统的设计组态过程中，起到了总体设计的作用。集散控制系统厂家没有参与工程的前期工作，不了解工程的背景及在这些过程中对各种方案的讨论。他们是以分包商的形式参与工程的，因此他们在技术上只对规范书负责，项目中集散控制系统的设计都是在技术规范书的基础上展开的。因此，技术规范书的作用超出了一般的技术要求。

2. 技术规范书的针对性

技术规范书应是针对工程项目的，而不是针对一般化的集散控制系统的。技术规范书是对工程项目技术上的要求，而不是进行集散控制系统评比的通用标准。因此它应明确、具体地提出要求。通过规范书，向供货商描述一个具体的控制系统和工艺过程。在这方面，制定规范书的人应把根据规范书做系统配置的人当作自己的用户一样来看待，使技术规范书中的要求让人容易理解。有人可能会说，作为用户，不了解集散控制系统的最新发展和各厂家的具体功能，怎么能把要求提得具体呢？其实，我们说提出具体要求是指对系统的外部应用要求提得具体，而不是把系统的内部指标提具体。例如，规定控制器处理器的时钟频率，就不如规定系统的扫描速度和动态数据响应速度好；规定 I/O 数据的处理能力，就不如提出 I/O 点的外部要求与可靠性好。

3. 规范书的标准和依据

作为规范书，应尽可能引用工业标准来描述系统中的一般要求。例如，对环境的抗干扰的要求、接地的要求等。因为工业标准是经过评定的技术要求，考虑得比较全面。

4. 规范书的可检查性

作为控制要求的规范书应具有可检查性。当规范书与商务要求联系起来时就更应该这样。规范书应在项目执行的过程中始终作为技术要求的文件，应该用具体的、可测量或检验的方法定义其中的条款。

工程技术是科学的实际应用，它应该是客观的、严肃的。在项目开始时，就应从全局角度认真制定规范书，提出对项目的总体要求，在这里的任何忽视或放松都会引起后续过程中更大的代价。

目前在工程招标中对集散控制系统的评价尚没有完整的方法，直观地看，大概包括以下几个方面：

1) 硬件能力和数量，如基本控制单元的数量及其功能分配策略。基本控制单元能力强，则其数量可少些，而能力强，数量又多，并且能与工业系统分开设置则更好。

2) 人机接口，其数量应符合工程要求，其功能和指标应满足或者超过规范书的技术要求。大多数厂家采用比技术规范书中速度更快、容量更大的计算机。

3) 系统通信的开放性和响应速度，与其他系统的接口能力。

4) 模块的损坏率。

5) CPU 负荷率。

6) 可靠性指标、可用率。

7.1　集散控制系统在自来水厂中的应用

7.1.1　项目概况

　　所谓自来水，指的是经由城市自来水厂的消毒处理环节和净化处理环节而具体对外供应的符合我国现行饮用水指导标准的，能够在人民群众的日常化生产生活实践过程中加以运用的饮用水。在城市自来水厂的日常化生产运作过程中，其主要借由取水泵站汲取来自江河湖泊中的水以及地下水，依次经由沉淀处理环节、消毒处理环节，以及过滤处理环节等多项工艺流程，最终经由独立设置的配水泵站通过复杂的城市供水管网输送给广大用户。从现代城市自来水厂的基本设备组成结构角度看，电气自动化设备是其极其重要的组成部分，而将人工智能技术在城市自来水厂电气自动化控制过程中加以引入运用，能保障水厂的高效运行。

　　自来水厂工艺一般是经前加氯、加矾、加高锰酸钾进入平流沉淀池，由 V 形滤池过滤，滤后水经后加氯后进入清水池，最后进入给水管网。

　　自来水厂建筑物一般包括配水井、折板絮凝平流沉淀池、气水反冲洗均质滤料滤池、反冲洗泵房、清水池、回收水池、排泥水调节池、污泥浓缩池、污泥均质池、脱水机房、加药间等生产性结构、建筑物及厂区综合楼、辅助用房、大门、传达室、围墙等附属设施。

　　图 7 - 1 为某长三角中心城市的 60 万吨自来水厂的工艺流程图，这个水厂从钱塘江取

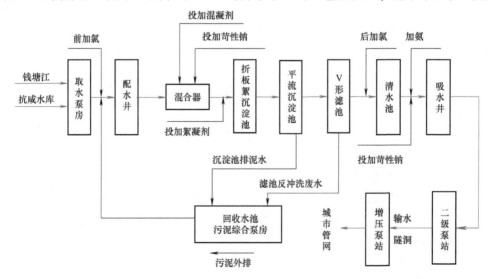

图 7 - 1　水厂常规水厂工艺流程图

水，经过取水泵房，加氯到配水井，然后加混凝剂等到折板絮沉淀池、平流沉淀池，经过 V 形滤池后加氯到清水池，然后加入氨与苛性钠到二级泵站，最后输入城市管网。

7.1.2　工艺流程

由于水源不同，水质不同，水处理工艺也多种多样。以地表水作为水源时，常规处理工艺流程中通常包括混合和絮凝，澄清或沉淀，过滤和消毒等，如图 7 - 2 所示。如果水源比较差，可增加预处理、臭氧处理、活性炭处理以及膜处理。

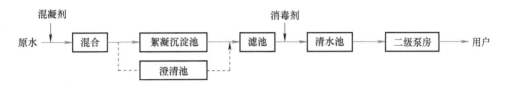

图 7 - 2　地表水常规处理工艺流程图

自来水厂管理水质的重点指标主要包括浑浊度、pH 酸碱度、COD 和余氯以及微量元素。主要方法是加入混凝剂、助凝剂和氧化剂，每天加入的药剂种类和数量要以混凝烧杯实验为基础，通过计算机进行调整。

7.1.3　硬件设计方案

某市自来水厂迁建工程，本期设计规模为 10 万吨/日，配水井设计规模为 15 万吨/日，经前加氯、加矾、加高锰酸钾进入平流式沉淀池，由 V 形滤池过滤，滤后水经后加氯后进入清水池，最后进入给水管网。

该自来水厂红线范围内各净水结构、建筑物，包括配水井、折板絮凝平流沉淀池、气水反冲洗均质滤料滤池、反冲洗泵房、清水池、回收水池、排泥水调节池、污泥浓缩池、污泥均质池、脱水机房、加药间等生产性结构、建筑物及厂区综合楼、辅助用房等附属设施。

本项目集散控制系统采用正泰中自 CTS900 分布式控制系统，是一套软硬件一体化的能够完成全套机组各项控制功能的控制系统。

CTS900 分布式控制系统是服务流程工业联合装置的高端可靠的大型智能控制系统。该系统集成了现有 DCS 产品核心技术，充分采用工业实时以太网、高效数据同步、实时数据处理、时钟同步、可靠性设计、功能安全设计等最新技术，实现多分区联合控制、分区管理、智能诊断、智能仪表接入、数据开放、Web 发布等功能，具有功能强大、危险分散、组态方便、应用灵活、安全性高等特点。

CTS900 分布式控制系统（以下简称 CTS900 系统）控制站采用模块化设计，底座式结构，积木式安装，全集成 8/16/32 路 I/O 模块，具有高性能、小尺寸、组装便捷高效的特点。图 7 - 3 为 CTS9000 系统典型应用网络架构图。

CTS900 系统采用简便、易用、专业化的工业控制软件，帮助用户以较高的性价比解决大/中/小规模管控一体化应用需求。

CTS900 系统通信网络支持与 PCS1800、TDCS9200 兼容，能够通过同一套平台软件进行监控和管理，如图 7 -4 所示。

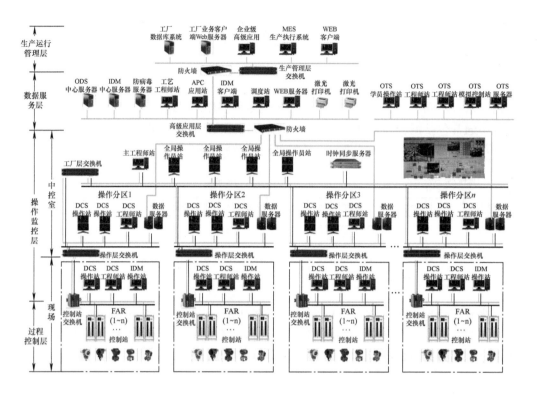

图 7 – 3   CTS900 系统典型应用网络架构图

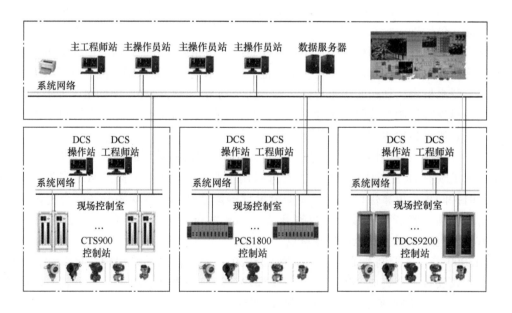

图 7 – 4   兼容现有系统网络图

1. 系统结构

CTS900 系统架构如图 7 – 5 所示。

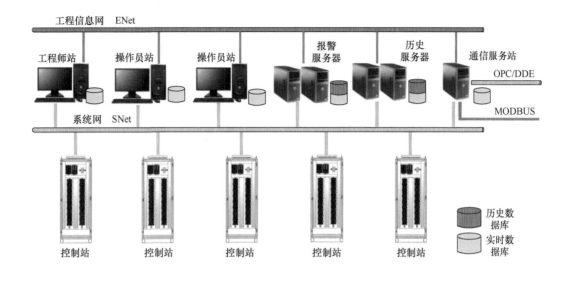

图 7-5　CTS900 系统架构图

CTS900 系统由控制站、操作员站/工程师站、数据服务器以及通信网络等构成。

（1）控制站

控制站完成数据采集、运算和控制输出，接收操作员站控制指令，实现逻辑控制、连续控制、顺序控制、算术运算等控制功能，完成现场生产控制任务。控制站由控制单元、I/O 单元、通信单元、通信网络等组件组成。

（2）操作员站/工程师站

操作员站是现场操作人员实现生产流程监视、生产过程控制、生产设备维护和紧急事故处理的人机交互界面，通过计算机运行系统监控软件实现。操作员站由流程监控画面、声光报警、鼠标、键盘构成人机接口，通过系统网 SNet/工程信息网 ENet 与控制站连接，实现在线监控。

工程师站用于实现系统组态、工程应用、组态数据下载以及工程维护等功能，运行工业控制应用软件工程师权限来实现，也可代替操作员站发挥运行监视的作用。工程师站硬件也可不单独配置，而由系统中任何一台操作站代替（需运行工程师权限）。工程师站/操作员站采用服务器或工业计算机，其配置要求参考工业控制应用软件相关手册要求。

（3）数据服务器

数据服务器是完成历史数据、系统报警、工艺报警、操作事件等的记录和存储，并提供数据服务和冗余配置。数据服务器采用专用的服务器，一个操作分区配置两台服务器（互为冗余），视项目要求，也可以采用工程师站或操作员站代替。其配置要求参考工业控制应用软件相关手册要求。

（4）通信网络

通信网络包括控制层总线网络（控制总线 CBUS 和 I/O 总线 IOBUS）和操作层过程控制网络（系统网 SNet 和工程信息网 ENet），所有通信网络均支持冗余配置。控制总线 CBUS 和 I/O 总线 IOBUS 位于控制站内部，其中控制总线 CBUS 是用于连接控制器和通信从站设备

（如通信模块）的实时总线，I/O 总线 IOBUS 是用于连接控制器和 I/O 单元（如 I/O 模块）的实时总线，分别采用基于以太网及 RS485 的高速 POWERLINK 总线，如图7-6所示。

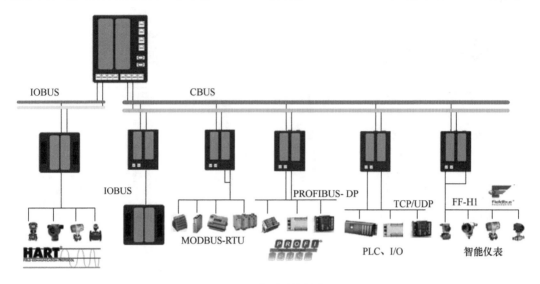

图7-6　控制总线结构图

操作层过程控制网络 SNet 和 ENet 均采用工业以太网通信，在逻辑上进行实时数据、非实时数据分网传输（如图7-7所示）。SNet 用于实时数据传输，ENet 用于历史数据、组态数据、报警数据、操作记录等非实时数据的传输，而在物理上 SNet 和 ENet 支持合并为同一个网络（如图7-8所示），既可以降低网络负荷，又可以降低实时数据、非实时数据分层设计时的网络复杂度。它具有网络结构简单，施工难度小，成本低，SNet 保持无突发数据，网络负荷平稳，可靠性高的优点。

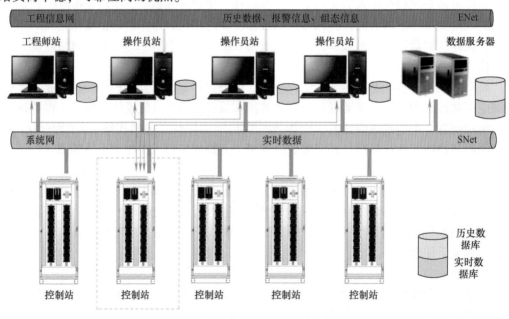

图7-7　过程控制网络图（分网传输）

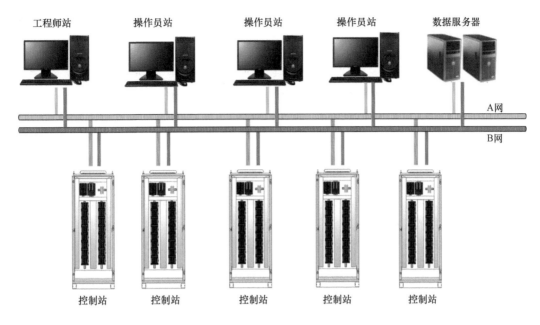

图 7 – 8 过程控制网络图（合并网络）

2. 系统规模

CTS900 系统能够根据用户控制对象和装置的不同，灵活地构建从小规模到大规模的系统（见表 7 – 1）。系统支持最多 16 个操作分区（域），每个分区最多支持 32 个控制站或操作员站。整个系统最多支持 512 个控制站，512 个操作员站/工程师站/服务器，过程控制网节点总数为 1024。每个控制站可最多支持 128 个 I/O 模块，具有最多 2048 个通用模拟量输入/输出或 4096 个数字量输入/输出，可构成 2048 个 PID 控制回路。单站 I/O 容量为 AI：1024/2048，AO：1024/2048，DIO：2048/4096。分区 I/O 容量为 60000，位号容量为 60000。系统总规模位号容量为 960000。

表 7–1　CTS900 系统的配置

	分区数量	16 分区
系统节点	控制站数量	32/分区
	操作站数量	32/分区
	过程控制网节点总数	1024
单站容量	I/O 容量	1024/2048（8/16 点 I/O 模块） 2048/4096（16/32 点 I/O 模块）
分区容量	I/O 容量	60000
	位号容量	60000
系统总规模	位号容量	960000

3. 技术特点

CTS900 系统基于正泰中自集团多年来对控制系统的工程应用实践及对产品的深入研究，严格遵循国际标准和行业标准进行研制，在系统规模及性能上相比以往产品有了大幅提升，同时确保产品在易用性、可靠性、安全性、开放性以及可维护性等方面均有良好的表现，其具体技术特点如下。

（1）大规模

CTS900系统支持多域通信和管理，支持16个域，单域支持32个控制站，总容量可达到近100万点，满足大型联合装置控制应用需求。同时控制站采用基于国际标准工业实时网络，控制站的总线性能得到大幅提升，支持丰富的扩展能力，单站规模可达4096点。

（2）高性能

控制站基于高速实时总线优化架构设计，控制器采用高性能工业级处理器，具有强大的运算和通信能力，基于正泰中自时间片管理技术，确保在最大规模时能仍能保证最佳响应速度。控制器和操作站采用对等通信模式，确保数据以最短时间到达，保证了整个系统在各种状态下均具有良好的控制性能。

（3）易用性

控制站部件采用全模块化设计，并采用I/O模块与端子一体化设计，国际标准机柜双面垂直安装，机柜空间得到最大限度利用。同时I/O机架无须总线底板，积木式搭建，配以专用预制电缆，I/O底座免螺钉、防呆设计，可快速集成安装，具有良好的灵活性、容积利用率和可维护性。软件系统采用组态优化设计和操作易用性设计，大幅提高设计组态效率和操作的便利性。

（4）可靠性与安全性

CTS900系统基于全新的体系架构与硬件平台设计，符合相关电磁兼容国际标准，全冗余、故障全面诊断、通信总线支持故障隔离、故障安全设计，减少共因失效，提高系统健壮性。系统支持一键下装和在线修改功能，全面的故障诊断，方便系统在线维护，确保系统安全连续运行。分布式冗余数据管理，确保生产运行数据安全。

（5）开放性

控制站采用工业实时以太网技术，具有强大的通讯能力，支持Modbus、Profibus、FF、HART等各类标准通信协议，支持大量的第三方设备接入或与第三方系统进行互操作。

（6）可维护性

CTS900系统全面故障诊断，可以将诊断覆盖到系统中各个单元和网络，清晰的界面展示和交互可帮助用户快速定位问题，控制站硬件模块化、可视化设计，机柜双面布置，可方便快速查找。

表7-2为CTS900的一些性能指标。这些性能指标是CTS900系统确保其易用性、可靠性、安全性、开放性以及可维护性等的基础。

表7-2 系统性能指标

项　目	分　项	指　标	备　注
工作环境	工作温度	−10~60℃	
	工作湿度	10~90% RH，无凝露	
	大气压力	86~108kPa	对应海拔为−600~1400m
	振动频率	10~150Hz	加速度小于9.8 m/s²
	振动位移幅值	0.075mm	

（续）

项　目	分　项	指　标	备　注
供电电源	控制站	AC 180~264V, 50/60Hz	标配
		AC 85~265V, 50/60Hz	需配套相应的电源模块
	操作站/服务器	AC 85~265V, 50/60Hz	
接地电阻	普通场合	≤4Ω	
	特殊场合	≤1Ω	变电所、电厂及有大型用电设备等场合
抗干扰性能	电磁兼容性	工业三级	

7.1.4　软件设计方案

1. 设计原则

根据城市供水现代化水厂评价标准的要求，本期自动控制系统、检测仪表及视频监控系统等的配置按水厂现场无人少人职守，设备运行全自动化、控制中心集中监视操作的水厂运行管理模式设计。

运行监控系统、数据通信系统、视频监控系统及仪表配置等各部分的设计以先进、安全、可靠、实用、经济为原则，相互协调，形成完整有效的现代化水厂控制管理系统。结合原水厂工程现状，本期自控系统工程的设计做到系统可靠，先进，实用，经济，在满足可靠性、先进性的基础上尽量节省投资，降低造价。

2. 设计方案

某市自来厂作为该市的重要市政工程，应当达到较高的管理与自动化水平。自动化系统也应选择最新技术制造的（在今后相当长一段时间内可保持其技术先进性），具有良好开放性和扩展性能的产品。系统构成应能适应计算机、网络发展的趋势，实现全厂生产、管理自动化，保障水厂运行安全、可靠、供水稳定。同时，还应充分考虑经济适用性和远期工程的扩容方面的需要。

本项目为自来水厂自控系统，采用集中监控方式，将整个水厂的所有设备状态、主要工艺参数、视频信号，以及周界报警等信息集中于长期有人值守的控制室控制。同时，根据报警和工艺要求，对所有设备进行远程控制和联锁控制。所有设备均支持就地手动控制、远程手动控制和联锁控制，系统以实现全厂生产的无人值守为目的，保障泵站安全运行，可靠出水，工作稳定，尽可能降低操作人员劳动强度。系统的主要监控功能如下：

1）生产过程中各种主要工艺参数的采集。
2）各种能耗、物耗，以及进、出厂水流量的计量和累计。
3）生产过程设备工况和工艺流程状况监测。
4）自动化系统与电气系统控制切换。
5）数据回归分析和趋势分析。
6）生产参数的数据存储和历时回溯。
7）生产报表的自动形成和打印。
8）事故报警和事故打印。

9）现场图像监控，历时图像回放。

根据系统的基本结构配置，现场控制站都配置了全套的硬件和软件，可独立承担本区域设备、工艺自动控制以及状态和参数信号采集。现场控制站都能独立运行，任何分站故障或维修都不会影响其他站的正常操作。中央监控站对全厂实施监控。

3. 通信网络设计

监控系统由三层网络构成（见图 7-9）。

1）信息层：由系统服务器、操作员站、工程师站、便携式计算机、工业以太网交换机和网络打印机等组成的控制设备构成。采用基于 IEEE 802.3 标准的 1000Mbit/s 以太网星形网络拓扑结构。

2）控制层：由现场控制单元（采用 PLC 设备作为控制主机）和工业以太网交换机组成。采用基于 IEEE 802.3 标准的全双工 100Mbit/s 快速光纤以太环网。传输介质采用单模 4 芯铠装光纤。

3）设备层：指现场子 PLC、就地控制设备及各种智能仪表，采用基于 IEC 61158 标准的现场总线通信方式或 I/O 接点方式，与现场控制单元进行通信。现场总线协议根据控制设备和仪表选型确定。

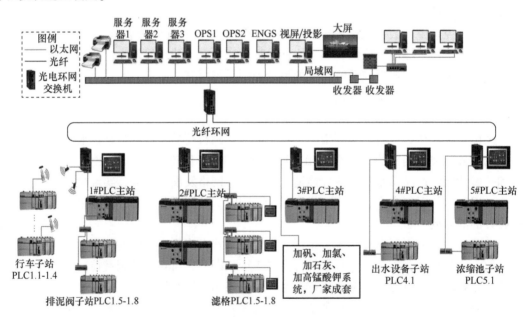

图 7-9　水厂网络结构图

4. 软件设计

软件设计应实现以下几方面功能。

（1）实现管理控制一体化

以计算机和网络系统为先进手段，实现水厂管理控制一体化，形成一个集生产调度、事务信息管理，监督包括控制在内的综合信息等功能为一体的管理系统。

（2）实现动态的生产调度

通过网络系统将自动采集到的数据与生产调度的实时数据进行分析、加工处理形成水量、水质、消耗等数据，以图表或图形方式表示出来，供领导和管理人员及时按其经验和知识做出符合实际的判断，下达指令去指挥生产。

（3）实现生产过程的先进过程控制及优化

在完整的数据源的基础上，利用计算机的计算能力，开发出先进控制的数学模型，使与经济效益直接相关的水量、原料、能耗降低，水质提高，获得可观的经济效益。使净水厂的运作向系统化、信息化、科学化的生产模式发展，最终达到提高经济效益和社会效益的目的。

5. 系统软件介绍

CTS900 系统软件主要包含四种类型，在工程师站上运行的组态软件、在操作员站上运行的监控软件、在服务器上运行的数据服务软件以及在控制站系统中运行的控制软件。

1）方便易用的组态软件，包括：ChiticPrj 系统组态软件，ChiticWks 工程管理软件，ChiticIEC 控制算法组态软件，ChiticRDB 实时数据库生成软件，ChiticMaker 图形组态、报表、趋势组态软件，ChiticHis 历史记录组态软件，ChiticCFG 系统硬件配置离线组态、在线配置软件。

2）功能强大的监控软件，包括：ChiticRTM 高速实时数据库控制调节软件，ChiticView 流程画面显示、报警、报表、趋势软件，ChiticCFG 系统硬件诊断软件，ChiticWeb WEB 服务软件，ChiticSOE SOE 分析软件。

3）稳定可靠的数据服务软件，包括：工艺报警服务软件，系统报警服务软件，工程数据服务软件，事件记录服务软件。

4）实时高效的控制软件，包括：RTM for RIOS 实时运行软件，信号采集软件，数据转换软件，运行控制算法软件，通信功能软件，冗余切换软件，故障诊断软件，在线组态软件，在线下装软件。

6. 水厂控制系统功能分类

（1）信息处理功能

信息处理功能主要包含以下任务：生成全厂工艺流程、变配电系统实时动态图，提供实用、清晰、友好、中文化的人机界面，生动形象地反映工艺流程、变配电系统的实时数据，完成报警、历史数据、历史趋势曲线的存储、显示和查询。生成、打印各类生产运行管理报表。

（2）设备的控制功能

设备的控制功能是指基于图形和中文菜单，操作人员在中控室操作员站通过键盘或鼠标对现场 DCS 控制站的控制参数进行在线修改。在下级释放控制优先权的情况下，对生产过程进行厂级的控制。还应具有计算机辅助调度功能，可根据出厂压力自动提出配泵方案。

（3）自动加药功能

自动控制系统把在线仪表所测得的水质数据与预先设定的标准值不断进行比对，若测得的数据与预先设定的值有偏差，则加药泵打开加药，待水质指标恢复正常后，加药泵关闭停止加药。自动加药的优点是：避免人工投加、计量准确均匀、加药及时无滞后。

（4）通信功能

中央监控系统与其他系统进行通信，如与各现场 DCS 控制主站、公司总部计算机辅助调度系统中心站之间的通信。通信功能是实现远程监控、远程调度和集中管理的核心基础。

7. 人机联系功能

（1）操作员站基本功能

1）人机联系原则

操作员站只允许对系统设备进行监视、控制调节和参数设置等操作，而不允许修改或测试各种应用软件；人机联系应有汉字显示和打印功能；人机联系操作简便、灵活、可靠，对话提示清楚准确，在整个系统对话运用中保持一致；人机联系应充分利用具有被控对象显示画面、键盘（或鼠标）及画面对话区提示三者相结合的方式；操作过程中应有必要的可靠性校核及闭锁功能；画面调用方式应满足灵活可靠、响应速度快的原则。

2）键盘/盘标操作

操作员通过键盘或鼠标进行菜单选择、画面和屏幕管理，完成操作控制任务。功能设计上应采取下述措施：充分利用人机联系方式、采用键盘（专用键或动态键）或鼠标和画面对话区显示一致的原则，以保障操作安全可靠；操作前，首先调用有关控制对象画面，进行对象选择，在画面上被控对象应有显示反映及选择无误的提示，运行人员确认目标后方可执行有关操作；被控对象的选择和控制只能在同一个计算机上操作；控制操作步骤应尽可能少，并应有必要复核检查和记录。

3）参数设置或修改

操作员在操作员站上应能方便准确地设置或修改运行方式，运行参数限值、巡测时间、优先权等。设定的参数有两大类。第一类是连续回路控制中的控制值设定；第二类是报警限的设定。所有设定的参数需操作员再次确认后才下达。在更改参数时不会中断系统的正常运行。

（2）工程师站基本功能

工程师站是为了控制工程师对集散控制系统进行配置、组态、调试、维护所设置的工作站，其基本功能包括：

1）系统生成和启动。

2）系统管理维护和故障诊断。

3）应用软件的开发和修改，以及数据库修改、图形显示和报告格式的生成。

（3）数据服务器基本功能

为了实现系统运行的稳定性和可靠性，采用冗余数据库服务器方式，主要功能是数据管理、储存、分配以及系统的通信。

服务器通过软件系统实现对水厂各种工作数据、故障报警记录的存取，数据查询和网络管理。系统中的任何数据点都可根据用户指定的速率采样存储。数据处理主要包括历史数据的保存和历史数据的显示。这些存储的数据是进行系统优化和调整的强有力工具。工程师们可以通过这些数据检查引起某项特殊事件或事故发生的原因。

服务器通过软件能够提供与现场控制设备通信服务的能力。与 DCS 的通信应该支持串口或者现场控制网络。

数据服务器还应具有事件处理功能。系统中的重要操作和运行事件，服务器都将对它进行记录、管理，主要包括事件登录、事件检索、事件记录、事件记录打印等。

（4）画面监视

系统中的各计算机显示屏，可对全系统内所有点进行系统组织、综合管理、实时监控，并用丰富、生动的画面显示。

画面监视的基本功能包括：画面显示；画面实时刷新（例如包括设备状态、运行参数及实时时钟的刷新）；人机对话提示及操作命令出错信息提示；光标显示与控制（应能通过鼠标或键盘等进行控制）；报警与操作信息报告提示；画面窗口变换与局部放大；画面的平移与滚动。

操作人员通过键盘或鼠标选择和召唤画面显示，画面内容应精炼、清晰、直观，以便于监视和改善动态特性，画面显示包含：各类菜单（或索引表）显示；全系统、子系统和本地网系统总貌显示、分组显示、单元显示；各级主辅设备运行状态图；历史趋势显示、动态流程显示、多窗口显示；各种方式显示，如图形方式、文字方式、图像方式、表格方式、曲线方式等；报警摘要指示及事故处理；各类记录报告；各类运行报告；操作指导；各类维护管理报表等。

主要显示画面应包括但不限于以下内容：水厂总平面图；水厂监控系统网络画面；水厂检测仪表运行图；水厂动态工艺流程画面；沉淀池运行画面；滤池总貌画面；滤池滤格画面；冲洗泵房及鼓风机房总貌画面；加药间总貌画面；矾液配制及混凝剂加注系统画面；加氯系统画面；二级泵房画面；污泥处理系统画面（排泥水池、浓缩池、回用水池、平衡池及脱水机系统等）；配电系统画面；主要参数实时趋势图画面（时间跨度可选）；主要参数历史趋势图画面（时间跨度可选）；报警信息画面；登录画面。

（5）工艺参数设定

工艺参数设定有两大类：生产工艺控制点设定和报警限设定。

在中控室操作员站上均可实现上述工艺参数的设定。对于设定值都必须经过确认，对于错误的设定和超范围的设定计算机要进行屏蔽并送出"错误"信息，提示操作人员予以改正。

（6）报警处理

系统应具有监视生产过程、设备状态及运行参数变化的能力，并对越限超时等报警进行相应的安全处理。

系统应能自动诊断出各级操作站，现场控制设备或者通信系统产生的故障并发生报警信号。

系统应能自动检测出生产过程运行的异常状态，当过程检测或运转设备出现越限或故障时，流程图上相应的图例红光闪动，并发出报警声响加以提示。报警的笛声可以通过键盘或触摸屏解除，闪动的红光继续保持，直至该故障消除，闪动才停止。

监控程序须具有"错误消息服务"功能，当程序发生错误，即触发错误处理事件，显示并记录有关错误信息，包括错误发生的时间、错误对象、错误代码、语句等。报警对象、内容、时间可列表记录及打印。

除流程图上有报警显示外，另外还设若干幅全厂报警一览表，以便全面了解设备运行工况和进行报警检索。

（7）历史数据的管理

1）历史数据的存档

所有系统采集的实时数据都必须按类型、名称、属性分类，按时序依次存档，或写入数据库服务器。历史数据的采样周期采用"逢变则报"原则，若数据长时间不变，采样周期设为1分钟至1小时内连续可调。

根据历史存储数据，可计算主要的生产指标（如配水电耗、综合电耗、药耗的最小值、最大值、平均值、偏差值、累积值等），并自动生成运行数据比较表。运行程序的结果也可以存储在历史资料库中。

工程师可以方便地输入和编辑历史数据。用这种方法可以输入外部产生或遗漏的信息。此外，系统应可以根据最新被输入的或被编辑的数据重新计算历史数据。

2）历史数据的分类显示

事件类：按要求进行检索，最新的事件列在第一个页面上第一条。

表格类：可按DCS站名、点属性、日期分类列表，每排一个变量，表明时间、属性、测量范围、实时值，并用颜色和符号表明数据性质，也可以在表格上选定数据点，对其设定值、测量范围、数据性质进行修改（只能由具有相关权限的操作人员进行）。

曲线类：曲线的选择灵活方便，可在任意时间段，任选多条信号曲线，并在该时间段能显示最大值与最小值。包括但不限于千吨水电耗、矾耗、氯耗曲线等。

事件处理和登录："事件"是指运行事件和重要的系统操作，事件登录是按时间顺序排列的，站内事件顺序记录分辨率应不小于20ms。以下事件都要记入不可修改的"事件登录簿"：全部的报警，调度命令，挂标记操作（如检修状态、遥控禁止状态等），报警的禁止或允许，使一个点退出或进入扫描，写入数据，修改设定值，报警的确认和删除，事件检索。

操作员可在"事件检索"的视窗中按事件类别名称、对象名称、事件起始至截止的日期和时间及对象编号或时序检索。

事件库中应具有足够的容量存放事件登录，事件登录每天以数据文件形式入库，盘区存满后通知操作员取出另外存档。

3）数据库管理功能

本系统具有较强的数据库管理功能。监控服务器将采集或计算得到的数据通过ODBC记录在管理系统数据库服务器的数据库中。

能建立生产日志数据库：记录定时产生的原始的生产数据，供统计、分析用。包括但不限于对系统的操作，如开停车、参数设定的改变等。须记录数据库的记录内容为：操作人、操作时间、操作对象等。

能建立生产运行数据库：记录设备的运行数据，以便管理人员能及时掌握设备的本次运行情况和累计运行情况。

能建立故障数据库：记录系统的故障和PLC故障。

能建立报警数据库：记录历史报警数据库。

(8) 文件报表

本系统具有对各种文件的处理功能，可对各类数据、文件归档，可对历史数据记录、处理、裁剪、分析和统计，具有点趋势图、日志、事故追忆功能，能够制作各类报表，具有图形打印、文件打印、报表打印等功能，例如：各类操作记录；各类事故及故障记录；报表打印，有日报、月报、年报等报表；曲线打印；趋势记录；事故追忆及相关量记录；画面复制。

上述记录应能自动（定时、随机和命令）或由操作员在操作员站上选择和控制打印机打印。

（9）系统组态

中央监控系统应具有对全系统、现场 PLC 主站设备离线、在线组态功能，可以动态无扰动下装，共享数据信息。这种传送和下载是从工程师工作站上执行的。主要负责完成以下功能：在应用软件界面上选中所连接的现场设备；对所选设备分配信号；从设备功能库中选择功能块；实现功能块链接；按应用要求为功能块赋予特征参数；对设备下载组态信息；启动设备运行。

（10）系统自诊断与自恢复

本系统各级在线运行时，应对系统内的硬件及软件进行自诊断，自诊断内容包括以下几类：计算机内存自检；硬件及其接口自检，包括网络设备、外围设备、通信接口、各种功能模块等；当诊断出故障时，应自动发生信号；对于冗余设备，应自动切换到备用设备；自恢复功能包括软件及硬件的监控定时器（看门狗）功能；掉电保护；双机系统故障检测及自动切换。

（11）系统安全管理功能

本系统安全管理功能主要涉及控制安全、网络安全、安全管理等。系统安全的核心是信息安全。

1）安全等级划分

设计中把操作级别分为：厂长级、工程师级和操作员级，对各个级别的操作都设置密码，并能记录操作人员工号、操作内容、时间等，防止非法操作，确保水厂设备安全有序运行。

2）控制安全

操作安全性应达到：对系统每一控制和操作提供校核；对操作有误时能自动或手动地被禁止并报警；自动或手动操作可做存储记录或做提示指导；根据需要在人机通信中设操作员控制权口令；按控制层次实现操作闭锁，其优先权顺序为：现场 PLC 主站最高，中央监控系统第二，公司总部计算机辅助调度系统中心站第三。

通信安全性应达到：系统设计应保证信息中一个信息量错误不会导致系统关键性故障（使外部设备误动作，或造成系统主要功能的故障或系统作业的故障等）；中央监控系统与其他系统进行通信，如与各现场 PLC 主站、与公司总部计算机辅助调度系统中心站通信时，若包括控制信息，应该对响应的有效信息或没有响应的有效信息都有明确肯定的指示；当通信失败时，发送端应能自动重新发出该信息，直到超过重发计数（一般为 2～3 次）为止；当个别通道超过重发限次时，应发出适宜的警报，严重时应立即自下而上逐级检查；系统内部各级通信，都必须进行传输数据校验；关于通信规约信息错误码的检测能力与编码效率应设计有较高的指标。

硬件软件设计安全性应达到：有电源故障保护和自动重新启动；能预置初始状态和重新预置；有自检查能力，检出故障时能自动报警；设备故障自动切除或切换并能报警；系统中任何地方单个元件的故障不应造成生产设备、调度运行设备误动；软硬件相关的标号如地址必须统一；系统设计或系统性能应充分考虑到重载和紧急临界情况及其对策。

7.1.5　自来水厂项目运行情况

1. 自来水厂控制系统的结构

针对自来水厂处理过程的具体特点，选用了正泰中自集散控制系统进行配置，系统结构如图 7 - 10 所示。自控系统现场设置 5 套 DCS 主站，分别是 1#DCS 主站设置在沉淀池控制站、2#DCS 主站设置在反冲洗泵房、3#DCS 主站设置在加药间、4#DCS 主站设置在排泥水及回用水间、5#DCS 主站设置在污水脱水间，主站选用 CTS900 系列。操作站有三台操作员站，一台工程师站，两台打印机，操作站之间用管理网连接，方便监控整个工厂的动态及数据，操作站和控制站之间是系统网，用冗余的工业以太网连接。控制站负责对现场过程数据进行采集、处理及完成控制功能，并通过高速、可靠而开放的冗余系统总线网络与操作站相连，能够实现与其他集散型控制系统、上层信息管理系统的无源连接。操作员站/工程师站采用高性能的计算机配置，装有 Windows 操作系统，实现了自来水处理的控制和安全操作，通过友好的人机界面实时、安全、可靠地对污水处理过程实行监督、控制和优化。

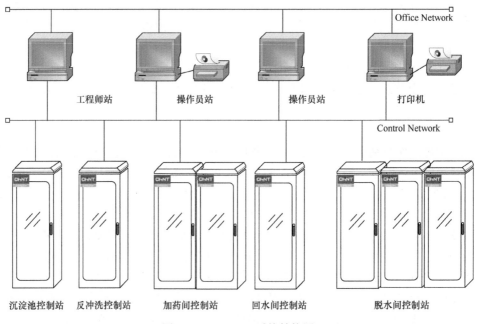

图 7 - 10 CTS900 系统结构图

CTS900 的硬件图如图 7 - 11 所示，其系统特性如下：

1）采用 32 位工业级高性能芯片。

2）主频 650MHz。

3）低功耗设计，小于 5W。

4）内存 128MB。

5）512 个用户程序、30000 个自定义变量。

6）控制总线 100Mbit/s。

7）控制周期 20ms ~ 5s。

8）掉电保持数据永久保存。

9）包含固有的时间戳功能，适用于事件序列（SOE）应用项目。

10）可实现全面的 I/O 诊断，从而能够检测系统故障和现场故障。

11）可带电插拔（RIUP），便于维护。

12）提供电子键控功能，有助于防止替换错误。

13）内置独立冗余高性能同步数据总线，同步周期小于 10ms。

14）完整的状态检测和冗余控制机制，切换安全可靠。

15）内置协议解析及网络负荷管理，有效抵御网络对控制 CPU 的冲击。

图 7 - 11　CTS900 系统硬件图

这些特性保证了它所构成的 DCS 具有强大的性能和极高的可靠性。

2. 自来水厂运行情况

根据工艺要求，本系统工程中的画面主要有工艺流程图、设备总参、滤池总参、配水井画面、沉淀池画面、加药间画面、回用水池画面、排泥画面、脱水机房画面、历史报警、历史趋势、数据记录等。本项目安装施工完毕后，对系统进行了试运行测试。测试内容主要包括以下 4 个方面：

1）现代化水厂 5 个控制站的每个工艺参数、工作状态和各项功能测试。

2）自控系统中上位机及现场触摸屏的控制功能和信号的正确性等测试。

3）系统软件的工作状态和各项功能测试。

4）系统各测点测值的准确性比测试验。

测试结果表明，整个系统已经安装调试就绪，运行正常、稳定，各项功能和性能满足相关技术文件的要求，已经具备了投入连续试运行的条件。图 7 - 12 是系统登录界面，为了让流程图更贴近现场，人机界面使用立体图组态，如图 7 - 13 与图 7 - 14 所示。

图 7 - 12　水厂登录界面

图 7-13 砂滤池流程图   图 7-14 脱水机房流程图

该项目投产后进一步完善了制水工艺流程和管理模式，对出厂水水质提出了更高的标准和要求，浊度、pH酸碱度、色度、臭味、铁、锰、耗氧量等均以现代化水厂为标准。厂部化验每日对原水、沉淀水、滤后水、出厂水的17项水质指标进行检测，每月一次对原水、出厂水29项全分析常规检测，全部符合国家饮用水水质标准。

7.2 CTN2000 发酵过程计算机控制系统

7.2.1 CTN2000 发酵过程控制系统简介

第7章微课视频

CTN2000发酵过程计算机控制系统（以下简称发酵控制系统）由操作站、控制站和现场仪表三大部分组成，是面向抗生素、氨基酸、维生素和其他微生物发酵领域的中小规模计算机自动控制系统。

操作站和控制站位于控制室内，是系统最重要的组成部分。操作站由微型计算机、彩色监视器、报表打印机和操作台等组成，是全系统数据存储、显示和处理的地方，也是进行自动控制操作命令发送的地方。通过操作站，操作人员可以一览整个系统管辖范围以内的全部数据，监视各个自控回路的运行情况，并根据工艺要求发送各种命令。操作员主要操作的设备是鼠标器和键盘，大量的数据以多幅图形画面在彩色监视器上动态显示；而日常报表可以通过汉字打印机打印存档。

控制站由现场控制器、配套仪表、模板和机柜等组成。来自现场的各种检测信号通过电缆进入控制站内进行采集、处理和运算，控制站将控制信号通过电缆发送到现场自控仪表。控制站和操作站之间通过通信电缆相连，完成全系统的数据传输。

现场自控仪表主要分为传感器和执行机构两个部分。传感器用来进行信号探测，如安装于发酵罐侧壁的温度传感器和pH酸碱度测量传感器，安装于尾气管上的罐顶压力传感器，安装于无菌空气立管上的空气流量传感器等。执行机构用来实现自动控制，如大罐温度控制用的气动调节阀，通过调节阀门的开度改变冷却水流量，达到温度控制的目的；又如大罐补料用的补料小计量罐和入料、出料气动开关阀，组成补料执行机构，完成对料液的流加和计量；此外还有小罐温控用的气动开关阀、pH 酸碱度自控用的气动开关阀等。

7.2.2　发酵控制系统中的基本操作及菜单结构

（1）发酵控制系统的基本操作

1）键盘。操作员主要用键盘进行数据修改、输入和执行一些命令，常常与鼠标配合起来使用。数据修改方法：将鼠标指针指向要修改的数据，双击鼠标，此时，如果操作级别足够的话，被选中的数据项变成黑块，键入想要输入的值，按回车键即可。

操作员需用键盘输入数据主要有以下几处：

① "补料控制" 中的补料速率、手加料、计量罐体积。

② "温度" 的自控设定值。

③ 发酵批号和报表中的某些输入项（如效价）。

④ 参数报警的上下限等。

2）鼠标。单击鼠标主要用于画面切换和激活；双击鼠标主要用于数据输入；拖动鼠标主要用于选择局域放大画面的区域，如放大流程图、放大趋势图等。当对鼠标进行上述任何一种操作时，如果鼠标指针变成一个沙漏形状，表明系统正在工作，此时需等待鼠标恢复成"原状"才能操作。

3）打印机。主要用来进行报表打印。打印之前应打开电源和装好打印纸。不可在打印机电源开时或正在打印时操作手动卷柄。暂停打印可按脱机按钮；停止打印可关断电源。

（2）控制系统的菜单结构

发酵控制系统的菜单结构如图 7-15 所示。

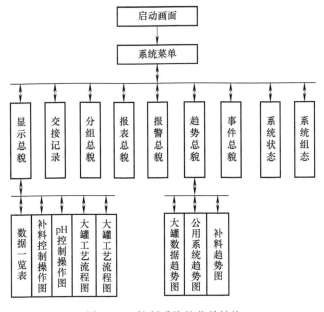

图 7-15　控制系统的菜单结构

7.2.3　发酵控制系统的主要功能

CTN2000 发酵控制系统具有非常强的数据采集和控制功能，数据采集覆盖温度、压力、流量、pH 酸碱度、溶解氧、称重、尾气含量及公用系统等主要发酵参数和其他信号，控制范围包括多路料液流加控制、pH 酸碱度控制、温度控制、流量控制、泡沫控制、小罐保温控制、连消控制和其他参数控制。

CTN2000 发酵控制系统的核心部分——控制器和开发运行软件采用美国霍尼韦尔（Honeywell）公司生产的 PlantScape 及 S9000 模块自动化系统，配套仪表能够适应发酵环境和控制的特殊要求；应用软件是针对发酵行业开发的成熟产品。

操作站提供了丰富的过程监控和趋势等一系列功能。为保证系统的安全性，系统设置了操作员级、监控员级、工程师级和管理员级等多种级别，每种级别只能访问本范围的画面和相应级别的操作，这样有利于维护系统的安全性。

（1）大罐数据一览表

在大罐数据一览表中，温度、流量检测值正常显示为绿色，如图 7-16 所示。当出现越限报警时，检测值显示为红色并闪动。进行报警确认后，若检测值回到正常值，则显示还原为绿色；未回到正常值，则仍然显示为红色但不闪动。

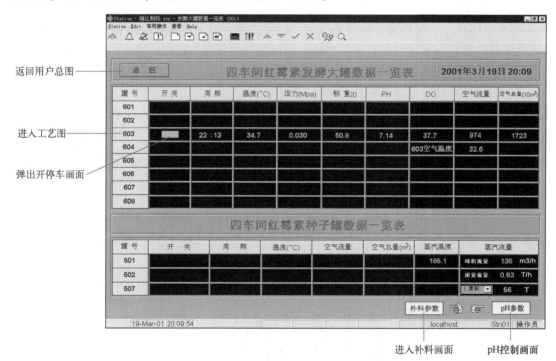

图 7-16　大罐数据一览表

（2）大罐开停车操作

每罐发酵开始或结束时进入相应的开停车操作，此操作中主要是输入罐批号、发酵是否开始或结束的确认。如图 7-17 所示是 603 罐开停车状态。

确认发酵开始，则：

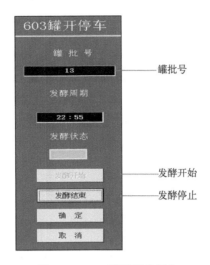

图 7-17　603 罐开停车操作

① 发酵周期从零开始计时。

② 补料总量清零；确认发酵结束，则补料速率清零。

（3）大罐补料操作

补料操作画面里显示有发酵周期和补料控制参数，当开停车结束或补料速率为零时停止补料；非零时则按相应速率进行补料，补料总量可根据相应级别修改。如图 7-18 所示。

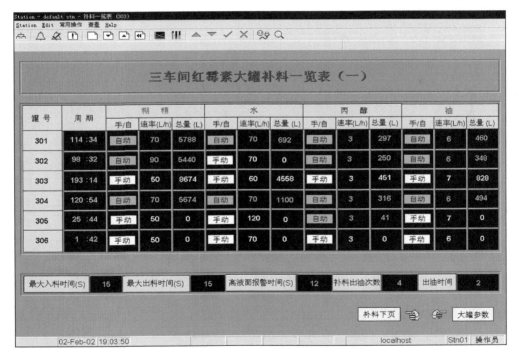

罐 号	周期	糊　精			水			丙　醇			油		
		手/自	速率(L/h)	总量 (L)	手/自	速率(L/h)	总量 (L)	手/自	速率(L/h)	总量 (L)	手/自	速率(L/h)	总量 (L)
301	114 :34	自动	70	5788	自动	70	692	自动	3	297	自动	6	460
302	98 :32	自动	90	5440	手动	70	0	自动	3	250	自动	6	348
303	193 :14	手动	50	8674	手动	60	4558	手动	3	451	手动	7	828
304	120 :54	自动	70	5674	自动	70	1100	自动	3	316	自动	6	494
305	25 :44	手动	50	0	手动	120	0	自动	3	41	手动	7	0
306	1 :42	手动	50	0	手动	70	0	手动	3	0	手动	6	0

最大入料时间(S)　15　　最大出料时间(S)　15　　高液面报警时间(S)　12　　补料出油次数　4　　出油时间　2

补料下页　　大罐参数

02-Feb-02 19:03:50　　　　　localhost　　Stn01　操作员

图 7-18　大罐补料操作

（4）温度控制画面

温度控制画面如图 7-19 所示。

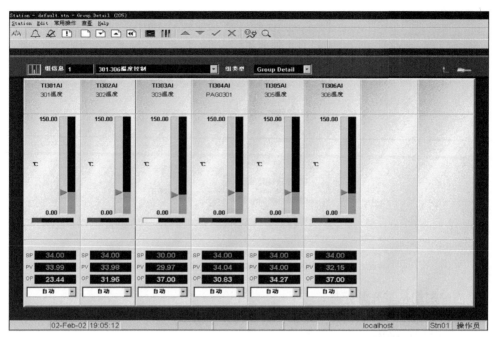

图 7-19　温度控制画面

（5）大罐工艺流程图

大罐工艺流程图如图 7-20 所示，其中显示有罐批号、发酵周期、温度、空气流量、已补

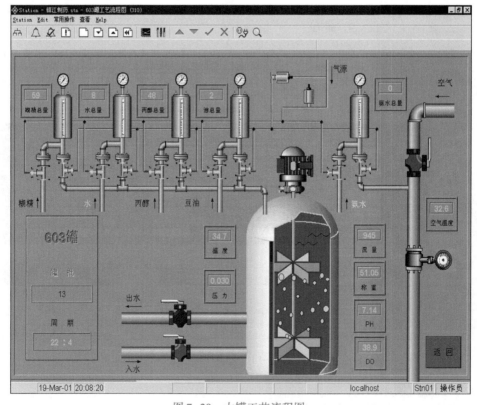

图 7-20　大罐工艺流程图

糖总量等值，同时还显示补料的阀门动作情况、加油的阀门动作情况（阀门关闭时，阀体为红色；阀门打开时，阀体为绿色），及大罐的液位情况（液面上来时，电极灯亮）、调节阀的开度和搅拌电动机的停转情况。

7.2.4　系统流程展示

（1）显示总貌

单击系统菜单中的显示总貌按钮，进入显示总貌画面，如图 7-21 所示。显示总貌画面左侧为进入各种子菜单的按钮，单击任意按钮则进入相应子菜单。显示总貌画面右侧列有：大罐数据一览表、各大罐工艺流程图、中小罐工艺流程图等，单击任意按钮则进入相应下一级子画面。

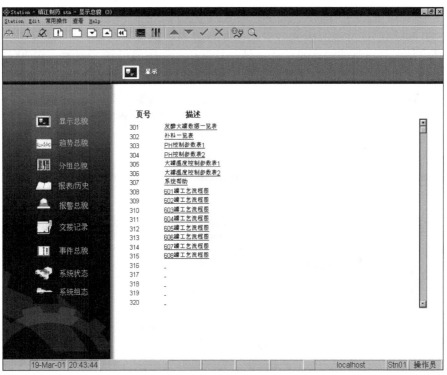

图 7-21　控制系统中的显示总貌画面

（2）趋势总貌

1）曲线类型。

① 单曲线：主要用于打印单条曲线，可通过在点标识处输入不同的点名来达到打印不同曲线的目的。选择好曲线后，通过系统菜单中 Action 子菜单里的 Print Page 命令来打印当前曲线。

② 双曲线：同时观察两条曲线。

③ 三曲线：同时观察三条曲线。

④ 多曲线：主要用于同时打印最多达 8 条曲线，与多量程类型相比，此曲线画面中的量程为所选参数中的最大者，所以通常选择百分比（%）形式来打印所选曲线，打印方法与单曲线相同。

⑤ 数字形式：以数字形式显示数据。

⑥ X－Y：一般不用。

⑦ 多量程：可同时观察最多达8条曲线，每条曲线均可选择自己的量程。

2）曲线跨越时间＝采样点数×采样间隔。如采样点数为240，采样间隔为1 min，则整个曲线显示240 min 即4 h 的数据。假设当前时间为上午10：00，则曲线显示上午6：00 至上午10：00 间的曲线。通过选择不同的时间间隔和输入不同的采样点数即可达到在同一屏上观察不同跨度曲线的目的。

3）放大和恢复曲线。

① 放大：用鼠标在希望观察曲线部分的左上角对角线处拖放出一个虚线矩形框，然后释放鼠标。

② 恢复：用鼠标点击曲线左下角的恢复按钮即可恢复原曲线大小。

4）选择曲线段。一是使用滚动条，二是在历史偏移处输入年、月、日及时、分、秒等信息，其中年、月、日的输入规范是：日－月－年，年用两位数字表示，如2000 年输入00 即可。对输入正确的时间信息，系统将作为曲线的结束时刻显示在画面上。

趋势画面用于以曲线、数字等形式显示希望观察的参数的实时趋势和历史趋势。保留历史记录和归档目录对话框为空白则显示实时曲线；在历史记录对话框输入指定的日期，则显示相应的历史记录。

曲线组列表框用于快速选择特定趋势组，如图7-22 所示。

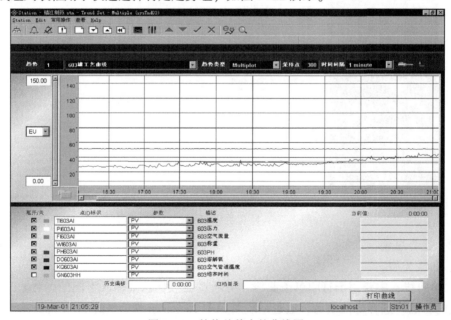

图7-22　趋势总貌中的曲线图

采样点数为整个趋势画面中显示的采样点数，其范围是1~1000。采样间隔为相邻两个数据点的时间间隔，经常选择为5 秒（5 second）或1 分钟（1 minute）。图7-6 左下角开关用于打开或关闭某条曲线和数据。

（3）分组总貌和分组图

单击分组总貌按钮，会出现分组画面，如图7-23 所示。

图 7-23　分组图

（4）报表总貌

报表总貌如图 7-24 所示，选择关心的报表按钮，则会在指定的报表打印机或屏幕上打印或显示出相应的报表信息。

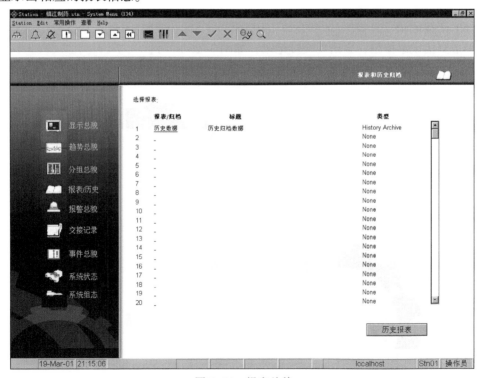

图 7-24　报表总貌

　　自动报表可以将历史数据、事件、报警信息等以文件形式保存到磁盘上。打印历史数据和曲线时，单击"历史数据"按钮启动 Excel 进行打印。

　　（5）报警总貌

　　对出现的报警信息可以采用逐条确认，也可单击右下角"确认全页"按钮进行全页确认。如图 7-25 所示，若希望关闭报警声音，只需单击"关闭报警"按钮。

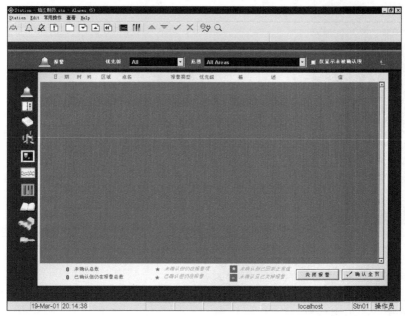

图 7-25　报警总貌

　　（6）交接记录

　　单击交接记录按钮，会出现交接记录，如图 7-26 所示。

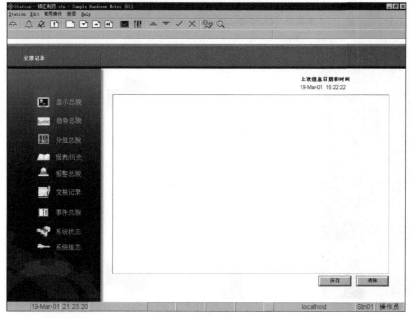

图 7-26　交接记录画面

（7）事件总貌

对于像报警确认、修改操作级别等操作，凡是系统认为是事件的信息均写入事件记录中，供事后查阅。事件总貌画面如图 7-27 所示。

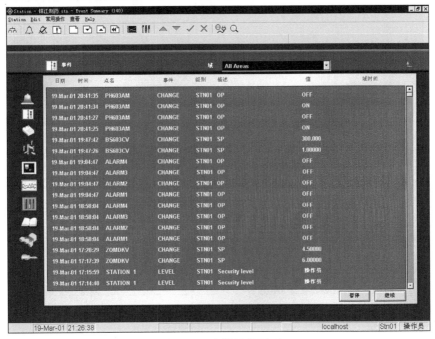

图 7-27 事件总貌画面

（8）系统状态

系统状态主要用于显示通道、控制器、工作站、打印机等设备的连接和工作状态，如图 7-28 所示。当出现通信报警时，应查看此页，找出问题。

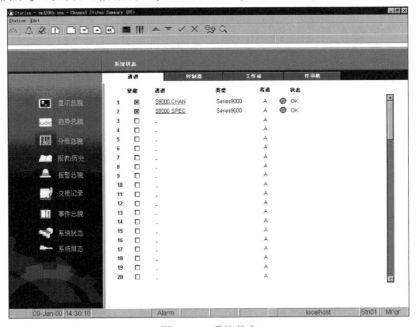

图 7-28 系统状态

（9）系统组态

系统组态如图7-29所示。

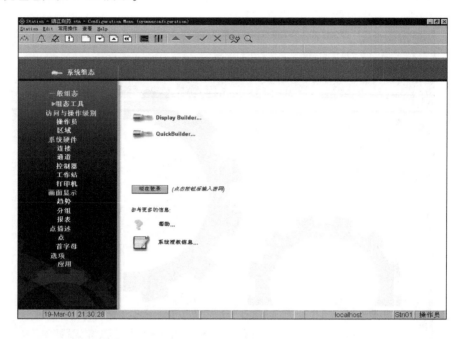

图7-29　系统组态

（10）操作界面

操作界面由用户组图，进入系统主菜单后点击"操作界面"（或"用户组图"）按钮可调用该画面。事实上，它是系统菜单的第二主控菜单，也是显示总貌内容的集中控制。

7.3　集散控制系统在发电厂350MW机组中的应用

7.3.1　项目概况

某发电厂一期工程建设两台超超临界350MW国产、燃煤、超临界、一次中间再热、抽凝式、间接空冷燃煤发电机组，机组与公用系统的DCS采用和利时公司的HOLLiAS MACS分散控制系统。DCS的监控范围包括锅炉及其辅助系统、汽轮机及其辅助系统、发电机变压器组、厂用电系统等。DCS的主要功能模块包括数据采集系统（DAS）、模拟量控制系统（MCS）、顺序控制系统（SCS）、锅炉炉膛安全监控系统（FSSS）、间接空冷、热网系统、数字电液调节系统及汽机危急遮断系统（DEH + ETS）、汽动给水泵控制系统（MEH + METS）、电气控制系统（ECS）、脱硫系统（FGD）、全部辅助车间系统（包括锅炉补给水处理、凝结水精处理、汽水取样、化学加药、工业废水处理、生活污水处理、综合水泵房、输煤系统等）。

1. 模拟量控制系统（MCS）

单元机组的主要控制回路包括：机炉协调控制、燃料控制、制粉系统控制、起动系统控制、给水控制、过热器喷水减温控制、再热汽温控制、总风量控制、炉膛压力控制、一次风压控制、二次风箱压力控制、除氧器系统控制、凝结水系统控制、高低加水位控制、轴封控制等。

给水系统：每台机组配置 2 台 50% 容量汽动给水泵，每台汽泵配一台电动前置泵。两台机组共用一台 30% 容量的起动用电动给水泵。给水操作台设两路，主路不设调节阀，正常运行时给水的调节通过控制给水泵的转速来实现，旁路上设置一个给水调节阀，供起动和低负荷时使用。采用带炉水循环泵的启动系统，通过循环泵将分离器的疏水打入省煤器入口。

风烟系统：每台锅炉配置 2 台 50% 容量的变频离心式一次风机、2 台 50% 容量的动叶可调轴流式送风机、2 台三分仓回转式空气预热器、2 台 50% 容量的动叶可调轴流式引风机。

制粉系统：采用中速磨煤机正压直吹制粉系统。每台锅炉配置 5 台磨煤机，其中 4 台运行，1 台备用。每台锅炉配置 5 台电子称重式给煤机。

回热系统：汽轮机具有七段非调整抽汽（包括高压缸排汽）。1、2、3 段抽汽分别供应 1~3 号高压加热器用汽，4 段抽汽供汽至给水泵汽轮机、除氧器及辅助蒸汽联箱等机组本体用汽，5 段抽汽供热网加热器用汽、5 号低压加热器用汽及厂内采暖用汽，6、7 段抽汽分别供汽至 6~7 号低压加热器。

脱硝系统：主要由选择性催化还原法（SCR）脱硝装置、氨的制备及存储系统等组成。

DEH 系统：DEH 及 ETS 系统为汽轮机厂配套的和利时 MACS 系统控制汽机本体。汽机本体的辅助系统，主要包括汽机本体疏水、轴封系统、抽汽系统、真空破坏阀、主机润滑油、顶轴油、盘车电磁阀等。重要测点通过 DCS 与 DEH 间的硬接线连接，辅助测点通过通信方式进行数据交换。机组正常运行时，可由 DCS 完成对汽轮机的监控和操作。

2. 顺序控制系统（SCS）

机组的顺序控制系统（SCS）实现锅炉、汽机各辅机设备的控制、联锁、保护以及顺控起停等功能。SCS 的设计分为子组级和设备级，运行人员可以对设备进行单独操作，也可以将相关设备按子组进行顺控起停。同时，提供设备的操作提示、报警首出等信息，以方便运行人员操作。

单元机组的锅炉 SCS 和汽机 SCS 主要包括以下功能子组：

锅炉 SCS 包括：烟风系统子组；空预器子组；送风机子组；引风机子组；一次风机子组；锅炉疏放水子组；过、再热器减温水子组；过、再热器疏水子组；吹灰系统子组等。

汽机 SCS 包括：主、再热蒸汽疏水子组；高加及抽汽子组；除氧器及四段抽汽子组；低加及抽汽子组；给水和小机子组；凝结水子组；汽机真空子组；汽机轴封子组；汽机润滑油子组；循环水子组；开式循环冷却水子组；闭式循环冷却水子组；发电机定冷水子组；发电机密封油子组；辅汽子组；凝结水输送子组等。

3. 锅炉炉膛安全监控系统（FSSS）

锅炉炉膛安全监控系统（Furnace Safeguard Supervisory System, FSSS），是现代大型火电机组锅炉必须具备的一种监控系统，它能在锅炉正常工作和起停等各种运行方式下，连续密切监视燃烧系统的大量参数与状态，不断进行逻辑判断和运算，必要时发出动作指令，通过种种连锁装置，使燃烧设备中的有关部件严格按照既定的合理程序完成必要的操作或处理未遂事故，以保证锅炉燃烧系统的安全。

炉膛安全监控系统一般分为两个部分，即燃烧器控制（Burner Control System，BCS）和燃料安全控制（Fuel Safety System，FSS）。燃烧器控制系统的主要功能是对锅炉燃烧系统设备进行监视和顺序控制，保证点火器、油枪和磨煤机系统的安全起动、停止、运行。燃料安全系统的功能是在锅炉点火前和跳闸、停炉后对炉膛进行吹扫、防止可燃物在炉膛积存，在监测到危及设备、人身安全的工况时，起动主燃料跳闸（MFT），迅速切断燃料，紧急停炉。

FSSS 主要功能包括：锅炉炉膛吹扫、主燃料跳闸（MFT）及发出跳闸原因及首出记忆、油燃料跳闸（OFT）及发出跳闸原因及首出记忆、燃油泄漏试验、炉膛灭火保护、火焰检测、锅炉燃油进油、回油阀控制功能、油燃烧器控制功能、微油点火控制功能、制粉系统控制功能、火检冷却风系统控制功能等。

4. 旁路控制系统（BPS）

每台机组主蒸汽和再热蒸汽系统上设有一套高压和低压两级串联汽轮机旁路系统。机组设 40% BMCR 容量高低压两级串联旁路。

低压旁路控制：锅炉刚点火时，低压旁路是关闭的，随着蒸汽压力的上升，高压旁路打开，当高旁开至 2% 时，低旁进入压力控制方式，并将低旁刚开启时的再热蒸汽压力作为低旁压力的定值。随着负荷的增加，为维持再热器起始压力，低旁阀门逐渐开大至 70% 上限。此时低旁进入升压阶段，直到再热器压力达到中压缸冲转压力（冷态时为 2.5MPa）。然后将低旁压力设定值切换到中压缸冲转压力，并取消阀位上限，通过低旁阀门的调节来维持中压缸冲转压力。与高旁相似，在汽机冲转、并网且接受全部蒸汽后，低旁全关并进入安全方式，即溢流方式。低旁蒸汽溢流设定值是锅炉指令的函数，比正常的热再运行压力大 0.015 ~ 0.05MPa。当汽机故障或跳闸而使再热汽压力超过设定值时，低旁将打开泄压。停炉后如果在短时间内需要重新点火生炉，则打开低旁，按一定的速率将压力泄至主汽压力的一半，并小于 5MPa，以备锅炉下一次起动用。由于低旁容量为 65%，再在热器上另设 4 只安全门，用于高负荷汽机跳闸时，共同协助低旁泄压。

高、低压旁路温度控制：以旁路减压阀后的温度为被调量进行控制，以旁路蒸汽流量的减温水需求为前馈。旁路蒸汽流量根据蒸汽压力、减压阀开度、蒸汽温度、管道参数得出。通过焓值的变化量和减温水焓值计算出需要的减温水量。

5. 汽动给水泵控制系统（MEH + METS）

MEH 的控制对象为机组给水系统的两台 50% 汽动给水泵，MEH + METS 的控制功能包括：调节系统功能、试验系统功能以及限制保护功能。

调节系统功能分为：就地自动方式、阀控方式、遥控方式。小机刚运行时进入就地自动方式，可控制小机按经验曲线完成升速率设置、过临界转速区，直到转速上升到机组调速范围升速过程；阀控方式，机组运行后，就地自动方式和遥控方式未投入，且无关调门信号时即为阀控方式。在阀控方式下，通过主控画面可设置目标阀位（0 ~ 100%）和阀位变化率（0 ~ 100%/min）或按增、减按钮改变总阀位的百分比给定值（%），来控制给水流量。在遥控方式下，系统转速给定接受来自于锅炉转速给定信号，在 PID 作用下调节给水泵转速。

　　试验系统功能包括：超速保护试验、调门严密性试验。超速保护试验用于检验各超速保护的动作转速。进行超速试验时，目标转速最大设置为 6100r/min，机组升速到 6050r/min，检查超速保护是否动作。调门严密性试验用于检验调门严密性，调门严密性试验开始，调门关闭，转速下降到可接受转速，试验结束，记录下惰走时间。

　　限制保护功能包括：挂闸功能、MEH 保护功能和 METS 保护功能。挂闸功能，在机组已跳闸、所有进汽阀门全关、无打闸信号且 DCS 允许起动的条件下，操作员按挂闸按钮或者程控挂闸信号之后，小机复位电磁阀带电，速关油压建立，延时 2s 后判断机组已挂闸，挂闸电磁阀失电，挂闸操作完成。MEH 保护功能，当有转速 >6050r/min 三取二测速板打闸、操作台手动打闸等信号时，MEH 开出打闸去 METS。METS 保护功能，当有小机润滑油压低三取二、小机轴向位移大三取二、小机径向轴承温度过高、小机汽轮机轴振过大、小机排气温度高三取二等信号来时，METS 开出打闸去打闸继电器，并记录首出。

6. 电气控制系统（ECS）

　　电气控制系统（ECS）按其配置及范围可分为单元电气控制系统和公用电气控制系统。发变组及机组厂用电系统以及厂用电公用部分的监控主要由 DCS 来实现，重要的开关量控制信号和报警信号将通过硬接线接入 DCS，发变组及厂用电系统监视用的 DAS 信号和必要的状态信号将通过发电厂电气监控管理系统（ECMS）以通信方式接入 DCS，最终满足在机组 DCS 人机界面上全部监控发变组与厂用电系统的功能。

　　单元电气控制系统监控范围包括：发电机 – 变压器组；发电机励磁系统；高压厂用电源；单元低压变压器、PC 进线及分段；保安电源及柴油发电机组；单元机组直流系统（仅监测）；UPS 系统（仅监测）。公用电气控制系统监控范围包括：高压备变；公用低压变压器、PC 进线及分段。

7. 脱硫系统（FGD）控制

　　脱硫系统 FGD 的控制范围包括每台炉脱硫塔、循环浆泵、氧化风机等以及脱硫公用制浆部分过程控制站，公用系统控制范围包括公用制浆的卸料，除铁器、粉仓、皮带给料机、石灰石浆调制、事故浆罐通风除尘等。脱硫公用石膏脱水部分过程控制站，控制范围包括公用石膏旋流器一级脱水、真空皮带二级脱水以及 FGD 废水处理系统等。

　　脱硫 DCS 控制系统完成对两台炉脱硫装置的吸收塔、烟气系统、再热系统、一次脱水、辅助的工业水系统、吸收剂、浆液制备、二次脱水、氧化风机、污水处理等以及 FGD 系统的电气设备（脱硫变压器，厂用电等）等的统一监视，控制，报警，联锁，保护，以及脱硫的效率、性能计算等，保证脱硫安全，可靠，经济地运行。其主要功能系统包括：数据采集系统（DAS）、顺序控制系统（SCS）、模拟量控制系统（MCS）、电气控制系统（ECS）。

7.3.2　系统设计

　　DCS 的输入输出信号如表 7 –3 和表 7 –4 所示。

　　图 7 –30 为某电厂 350MW 机组 MACS 分散控制系统的系统结构图。其网络系统、现场控制站、人机接口系统（HMI）、通信接口的设计思路如下。

表 7-3 单元机组 DCS 的 I/O 数量

I/O 型式 \ 系统	AI（4～20mA）内供电	AI（4～20mA）外供电	RTD（Pt100）	TC（K）	DI	PI	AO（4～20mA）	DO	SOE	合计
锅炉及辅机系统	280	220	350	185	1600	5	150	900	60	3750
吹灰系统	10			10	400		10	150		580
除渣系统	10			5	170		5	60		250
等离子点火系统	30		10		120		10	80		250
烟气余热利用系统	15	10	30		100		5	40		200
汽轮机及热力系统	200	150	260	150	1300		100	600	100	2860
热网系统	20	10	50	10	160		10	90	10	360
主机循环水泵	15	5	30		65		10	30	5	160
间接空冷系统	160		210	110	600		50	250		1380
电气系统		120			700	10		120	10	960
合　计	740	515	940	470	5215	15	350	2320	185	10750

表 7-4 公用 DCS 的 I/O 数量

I/O 型式 \ 系统	AI（4～20mA）内供电	AI（4～20mA）外供电	RTD（Pt100）	TC（K）	DI	PI	AO（4～20mA）	DO	SOE	合计
厂内采暖换热站	40		20	10	60			40		170
电动给水泵系统	20		20	10	35			15		100
热网公用系统	50	10	60		180		10	90		400
制冷系统	40		30		150		10	80		310
空调机组及屋顶风机	20	5	10		130			70		235
辅机循环水泵房（包括机力通风塔）	45		60		170			90	5	370
灰库卸灰及气化风机房	30		10		180		5	90		315
空压机站	30	10	10		150			60		260
电气系统		60			200	10		60	10	340
合　计	275	85	220	20	1255	10	25	595	15	2500

1. 网络系统

网络系统包括系统网络（SNET）和控制网络（CNET）。系统网络由 100/1000Mbit/s 快速式以太网交换机实现通信，冗余配置。控制网络选用星形结构，冗余配置 8 通道星形 IO-BUS 模块 K-BUS02 以及抑制 IO-BUS 末端信号反射的 IO-BUS 终端匹配器 K-BUST02。本工程共配置 114 块 K-BUS02 和 337 块 K-BUST02。

2. 现场控制站（FCS）

按机组工艺流程分配 FCS 系统柜，共 42 台系统柜和 6 台扩展柜。其中，X10～30 号系统柜主要实现锅炉及其辅助设备的监视和控制，40～52 号系统柜主要实现汽机及其辅助设

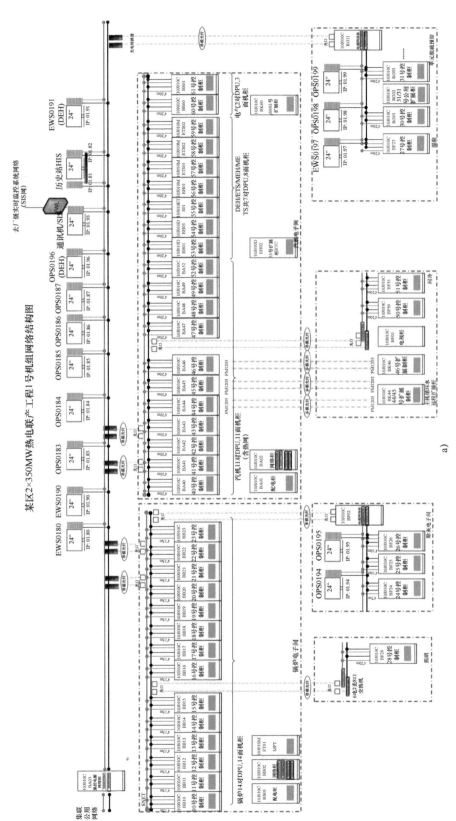

图7-30 某电厂350MW机组MACS分散控制系统的系统结构图

a) 机组网络结构图

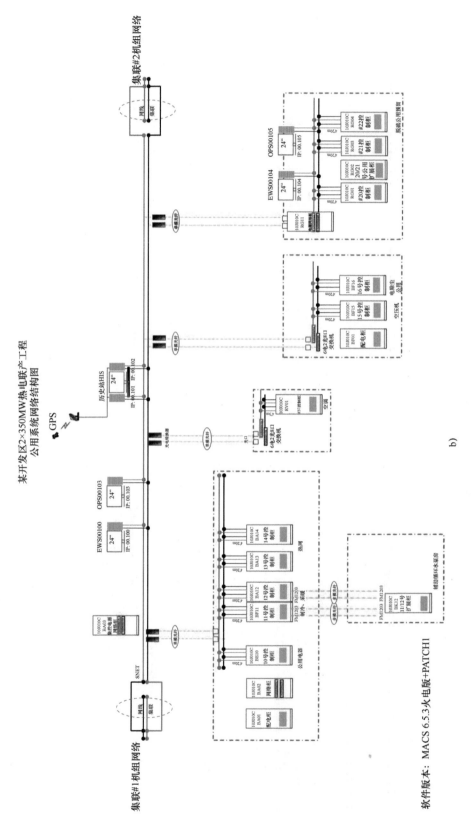

图7-30　某电厂350MW机组MACS分散控制系统的系统结构图（续）

b）公用系统网络结构图

备的监视和控制，53～56 号系统柜主要实现汽轮机的数字电液调节的监视和控制，57～58 号系统柜主要实现汽动给水泵的电液调节的监视和控制，59～60 系统柜主要实现电气厂用电、发电机变压器组和励磁系统的监视和控制。

其中，每个系统柜配置一对冗余的控制器完成系统的数据采集及过程控制，一对冗余的 K-BUS02 实现控制器和 IO 模块之间的数据交换。常规工艺控制站的控制器选用 K-CU01，实现汽轮机数字电液调节 DEH 和给水泵汽轮机电液调节 MEH 的控制器选用 K-CU02。K-CU02、K-CU01 功能相同，只是在内存、运算速度上略有不同。

现场控制站配置的 I/O 模块如表 7－5 所示。

表 7－5　现场控制站 I/O 数量

	锅炉及辅机	汽轮机及辅机	电气及公用系统
K-AIH01	118	94	24
K-RTD01	68	54	14
K-TC01	36	35	0
K-AO01	33	27	0
K-DI11	212	169	42
K-DO01	104	83	21
K-SOE11	4	3	1
合计	575	465	102

3. 人机接口系统（HMI）

人机接口系统（HMI）采用分布式数据结构，包括操作员站、工程师站和两台历史站。

（1）操作员站（OPS）。本期工程设置单元机组各 6 套操作员站用于监视主控系统、脱硫系统和公用系统的控视。操作台规格 800mm×750 mm×1100mm，采用不锈钢制作。主机选用工作站/T5820/W2102/8G/1T/2G 显卡，显示器选用 27in 宽屏液晶显示器/P2719H/1920×1080/16：9。

（2）工程师站（ENG）。本期工程共设置 7 套工程师站，其中单元机组工程师站 2 个 + DEH 工程师站 1 个，公用系统工程师站 1 个。工程师站选用工作站/T5820/W2102/8G/1T/2G 显卡，显示器选用 27in 宽屏液晶显示器/P2719H/1920×1080/16：9。

（3）6 套历史站（HIS）。本期工程设置为单元机组历史站各 2 套，公用系统历史站 2 套。

4. 通信接口

HOLLiAS MACS 系统具有广泛的开放性，支持 TCP/IP、OPC/ODBC、MODBUS、Profi-bus 等通信协议，采用 RS232/RS422/RS485、以太网等接口方式，可以通过系统的通信站实现与其他系统的信息交流，系统间根据需要实现单向或双向通信。

本期工程的单元机组设有一台 SIS 接口站和两台通信站，以实现与电厂 SIS 系统和机组辅控系统的通信。SIS 接口站采用 OPC 方式与 SIS 系统通信。SIS 接口站运行通信服务软件，将机组各系统的主要参数送至电厂 SIS 系统，供电厂生产管理人员在办公室查阅。每套 SIS 接口站均有 3 个以太网通信口和硬件防火墙。两台通信站采用 MODBUS 等通信协议，与机组辅控系统进行数据交换，实现 DCS 对机组的集中监控，主要包括：锅炉泄漏监测系统、发电机定子线圈温度、发电机定子铁心温度、电气 ECMS 系统等。

参 考 文 献

[1] 周明. 现场总线控制 [M]. 北京：中国电力出版社，2001.

[2] 俞金寿，等. 集散控制系统原理及应用 [M]. 北京：化学工业出版社，1995.

[3] 邹益仁，等. 现场总线控制系统的设计和开发 [M]. 北京：国防工业出版社，2003.

[4] 吴锡祺，等. 多级分布式控制与集散系统 [M]. 北京：中国计量出版社，2000.

[5] 王常力，等. 集散型控制系统选型与应用 [M]. 北京：清华大学出版社，1996.

[6] 白彦，等. 分散控制系统与现场总线控制系统：基础、评选、设计和应用 [M]. 北京：中国电力出版社，2001.

[7] 阳宪惠，等. 现场总线技术及其应用 [M]. 北京：清华大学出版社，1999.

[8] 杨宁，赵玉刚. 集散控制系统及现场总线 [M]. 北京：北京航空航天大学出版社，2003.

[9] 何衍庆，俞金寿. 集散控制系统原理及应用 [M]. 北京：化学工业出版社，2002.

[10] 刘翠玲，黄建兵. 集散控制系统 [M]. 北京：北京大学出版社，中国林业出版社，2006.

[11] 姜华. FF 高速以太网现场总线的协议软件实现与应用研究 [D]. 杭州：浙江大学，2003.

[12] 廖云洁. 基于现场总线的底层控制网络应用研究 [D]. 杭州：浙江大学，2003.

[13] 缪建明. 集散控制系统的数据集成的研究与应用 [D]. 福州：福州大学，2002.

[14] 王晓明. 现场总线控制系统在燃气热电厂中的应用 [D]. 西安：西安理工大学，2003.

[15] 吴才章，等. 集散控制系统技术基础及应用 [M]. 北京：中国电力出版社，2011.

[16] 肖军，等. DCS 及现场总线技术 [M]. 北京：清华大学出版社，2011.

[17] 蔡自兴. 智能控制原理与应用 [M]. 第 3 版. 北京：清华大学出版社，2019.

[18] 李正军，李潇然. 现场总线与工业以太网应用教程 [M]. 北京：机械工业出版社，2021.

[19] 郇极，刘艳强. 工业以太网现场总线 EtherCAT 驱动程序设计及应用 [M]. 北京：机械工业出版社，2019.

[20] 洪觉尼. 现代化净水厂技术手册 [M]. 北京：中国建筑出版社，2013.

[21] 黄福彦，陆绮荣，程大方. 集散控制系统网络结构的研究 [J]. 自动化仪表，2010，31(1).

[22] 施保华，等. 计算机控制技术 [M]. 武汉：华中科技大学出版社，2007.

[23] 陆绮荣，黄福彦，韩东升. DCS 模糊控制的污水处理系统研究 [J]. 自动化与仪表，2010，25(3).

[24] 黄福彦，孔谨，沈世侨. 欧美集散控制系统在中国中端市场竞争策略 [J]. 现代企业，2021，36(3).

[25] 姜秀英，等. 生产过程自动化仪表识图与安装 [M]. 北京：电子工业出版社，2010.